山西省普通高等学校人文社会科学重点研究基地项目成果

流域环境变迁与
科学发展研究丛书

丛书主编／王尚义

流域生态环境变化
及质量评估理论与实践：
以汾河流域为例

▎马义娟 侯志华／著

科学出版社
北 京

内 容 简 介

本书以流域的整体观和历史观为视角，以汾河流域为实证地域，以地表景观为切入点，以 RS 和 GIS 技术为支撑，开展流域生态环境变化及质量评估的科学研究。

本书分为理论研究和实证分析两大部分。理论部分，简要探讨流域生态环境质量的研究现状、研究价值与发展趋势，流域系统的构成、特征及演化过程，流域系统生态环境质量研究的理论基础与方法；实证部分，从汾河流域自然条件和社会经济等环境基础出发，利用遥感影像，探讨地表景观的格局特征、变化规律及过程驱动，并在此基础上对流域生态系统服务价值和生态环境质量进行定量评价与分析，并提出汾河流域的生态质量建设对策。

本书可作为从事 LUCC 研究、景观生态、资源环境、地理科学等领域研究的高校师生、科研院校和政府决策部门的相关人员的参考用书。

图书在版编目（CIP）数据

流域生态环境变化及质量评估理论与实践：以汾河流域为例 / 马义娟，侯志华著. —北京：科学出版社，2018.12
　（流域环境变迁与科学发展研究丛书 / 王尚义主编）
　ISBN 978-7-03-059748-9

　Ⅰ.①流…　Ⅱ.①马…　②侯…　Ⅲ.①流域环境–生态环境–研究　Ⅳ.①X321

中国版本图书馆 CIP 数据核字（2018）第 263811 号

责任编辑：王　媛 / 责任校对：王晓茜
责任印制：张　伟 / 封面设计：黄华斌

编辑部电话：010-64011837
E-mail：yangjing@mail.sciencep.com

科学出版社 出版
北京东黄城根北街 16 号
邮政编码：100717
http://www.sciencep.com

北京盛通商印快线网络科技有限公司 印刷
科学出版社发行　各地新华书店经销
*
2018 年 12 月第 一 版　开本：720×1000　B5
2019 年 9 月第二次印刷　印张：14 1/2　彩插：4
字数：260 000
定价：97.00 元
（如有印装质量问题，我社负责调换）

目 录

后记

第一章
绪　论

第一节　生态环境研究的历史和现状

一、生态环境认识的历史沿革

自 18 世纪中期英国工业革命以来，工业化的发展深刻改变了人类社会的生产与生活方式。工业化带来了物质财富的爆炸式增长，为人类提供了舒适的生活条件，社会日益进步，经济持续发展，与此同时，城市规模不断扩展，新城市纷纷出现，城市化的步伐也越来越快。然而，工业化和城市化也导致了严重的生态环境问题。例如，全球变暖、臭氧层空洞、淡水资源危机、不可再生能源空前短缺、森林锐减、土地退化、垃圾成灾、有毒化学品的滥用、物种加速灭绝等。1962 年，美国海洋生物学家蕾切尔·卡逊（Rachel Carson）所著的《寂静的春天》（*Silent Spring*）一书问世，它标志着人类关心生态环境的开始。卡逊根据大量事实，科学论述了 DDT（dichlorodiphenyltrichloroethane，又名滴滴涕，化学名为双对氯苯基三氯乙烷，是一种有机氧类杀虫剂）等农药污染的迁移、转化及与空气、土壤、河流、海洋、动植物和人的关系，从而警告人们，要全面权衡和评价使用农药的利弊，要正视人类自身的生产活动导致的严重后果。①1972 年，罗马俱乐部完成了一项重大研究，以美国德内拉·梅多斯（Donella Meadows）教授为首，发表了以《增长的极限》（Limits to Growth）为题的报告，该报告从资源、环境对经济增长的制约角度，对单一追求国民经济增长的绝对增长论提出了挑战。②从《寂静的春天》到《增长的极限》，在这 10 年时间里，学者、国际机构等出版了各种各样有关环境方面的报告、书籍等，并引起了国际社会的强烈关注。

1972 年 6 月，在瑞典斯德哥尔摩召开的联合国人类环境会议上，发表了题为《只有一个地球》（Only One Earth）的人类环境宣言。该宣言指出③，人类享有自由、平等和充足的生活条件的基本权利，并且负有保护和改善这一代和将来世世代代的环境的庄严责任；地球上的自然资源以及生产非常重要的再生资源的能力必须加以保护和保持、恢复和改善；保护和改善人类环境已经成为人类一个紧迫的目标，这个目标将同争取和平、全世界的经济和社会发展这两个既定的基本目标共同和协调地实现。这次会议呼吁各国政府和人民为全体人民和他们的子孙后代的利益而作出共同的努力。这是世界各国政府共同讨论环境问题、探讨保护全球环境战略的第一次国际会议，标志着环境问题开始列入发展的日程。这次会议唤起了世人对环境问题尤其是环境污染问题的觉醒，人们已经认识到环境问题与发展问题密切相关，并且西方发达国家已经开始了对环境的认真治理。

1983 年 11 月，联合国成立了世界环境与发展委员会（World Commission on Environment and Development，WCED），该委员会由来自 21 个国家的社会活动家和科学家组成。1987 年，该委员会把经过长达 4 年研究、充分论证的报告《我们共同的未来》（Our Common Future）提交联合国大会，正式提出"可持续发展"的模式概念，即"可持续发展是既满足当代人的需要，又不对后代人满足其需要的能力构成危害的发展"④。该报告明确提出了可持续发展战略，提出保护环境的根本目的在于确保人类的持续存在和持续发展。从此，可持续发展的思想和战略逐步得到各国政府和社会各界的广泛认同。

1992 年 6 月，在巴西里约热内卢召开了联合国环境与发展大会，有 183 个国家的代表团和 70 个国际组织的代表出席了会议，102 个国家元首或政

---

① Carson R. *Silent Spring*. New York：Penguin Classics，2000.
② Donella M. *Limits to Growth*. Vermont：Chelsea Green Publishing Company，2004.
③《斯德哥尔摩人类环境宣言》，《世界环境》1983 年第 1 期，第 4-6 页。
④ 世界环境与发展委员会：《我们共同的未来》，王之佳、柯金良等译，长春：吉林人民出版社，1997年，第 52 页。

府首脑在会上发言。①在这次大会上，环境与发展密不可分的道理被广泛接受；产业革命以来的"高生产、高消费、高污染"的传统发展模式受到普遍批判；保护地球生态环境，为实现可持续发展建立"新的全球伙伴关系"被认可。②大会通过了《里约环境与发展宣言》《21 世纪议程》《关于森林问题的原则声明》3 项文件和《气候变化框架公约》《生物多样性公约》2 个公约。③会议的成果具有积极意义，这次会议是人类转变传统发展模式和生活方式，走可持续发展道路的一个里程碑，在人类环境保护与可持续发展进程上迈出了重要的一步。自此以后，可持续发展被世界普遍接受，各国政府纷纷制定了符合本国国情的可持续发展战略。里约热内卢会议以后，我国从自身国情出发，于 1994 年制定了《中国 21 世纪议程——中国21 世纪人口、环境与发展白皮书》，首次把可持续发展战略纳入我国经济发展的长远规划。

二、生态环境研究现状

20 世纪 90 年代以来，随着联合国环境与发展大会的召开，生态环境的相关研究一直是国内外关注的热点。2001 年 6 月 5 日，联合国秘书长安南宣布启动一项为期 4 年（2001—2005 年）的国际合作项目"千年生态系统评估"（Millennium Ecosystem Assessment，MA），这是在全球范围内第一个针对生态系统及其服务功能与人类福祉的联系的项目，通过整合各种资源，对各类生态系统进行全面、综合评估的重大项目。该项目自启动以来，经过来自约 95 个国家 1300 多位著名学者的共同努力，在全球尺度及亚全球尺度上对世界生态系统进行了全面、综合的评估。项目的实施取得了巨大成就，但是必须认识到，项目提供的信息具有极强的时效性；它只是在全球尺度上概括地揭示了生态系统变化与人类福祉的一些关系，而没有全面涉及人们通常更为关注的区域、国家乃至局地尺度的一些问题，此外，科学界对项目的理念、方法和数据尚有不少争论，仍需不断完善。④

近年来，国内外的众多专家学者从不同的视角对生态环境进行了研究，

---

① 王焕校、常学秀主编：《环境与发展》，北京：高等教育出版社，2003 年，第 13-14 页。
② 夏光：《人类发展道路上的重要一步——联合国环境与发展大会简介》，《环境保护》1992 年第 8 期，第 6-7 页。
③ 王焕校、常学秀主编：《环境与发展》，北京：高等教育出版社，2003 年，第 14 页。
④ 赵士洞、张永民：《生态系统与人类福祉：千年生态系统评估的成就、贡献和展望》，《地球科学进展》2006 年第 9 期，第 895-902 页。

研究内容不断广泛和深入，具体表现如下①：在指标因素方面，从简单到复杂、从有形到无形，从单纯的客观存在到同时顾及人类的主观感受和心理满足；在研究目标方面，从认识和理解过去到对未来的模拟和预测，从对纯理论的探讨、研究到实际应用，切实为规划政策服务；在研究手段方面，从定性描述到分等定级和比较，再到各指标因素的遥感定性解译及至定量反演；在研究对象方面，从小尺度的城市内部的不同功能区（如中心商业区、居住区和工矿区、农业生产区、生态给养区等），到中尺度的县域、市域、省域、流域、国内区域，再到大尺度的国家、国际性地区、全球等。

20 世纪 80 年代末到 90 年代初，随着美国陆地卫星（Landsat）系列和法国地球观测卫星 SPOT 系列的投入运行，英国、法国、德国、美国、日本、澳大利亚等均围绕城乡环境信息开始应用计算机兼容磁带遥感数据，并利用地理信息系统（geographic information system，GIS）手段结合数学方法进行生态环境综合评价。1999 年至今，商用高分辨率卫星伊科诺斯（IKONOS）、快鸟（Quick Bird）等的成功发射和中分辨率成像光谱仪（moderate-resolution imaging spectroradiometer，MODIS）数据的广泛使用，降低了资料成本，人们能定期获取详细的土地利用、覆被及代表温度的信息。遥感技术推动了生态环境方面研究的效率和深度；遥感解译的进步和定量遥感的系列成果为生态环境研究提供了实时可靠的数据和信息。

水与人类的生产、生活息息相关，河流是地表水存在的主要形式，而河流又由所在的流域环境所决定，因此，流域作为特殊的区域单元，其整体性、系统性、动态性、非线性、多维性等特点，使流域资源、环境与生态问题越来越复杂化与多样化，人与自然、人与社会的矛盾日益尖锐与突出，流域生态环境问题已经引起多数业内外人士的认识和关注。我国学者王守春在 1988 年发表的《论历史流域系统学》一文中，针对历史时期河流演变原因研究之不足提出："今后研究的侧重点应当放在把河流与流域作为一个整体或一个系统来进行研究。"②之后，国内各大研究机构、高校的众多专家学者针对某一具体流域（长江流域、黄河流域、黑河流域、石羊河流域、太湖流域、淮河流域等）开展水资源、水循环、水环境、土地利用、景观格局、生态安全、环境演变等方面的科学研究。

近年来，国内以"流域科学"为研究对象的实验室、研究中心不断增加，研究内容由流域的某一方面转向对"流域科学"系统性、整体性的关注，并针对某一流域展开系统的实证研究。例如，中国科学院寒区旱区环

---

① 颜梅春、王元超：《区域生态环境质量评价研究进展与展望》，《生态环境学报》2012 年第 10 期，第 1781-1788 页。
② 王守春：《论历史流域系统学》，《中国历史地理论丛》1988 年第 3 辑，第 34 页。

境与工程研究所甘肃省黑河生态水文与流域科学重点实验室的程国栋、冯起等[1]，以黑河流域为研究对象，以水生态作为切入点，开展黑河流域生态-水文过程集成研究，系统探索流域尺度上水、生态、社会经济的系统耦合关系；太原师范学院汾河流域科学发展研究中心的王尚义等[2]，以汾河流域为研究对象，依托地理学，从历史地理学、生态学、经济学、文化学、管理学等多角度对汾河流域展开科学研究。

总之，人们越来越认识到流域是一个相对完整而特殊的地理单元，流域上游是重要的生态环境保护建设区，中、下游是传统的人口密集区和土地高度集约化利用生产区，如何在保证整个流域生态环境和社会经济持续发展的基础上，协调流域上、中、下游在生态、经济、生活用水、用地等资源与环境方面的矛盾，实现经济效益、社会效益、环境效益的和谐统一和协调发展，已经成为一个极为重要的研究领域。

第二节　流域生态环境质量的研究进展

流域是人类生活的主要生境，对人类生存与社会发展起着重要的支撑作用。然而，随着人口的快速增长及经济的迅猛发展，资源、能源的承载力不断超载，生态系统遭到破坏，环境污染日益加重，各类生态环境持续恶化，多种资源、能源危机共存，并呈现流域性特征，使流域社会-经济-生态可持续发展面临重大挑战，因此，越来越多的人开始关注和研究流域单元生态环境质量的变化和评估。

一、流域生态环境质量变化的研究进展

目前，对流域生态环境质量变化的研究，主要是针对某一或大或小的

---

[1] 程国栋等著：《黑河流域水-生态-经济系统综合管理研究》，北京：科学出版社，2009 年；陆志翔、肖洪浪、Wei Y P，等：《黑河流域近两千年人-水-生态演变研究进展》，《地球科学进展》2015 年第 3 期，第 396-406 页。

[2] 王尚义、张慧芝：《历史流域学论纲》，北京：科学出版社，2014 年；王尚义、张慧芝：《关于创建历史流域学的构想》，《光明日报》，2009 年 11 月 19 日，第 9 版；王尚义、张慧芝：《流域问题研究的创新和不足》，《光明日报》，2009 年 11 月 21 日，第 7 版；王尚义、张慧芝：《科学研究解决流域问题》，《光明日报（理论综合版）》，2009 年 11 月 25 日，第 10 版；任世芳：《汾河流域水资源与水安全》，北京：科学出版社，2015 年；孟万忠：《汾河流域人水关系的变迁》，北京：科学出版社，2015 年；郭文炯、姜晓丽、张侃侃，等：《汾河流域城镇变迁与城镇化》，北京：科学出版社，2017 年。

具体流域在或长或短的时间尺度下，从不同的视角研究其质量变化的主要特征、演变规律及影响因素等。流域生态环境质量变化研究的视角众多，但最终基本可归为气候变化和人类活动两大方向。

（一）气候变化对流域生态环境质量影响的研究

气候变化一般通过气温、降水等因素的改变影响陆地水文循环系统，驱动径流量等水文要素的变化，改变区域的水量平衡，严重影响流域水资源量及其时空分布[①]，从而进一步影响流域的水环境、生物特性等生态环境。例如，黄朝迎运用数理统计方法，诊断分析研究近 40 年黑河流域的气候变化对其生态环境与自然植被的影响，结果表明，黑河流域植被变化主要表现为绿洲与沙漠的相互转化，且气候因素自始至终都在起作用[②]；赵庆由和明庆忠，基于 1971—2009 年金沙江流域（云南段）35 个气象站逐月平均气温、降水量和蒸发量，分析了近 40 年金沙江流域上段、中段、下段的气象要素变化趋势及其对生态环境的影响[③]，结果表明，金沙江流域（云南段）的气候变化对流域内自然生态系统、水资源量和自然灾害等都会产生影响，从而加剧流域内生态系统的脆弱性。

（二）人类活动对流域生态环境质量影响的研究

人类活动主要通过土地利用和土地覆被变化（land-use and land-cover change，LUCC）、点源及非点源污染物的大量排放和水利工程的建设，从而对流域生态环境质量产生重要影响，目前关于人类活动对流域生态环境质量影响的研究也基本体现在以下三个方面。

1. LUCC 对流域生态环境质量影响的研究

土地利用和土地覆被变化是地表最直观、在大尺度上最突出的变化形式。土地是各种陆地生态系统的载体，土地利用是人类改造自然的主要方式和途径，人类活动影响下的土地利用变化会导致区域生态系统结构和功

① 吕振豫、穆建新、刘姗姗：《气候变化和人类活动对流域水环境的影响研究进展》，《中国农村水利水电》2017 年第 2 期，第 66 页。
② 黄朝迎：《黑河流域气候变化对生态环境与自然植被影响的诊断分析》，《气候与环境研究》2003 年第 1 期，第 84-90 页。
③ 赵庆由、明庆忠：《1971—2009 年金沙江流域气候变化特征及对生态环境的影响》，《气象与环境学报》2010 年第 6 期，第 18-23 页。

能发生变化，进而对流域生态环境产生影响①，因此，LUCC 对流域生态环境变化造成的影响成为近年来的关注重点和热点课题。

LUCC 的广泛应用，主要依托遥感和 GIS 技术的发展，在卫星数据多时相性的支持下，较长时间序列上的 LUCC 分析成为便捷、主流的研究方式。就研究内容而言，基于不同尺度开展了大量关于 LUCC 对流域大气环境、水文过程、土壤侵蚀和土壤污染，以及生物多样性等区域环境质量变化的研究；同时，也有众多专家学者关注 LUCC 对流域景观生态格局、物质能量循环、生态系统服务价值和功能的变化影响，并进行定量和定性的分析与研究。

例如，曹丽娟等使用区域气候模式（region climate model 3，RegCM3）和大尺度汇流模型（large-scale routing model，LRM），研究 LUCC 对长江流域气候及水文过程的影响②；郑璟等以典型快速城市化过程的深圳市布吉河流域为例，在测量与分析该流域土地利用变化的基础上，应用分布式水文模型（soil and water assessment tool，SWAT）模拟研究土地利用变化对流域水文过程的影响③；祖拜代·木依布拉等选用 SWAT 模型定量分析了乌鲁木齐河流域土地利用与气候变化对径流的影响，并分别分析了单一土地利用类型和不同气候变化情景对流域径流的影响④；傅伯杰等选择黄土丘陵沟壑区的羊圈沟流域，应用 GIS 系统，结合野外采样分析，从小流域、坡面和单一土地利用类型三个尺度层次研究土地利用变化对流域土壤侵蚀、土壤养分和土壤水分的影响⑤；冯异星等以新疆玛纳斯河流域为例，运用遥感、GIS 技术及景观生态学方法，依据建立的五期土地利用数据，研究近 50 年土地利用变化对干旱区典型流域景观格局的影响⑥；李屹峰等以密云水库流域为例，分析 1990—2009 年流域土地利用的变化，采用空间显式的生态系统服务功能评估软件（integrated valuation of ecosystem services and trade-offs，InVEST）中的"产水量""土壤保持""水质净化"模型，

① 杜习乐、吕昌河、王海荣：《土地利用/覆被变化（LUCC）的环境效应研究进展》，《土壤》2011 年第 3 期，第 350-360 页。
② 曹丽娟、张冬峰、张勇，等：《土地利用变化对长江流域气候及水文过程影响的敏感性研究》，《大气科学》2010 年第 4 期，第 726-736 页。
③ 郑璟、方伟华、史培军，等：《快速城市化地区土地利用变化对流域水文过程影响的模拟研究：以深圳市布吉河流域为例》，《自然资源学报》2009 年第 9 期，第 1560-1572 页。
④ 祖拜代·木依布拉、师庆东、普拉提·莫合塔尔，等：《基于 SWAT 模型的乌鲁木齐河上游土地利用和气候变化对径流的影响》，《生态学报》2018 年第 14 期，第 5149-5157 页。
⑤ 傅伯杰、陈利顶、马克明：《黄土丘陵区小流域土地利用变化对生态环境的影响：以延安市羊圈沟流域为例》，《地理学报》1999 年第 3 期，第 241-246 页。
⑥ 冯异星、罗格平、周德成，等：《近 50a 土地利用变化对干旱区典型流域景观格局的影响：以新疆玛纳斯河流域为例》，《生态学报》2010 年第 16 期，第 4295-4305 页。

研究流域土地利用变化对生态系统服务功能的影响[①]；孙慧兰等以伊犁河流域为研究对象，运用 GIS 手段和生态经济学方法，采用美国生态经济学家罗伯特·科斯坦斯（Robert Costanza）提出的生态系统服务价值计算公式，参照谢高地等的中国陆地生态系统服务单位面积价值，结合敏感度分析，探讨了 1985—2005 年该流域土地利用和生态系统服务价值的变化特征[②]。

2. 污染物排放对流域生态环境质量影响的研究

人类活动包括生活污水、工业废水和农业污水等在内造成的点源及非点源污染，是流域水环境恶化的主要和直接影响因素。它们通过影响水体的物质组成，改变水体中污染物质的含量，点源及非点源污染将直接影响流域水环境生物化学特性，进而导致流域生态质量环境的恶化。近年来，随着流域水污染事故的频繁爆发，污染物排放对流域生态环境质量影响的研究日益受到学界的关注。例如，王磊等在估算工业点源、城乡生活污染、农业面源污染等产业结构污染负荷的基础上，分析了江苏省太湖流域产业结构的水环境污染效应[③]；沈园等基于《2012 年废水国家重点监控企业名单》，分析松花江流域沿江企业潜在污染风险的大小和分布，并揭示不同区域间水环境潜在污染风险空间差异的原因[④]；李志涛等以经济增长与环境污染水平计量模型——环境库兹涅茨曲线为理论基础，利用鄱阳湖流域 1992—2006 年经济和水环境污染因子变化数据，分析并模拟流域经济增长与水环境的关系[⑤]；班璇等通过对四湖流域的主要湖泊及四湖总干渠水质现场的监测和水样采集，对其水环境污染现状空间分布和污染源进行分析[⑥]；弥艳等对艾比湖流域地表水进行系统采集，分析水体中各形态氮磷含量的分布特征，以此来研究农业面源污染对丰水期艾比湖流域水环境的影响[⑦]。

---

① 李屹峰、罗跃初、刘纲，等：《土地利用变化对生态系统服务功能的影响：以密云水库流域为例》，《生态学报》2013 年第 3 期，第 726-736 页。

② 孙慧兰、李卫红、陈亚鹏，等：《新疆伊犁河流域生态服务价值对土地利用变化的响应》，《生态学报》2010 年第 4 期，第 887-894 页。

③ 王磊、张磊、段学军，等：《江苏省太湖流域产业结构的水环境污染效应》，《生态学报》2011 年第 22 期，第 6832-6844 页。

④ 沈园、谭立波、单鹏，等：《松花江流域沿江重点监控企业水环境潜在污染风险分析》，《生态学报》2016 年第 9 期，第 2732-2739 页。

⑤ 李志涛、黄河清、张明庆，等：《鄱阳湖流域经济增长与水环境污染关系研究》，《资源科学》2010 年第 2 期，第 267-273 页。

⑥ 班璇、杜耘、吴秋珍，等：《四湖流域水环境污染现状空间分布和污染源分析》，《长江流域资源与环境》2011 年 Z1 期，第 112-116 页。

⑦ 弥艳、常顺利、师庆东，等：《农业面源污染对丰水期艾比湖流域水环境的影响》，《干旱区研究》2010 年第 2 期，第 278-283 页。

3. 水利工程建设对流域生态环境质量影响的研究

水利工程建设作为人类改造自然的一项实践活动,通过改变天然河流的形态及流动状态,对流域系统进行物质和能量的输入及重新分配,势必打破系统原有的水量、能量及生态平衡。这种旧平衡的破坏和新平衡的产生将引发水环境物理、化学及生物特性的改变,具体从泥沙输移变化、水体富营养化、水环境容量变化,以及水生生物生存及生长状况等方面对流域生态环境质量产生重要影响。在此背景下,也有众多学者展开了这方面的研究。

袁文昊选择长江中游宜昌至汉口河段,对这一区域在三峡建坝前后水沙过程及河床动力响应过程进行剖析,并对建坝后百年内的河床冲淤变化及泥沙供应情况进行预测[1];曹亚丽等以乌江中上游流域洪家渡水电站至乌江渡水电站的水利工程干扰典型段为研究区域,利用一维水动力模拟软件(Mike11)模拟水电站建设前、建设后单库运行及与上下游水电站联合调度3个时间段坝址处径流量、水位月均变化过程,并对乌江干流水电梯级开发对水文情势累积影响进行分析[2];王秀艳等在对大量已有相关资料的分析基础上,结合野外定点观测、室内实验测试和遥感技术(remote sensing,RS)图像解译,综合研究了水坝对滹沱河流域石家庄段地表水、地下水、湿地、土地沙化等生态环境要素的影响[3];吕军等在分析松花江流域河湖水系连通性现状的基础上,分别从纵向连通性、横向连通性和垂向连通性角度,采取定性、定量相结合的方式,分析了河湖连通性对流域水环境、鱼类生境、泡沼湿地面积及地下水的影响[4];农定飞等以金沙江一级支流马过河流域为研究对象,在 GIS 支持下,分析水利工程建设前后流域土地利用类型、植被覆盖度的变化,以及进行流域梯级开发对植被及景观格局的影响研究[5];杨远祥等以高山峡谷区白龙江上游降扎河段为例,采用市场价值法、机会成本法等评价方法,研究了该河段小水电梯级开发对流域河流水力发电、河流输沙、大气组分调节、植被生产、控制侵蚀、生物多样性保护等生态系统服务功能的影响[6]。

① 袁文昊:《三峡建坝后长江中游河床冲淤的水沙动力过程》,华东师范大学博士学位论文,2014年。
② 曹亚丽、贺心然、姜文婷:《水电梯级开发水文情势累积影响研究》,《水资源与水工程学报》2016年第6期,第20-25页。
③ 王秀艳、詹黔花、刘长礼,等:《水坝建设对滹沱河流域石家庄段生态环境的影响》,《水利水电科技进展》2006年第6期,第6-10页。
④ 吕军、汪雪络、刘伟,等:《松花江流域主要干支流纵向连通性与鱼类生境》,《水资源保护》2017年第6期,第155-160、174页。
⑤ 农定飞、韩方虎、杨美临:《马过河流域梯级开发对植被及景观格局的影响研究》,《华中师范大学学报(自然科学版)》2018年第1期,第80-88页。
⑥ 杨远祥、申文金、杨占彪,等:《白龙江上游水电梯级开发对河流生态系统服务功能的影响》,《水利水电技术》2014年第7期,第21-25页。

二、流域生态环境质量评估的研究进展

流域是一个以水为主要纽带的"自然-社会-经济"复合巨系统。当流域生态环境受各种自然或人为因素干扰，超过自身的适应能力时，必然在某些方面出现不可逆转的损伤或者退化，如生产力下降、生物多样性减少、对环境的调节能力下降等，具有一定的脆弱性，因此，流域生态环境质量的研究已日益受到人类的重视。流域生态环境的质量评价，将为流域的规划、管理和保护及流域综合治理提供决策依据，也是保障流域生态安全的基础，因此，不同国家和地区的政府、专家学者纷纷从各种角度对流域生态环境质量进行评价和研究。作为流域生态环境平衡状况指标的生态环境健康评价、生态环境风险评价和生态环境承载力评价，成为近年来流域生态环境质量评价研究的基本主题和大趋势。

（一）流域生态环境健康评价

生态健康是我国 20 世纪 80 年代兴起的一个新的研究领域。国外对有关流域生态健康的评价研究工作开展得较早。19 世纪末期，针对已出现严重污染的欧洲少数河流，对河流健康的评价主要停留在对水质的评价上。20 世纪 80 年代初，河流管理的重点由水质保护转到河流生态系统的恢复，河流健康评价的内容也开始转向对河流生态质量的评价。而流域作为河流生态系统的外源影响因素，其气候、地质特征和土地利用状况等决定着流域内河流的径流、河道、基质类型等物理及水化学特征。从任何角度都可认为流域决定河流，有什么样的流域就有什么样的河流，反之亦然。[①]因此，随着水土保持和生态系统建设的深入及经济社会的发展，国内外对流域的综合治理也已提高到流域的保育、健康等更高的目标上，对流域生态系统健康的研究日益受到人类的重视，不同国家和地区将越来越重视以流域为单元，建立生态系统健康评价体系、恢复流域生态系统或从生态系统健康的角度综合整治流域环境作为流域开发的重要措施。[②]

从流域巨系统出发，综合考虑流域内部不同生态系统，分析流域生态系统演变过程，评价系统的健康状况，对促进流域生态系统建设及稳定发展在理论和实践上都具有重要意义。[③]对流域尺度上的生态健康评价，美国

---

① 唐涛、蔡庆华、刘建康：《河流生态系统健康及其评价》，《应用生态学报》2002 年第 9 期，第 1193 页。
② 罗跃初、周忠轩、孙轶，等：《流域生态系统健康评价方法》，《生态学报》2003 年第 8 期，第 1607 页。
③ 龙笛、张思聪、樊朝宇：《流域生态系统健康评价研究》，《资源科学》2006 年第 4 期，第 38 页。

尝试得较早，于 2005 年前后分别对美国的密西西比河流域、新泽西州流域和波特兰市流域开展了生态健康评价工作，并根据专家和公众的意见，拟订了健康评价指标体系，并据此进行了流域生态健康评价。^①近年来，我国学者也开始尝试在一些具体流域进行生态环境健康评价的个案分析。

国内外流域生态系统健康评价的方法主要有两种：一是生物监测法，二是指标体系评价法。生物监测法，是依据生态系统的关键物种、特有物种、指示物种、濒危物种、长寿命物种和环境敏感物种等的数量、生物量、生产力、结构指标、功能指标及一些生理生态指标来描述生态系统的健康状况，是河流生态系统健康评价的重要手段。例如，张方方等根据 2009—2010 年赣江流域 60 个采样点的底栖动物数据，基于底栖生物完整性指数，对流域的河流健康进行分析和评价^②；殷旭旺等以辽宁省太子河流域为研究范例，调查了全流域范围内 69 个采样点的着生藻类群落和水环境理化特征，并在此基础上应用硅藻生物评价指数（diatom biology index，DBI）和着生藻类生物完整性评价指数（periphyton index of biological integrity，P-IBI），同时结合栖息地环境质量评价指数（qualitative habitat evaluation index，QHEI），对太子河流域水生态系统进行健康评价^③。

指标体系评价法，就是选用能够表征流域生态环境的主要特征，对这些特征进行归类区分，并确定每个特征因子在流域生态环境健康中的权重，最后选用适当方法进行综合。由于指标体系评价法综合物理、化学、生物及社会经济指标，能反映流域的自然、社会、经济等不同方面的信息，因此，指标体系评价法成为目前生态环境健康评价的主要方法，尤以经济合作与发展组织（Organisation for Economic Co-operation and Development，OECD）建立的"压力-状态-响应"（press-state-response，PSR）模型框架应用得最为广泛。该评价结构不仅对流域生态系统的现状和变化趋势进行了评价，而且在流域管理中可针对生态系统的变化趋势给出响应或治理对策。其中，"压力"包括直接或间接的人类活动对流域环境的改变；"状态"主要是指流域的物理、化学和生物条件，或自然系统的状态，包括人类的健康和财富；"响应"包括政府行为或政策、部门、个人对环境改变的应对和治理。^④例如，吴炳方和罗治敏以生态系统健康理论为基础，利用 PSR

---

① 李春晖、崔嵬、庞爱萍，等：《流域生态健康评价理论与方法研究进展》，《地理科学进展》2008 年第 1 期，第 10 页。
② 张方方、张萌、刘足根，等：《基于底栖生物完整性指数的赣江流域河流健康评价》，《水生生物学报》2011 年第 6 期，第 963-971 页。
③ 殷旭旺、渠晓东、李庆南，等：《基于着生藻类的太子河流域水生态系统健康评价》，《生态学报》2012 年第 6 期，第 1677-1691 页。
④ 龙笛、张思聪、樊朝宇：《流域生态系统健康评价研究》，《资源科学》2006 年第 4 期，第 39 页。

模型，建立了三峡库区大宁河流域生态系统健康评价指标体系，以小流域为评价单元，研究流域生态系统的健康状况[1]；颜利等根据 PSR 框架模型和流域生态系统的特点，通过建立流域生态系统健康评价的指标体系和评价模型，对福建省诏安东溪流域的生态系统健康状态进行评价[2]。除此之外，也有人综合考虑流域生态系统禀赋和人类活动影响，构建"自然条件限制因子-流域生态健康指示因子-人类活动影响因子"评价结构，通过健康指示因子反映流域健康状况。例如，龙笛等选择了水质、植被、水土保持、生物多样性、湿地、土地利用、人口、点污染、面源污染、水资源开发利用率、河流自然化、人均 GDP（gross domestic product，国内生产总值）、土壤、水文和生物第一性潜在生产率等 20 项指标，构建每个评价指标的评价函数，利用层次分析法对滦河山区流域和北四河平原流域进行生态系统健康评价。[3]

流域生态环境健康及其评价是一个正逐步发展的理论方法体系，国内外已取得一些研究成果，但是现有的评价理论与方法中仍然存在一些问题。除了流域生态健康的概念之外，对于如何确定合理全面的评价指标体系、如何确定健康的评估标准，都还有待于进一步探讨。

（二）流域生态环境风险评价

美国于 20 世纪 70 年代开始生态风险评价工作的研究。美国国家环境保护局（U.S. Environmental Protection Agency，EPA）在 1992 年对生态风险评价作了定义，即对由于一种或多种应力（物理、化学或生物应力等）接触的结果而发生或正在发生的负面生态影响概率的评估过程。[4]Hunsaker 等在 20 世纪 90 年代初便发表文章阐述如何将生态风险评价应用到区域景观尺度[5]，但由于单因子的生态风险评价方法向大尺度综合生态风险评价外推中存在许多不确定因素，区域生态风险评价变得困难。20 世纪 90 年代末至 21 世纪初期，科学家开始构建适于流域尺度的研究范式、研究方法，并尝试进行流域生态风险评价，主要包括流域环境污染生态风险评价、流域灾害生态风险评价及流域综合生态风险评价。[6]

① 吴炳方、罗治敏：《基于遥感信息的流域生态系统健康评价：以大宁河流域为例》，《长江流域资源与环境》2007 年第 1 期，第 102-106 页。
② 颜利、王金坑、黄浩：《基于 PSR 框架模型的东溪流域生态系统健康评价》，《资源科学》2008 年第 1 期，第 107-113 页。
③ 龙笛、张思聪、樊朝宇：《流域生态系统健康评价研究》，《资源科学》2006 年第 4 期，第 38-44 页。
④ 蒙吉军：《土地评价与管理（第二版）》，北京：科学出版社，2011 年，第 202 页。
⑤ Hunsaker C T，Graham R L，Suter G W Ⅱ，et al. Assessing ecological risk on a regional scale. *Environmental Management*，1990（3）：325-332.
⑥ 许妍、高俊峰、赵家虎，等：《流域生态风险评价研究进展》，《生态学报》2012 年第 1 期，第 286 页。

1. 流域环境污染生态风险评价

关于流域环境污染生态风险的研究，多从水土生态毒理角度，针对流域环境中单一或多种污染物质，利用生态风险评价理论和框架模型进行研究，多采用瑞典学者 Hakanson 的潜在生态风险指数法，利用所选指标与生态风险的相关性对流域生态风险进行评价和预测，指标选取多沿用已有的指标体系或采取相似指标替代，如 Wallack 等在研究杀虫剂对流域表层水体的风险评价时，用土地利用方式等代替杀虫剂浓度，完成水域生态风险评价。[1] 国内研究多借鉴已有方法对流域水土环境中污染物、重金属元素潜在的生态风险进行个案分析。例如，徐雄等针对我国重点流域水体，包括长江流域、黄河流域、太湖流域、松花江流域、黑龙江流域、东江流域、南水北调中线和东线等，分析了 29 种农药在流域地表水中的浓度，并使用风险熵的方法进行了生态风险评价[2]；曹治国等对滦河流域的河水和表层沉积物中多环芳烃的污染特征、健康风险及污染来源进行分析和评价[3]；常华进等对青海湖流域沙柳河下游沉积物中的 As、Cd、Pb、V、Cr、Mn、Ni、Cu 和 Zn 9 种重金属元素的含量进行了分析测定，采用污染系数、富集系数、地累积指数和潜在生态危害指数评估了其污染程度[4]；刘春早等以湖南省湘江流域为例，采用美国国家环境保护局推荐的标准毒性浸出方法（toxicity characteristic leaching procedure，TCLP）提取重金属，利用内梅罗综合污染指数（nemerow index）评价方法对土壤重金属生态环境风险进行评价[5]。

2. 流域灾害生态风险评价

国内外流域灾害生态风险评价的研究主要集中在自然灾害，尤其是洪涝、干旱、水土流失等风险源，对较高层次的生态系统及其组分可能产生的风险进行评价。例如，Hooper 和 Duggin 在 1996 年建立了基于生态特性

[1] Obery A M., Landis W G. A regional multiple stressor risk assessment of the codorus creek watershed applying the relative risk model. *Human and Ecological Risk Assessment：An International Journal*，2002（2）：405-428.
[2] 徐雄、李春梅、孙静，等：《我国重点流域地表水中 29 种农药污染及其生态风险评价》，《生态毒理学报》2016 年第 2 期，第 347-354 页。
[3] 曹治国、刘静玲、栾芸，等：《滦河流域多环芳烃的污染特征、风险评价与来源辨析》，《环境科学学报》2010 年第 2 期，第 246-253 页。
[4] 常华进、曹广超、陈克龙，等：《青海湖流域沙柳河下游沉积物中重金属污染风险评价》，《地理科学》2017 年第 2 期，第 259-265 页。
[5] 刘春早、黄益宗、雷鸣，等：《湘江流域土壤重金属污染及其生态环境风险评价》，《环境科学》2012 年第 1 期，第 260-265 页。

的洪水风险区划模型，并在此基础上提出限制土地利用的政策[①]；程先富和郝丹丹在流域风险识别的基础上，从致灾因子、孕灾环境、承灾体和防灾减灾能力4个方面选取评价指标，基于有序加权平均法（ordered weighted averaged，OWA），构建洪涝灾害风险评价模型，对巢湖流域洪涝灾害风险进行评价[②]；谢余初等以甘肃白龙江流域为研究区，结合水土流失 RUSLE 模型（revised universal soil loss equation，RUSLE）和生态风险评价方法，对水土流失的景观生态风险进行定量分析和评价[③]。近年来，随着经济的迅猛发展，突发性水污染事故的发生越来越频繁，大量污染物在短时间内进入水体，对生态环境造成严重污染和破坏，因此，也有学者开始对这种人为因素灾害而致的流域潜在的环境风险进行分析与评价。例如，张珂等以南水北调中线水源地丹江口水库入库支流老灌河流域为例，开展流域突发性水污染事故风险评价。[④]

3. 流域综合生态风险评价

目前，流域生态风险评价正逐步转向涉及多重受体和多重风险源的流域综合生态风险评价模式，并在一些流域开展了案例研究[⑤]，如 Cormier 等在对美国大达比河（Big Darby Creek）流域进行评价时，除考虑化学风险源外，还加入了非化学影响因子，包括河流形态、农业生产及城市化等；Obery、Landis 和 Hayes 等分别评价了美国瓦尔迪兹港、威拉米特河流域、科多罗斯河（Codorus Creek）小流域及安德罗斯科金流域内土地利用、土壤侵蚀、污染物排放、河岸带植被等外界风险因素，对微生物和暖水鱼类脆弱生境的累计风险效应；美国国家环境保护局（Environment Protection Agency，EPA）则综合考虑了农田灌溉、水产养殖、污水排放对蛇河流域中部的植物、鱼类及无脊椎动物产生的生态影响并进行了风险评估。

国内学者主要从自然灾害和人为因素两个方面出发，结合流域特征和风险受体的易损程度，构建适当评价模型进行风险评估。例如，许妍等以

① Hooper B P, Duggin J A. Ecological riverine floodplain zoning: its application to rural floodplain management in the Murray-Darling Basin. *Land Use Policy*, 1996（2）: 87-99.
② 程先富、郝丹丹：《基于 OWA-GIS 的巢湖流域洪涝灾害风险评价》，《地理科学》2015 年第 10 期，第 1312-1317 页。
③ 谢余初、巩杰、赵彩霞：《甘肃白龙江流域水土流失的景观生态风险评价》，《生态学杂志》2014 年第 3 期，第 702-708 页。
④ 张珂、李庆召、刘仁志，等：《结合 GIS 空间分析的老灌河流域尾矿库溃坝事故模拟预警》，《南水北调与水利科技》2017 年第 1 期，第 95-101 页。
⑤ 许妍、高俊峰、赵家虎，等：《流域生态风险评价研究进展》，《生态学报》2012 年第 1 期，第 287 页。

太湖流域为例，从复合生态系统入手，深入分析流域内各生态系统要素之间的相互作用与影响机制，综合考虑多风险源、多风险受体和生态终点共存情况下的风险大小，从风险源危险度、生境脆弱度及受体损失度三个方面构建了流域生态风险评价技术体系，对流域生态风险的时空演化特征进行评价与分析[①]；杜鹃等依据灾害系统理论，在综合考虑致灾因子、孕灾环境和承灾体的基础上，从致灾因子、孕灾环境的自然属性和承灾体的社会属性两个方面出发，以县级行政单元为基本评价单元，进行了湘江流域洪水灾害的综合风险评价[②]；巩杰等基于景观格局指数和生态环境脆弱度构建了流域生态风险综合指数，对甘肃白龙江流域生态风险进行分析和评价[③]。

　　总之，流域生态风险评价是以湖泊、河流及其流域为整体单元对其自然生态环境及社会经济发展进行的综合评价，较传统的以行政区为单元的研究思路更有利于流域生态环境的综合保护与管理。随着地理信息系统、遥感等信息技术的快速发展，生态风险评价的概念模型与评估方法也在不断完善，风险源已不只局限于化学污染物，但基于资料、技术和工具的局限，以及流域生态系统复杂多样的特点，流域生态风险评价至今尚未形成统一的评价体系。目前，一些流域生态风险评价也没有真正上升到流域尺度，不能提供全面的评价信息及确定相应的管理标准，生态风险评价在流域尺度上的定量研究还有待于进一步探索和发展。

（三）流域生态环境承载力评价

　　"承载力"一词，原为力学中的概念，是指物体在不被产生任何破坏时的最大负载，现已演变为对发展的限制程度进行描述的常用术语。[④]早期研究源于马尔萨斯的人口增长理论，基于种群承载力构建了承载力研究的框架，之后随着研究范围逐渐扩展，衍生出一系列概念，如"种群承载力""载畜量""土地承载力""环境承载力""资源承载力""生态承载力"等。人们也将"承载力"的概念应用到流域尺度，从"流域水资源承载力"到"流域水环境承载力"，再到热门的"流域生态承载力"方面的研究。

① 许妍、高俊峰、郭建科：《太湖流域生态风险评价》，《生态学报》2013年第9期，第2896-2906页。
② 杜鹃、何飞、史培军：《湘江流域洪水灾害综合风险评价》，《自然灾害学报》2006年第6期，第38-44页。
③ 巩杰、赵彩霞、谢余初，等：《基于景观格局的甘肃白龙江流域生态风险评价与管理》，《应用生态学报》2014年第7期，第2041-2048页。
④ 向芸芸、蒙吉军：《生态承载力研究和应用进展》，《生态学杂志》2012年第11期，第2958-2965页。

1. 流域水资源承载力

水资源承载力（water resources carrying capacity，WRCC）的研究最初是在人口和资源这对矛盾体中产生的。国际上对流域 WRCC 的研究大部分是与可持续发展和生态足迹理论结合起来的，即通过建立流域水资源可持续发展的规划和评价体系或水生态足迹的定量模型，实现 WRCC 的测度和评价。国内也有若干关于水资源承载力方面的研究成果。由于我国人均水资源量偏低、时空分布差异较大，流域水资源承载力的研究主要应用在西北干旱、半干旱地区的流域。例如，孟丽红等选取了耕地灌溉率、水资源利用率、供水模数、需水模数、人均供水量、生态用水率 6 个主要因素，应用模糊综合评判模型对塔里木河流域水资源承载能力进行了评价研究[1]；张军等基于生态足迹法，研究了疏勒河流域的水资源承载力与生态赤字[2]；王长建等利用熵值法分析原理，对新疆开都河-孔雀河流域的水资源承载力水平进行综合评价与分析[3]。

2. 流域水环境承载力

水环境承载力最初由环境容量的概念演化而来，即污染物的排放速度不超过环境的自净容量。狭义上，水环境承载力是指水环境容量或者水体的纳污能力。广义上，水环境承载力则包括两类：一是从承载客体的角度，以一定区域内水环境能够可持续支持的社会经济发展规模来衡量水环境承载力；二是以水环境的空间承载为核心，在水环境系统功能可持续正常发挥的前提下，接纳污染物的能力以及承受对其基本要素（水体、河道、河岸等）改变的系统调节能力。[4]目前，对流域水环境承载力的测度往往综合考虑面源、点源和内源等多种因素，建立水体纳污机制和社会经济发展较为完整的承载机制。例如，汪嘉杨等从社会经济、水资源、水质状态、投资管理等方面选取指标，构建"驱动力-压力-状态-影响-响应-管理"（driving-pressure-state-impact-response-management，DPSIRM）评价模型，

① 孟丽红、陈亚宁、李卫红：《新疆塔里木河流域水资源承载力评价研究》，《中国沙漠》2008 年第 1 期，第 185-190 页。

② 张军、张仁陟、周冬梅：《基于生态足迹法的疏勒河流域水资源承载力评价》，《草业学报》2012 年第 4 期，第 267-274 页。

③ 王长建、张小雷、杜宏茹，等：《开都河-孔雀河流域水资源承载力水平的综合评价与分析》，《冰川冻土》2012 年第 4 期，第 990-998 页。

④ 曾晨、刘艳芳、张万顺，等：《流域水生态承载力研究的起源和发展》，《长江流域资源与环境》2011 年第 2 期，第 205 页。

对太湖流域水环境承载力进行评价研究[①]；黄涛珍和宋胜帮基于水环境承载力理论的内涵，从社会经济发展水平、水资源禀赋和水资源生态环境三个方面，设计并构建淮河流域水环境承载力评价指标体系，并应用变量模法对流域水环境承载力水平进行了评价[②]。

3. 流域生态承载力

流域生态承载力，是资源承载力、环境承载力及生态承载力的有机结合，它综合体现了流域的资源属性和环境价值，同时也从生态系统角度测度了自然生态系统对人类社会经济的承载能力。其内涵包括流域资源属性的供需平衡分析、流域环境纳污能力的环境容量分析和基于流域生态系统稳定性的生态弹性力分析三个方面。[③]其评价角度如下：①第一生产者的净第一生产力（net primary productivity，NPP）角度，王家骥等认为生态承载力是自然体系调节能力的客观反映，而自然系统的核心是具有调节和适应能力的生物，所以以 NPP 来表示流域的生态环境承载力，并以此理论对黑河流域生态承载力进行估测。[④]②生态足迹角度，其基本思想是从具体的生物物理量来估算自然资本可提供的空间，并通过比较一个地区的生态承载力需求和供给的差距，来判断可持续发展状况。例如，王耕等将能值与生态足迹理论相结合，通过能值密度构建能值-生态足迹模型，并应用此模型对辽河流域 2001—2010 年生态承载力和生态足迹进行计算[⑤]；岳东霞等基于生态足迹法，利用 RS 和 GIS 技术对泾河流域 23 年的生态承载力时空变化进行了定量评价[⑥]；赵海晓和王尚义基于生态足迹和生态压力指数，对汾河上游流域 1987—2003 年的生态足迹、生态承载力、生态盈余亏损、生态压力指数进行测算和分析[⑦]。③可持续发展角度，高吉喜对生态承载力与可持续发展的关系、生态承载力的内涵和研究方法等进行了详细的叙述，认

---

① 汪嘉杨、翟庆伟、郭倩，等：《太湖流域水环境承载力评价研究》，《中国环境科学》2017 年第 5 期，第 1979-1987 页。
② 黄涛珍、宋胜帮：《淮河流域水环境承载力评价研究》，《中国农村水利水电》2013 年第 4 期，第 45-49 页。
③ 曾晨、刘艳芳、张万顺，等：《流域水生态承载力研究的起源和发展》，《长江流域资源与环境》2011 年第 2 期，第 207 页。
④ 王家骥、姚小红、李京荣，等：《黑河流域生态承载力估测》，《环境科学研究》2000 年第 2 期，第 44-48 页。
⑤ 王耕、王嘉丽、苏柏灵：《基于 ARIMA 模型的辽河流域生态足迹动态模拟与预测》，《生态环境学报》2013 年第 4 期，第 632-638 页。
⑥ 岳东霞、杜军、刘俊艳，等：《基于 RS 和转移矩阵的泾河流域生态承载力时空动态评价》，《生态学报》2011 年第 9 期，第 2550-2558 页。
⑦ 赵海晓、王尚义：《汾河上游流域生态安全的定量评价与动态分析》，《太原师范学院学报（自然科学版）》2007 年第 3 期，第 14-18 页。

为资源承载力是基础条件，环境承载力是约束条件，生态承载力是支持条件，并以此建立指标体系，对黑河流域生态承载力进行评价①；王宁和刘平又在此基础上，以额尔齐斯河流域为例，从流域系统的弹性度、资源承载指数和资源承载压力度方面进行生态承载力的综合评价②。④生态系统健康角度，杨志峰和隋欣提出了基于生态系统健康的生态承载力，即在一定社会经济条件下，自然生态系统维持其服务功能和自身健康的潜在能力，并从资源与环境承载力、自然生态系统的恢复力和人类活动 3 个方面对生态承载力进行评价，并以黄河流域青海省境内水电梯级开发对生态承载力的影响评价为例，进行实证分析。③

第三节　流域生态环境质量的研究价值与发展趋势

一、流域生态环境质量的研究价值

流域作为以河流为纽带的"人-地-水"复合系统，是受人类活动影响最为深刻的地理单元。随着流域性资源环境问题的日益突出，流域生态环境质量问题已经引起高度关注，在国家和区域社会经济可持续发展中占有举足轻重的地位。流域生态环境的研究不仅对区域地理学、历史流域观具有重要的学术意义，同时也对科学防治水土、解决现代流域问题具有重要的实践意义。它的研究价值主要体现在以下几个方面。

1. 流域已成为人地关系最紧张、最复杂的地理单元

以河流为中心的流域有着优越的自然禀赋，它从水源、土地、矿产、植物、动物、动力，以及军事防御、文化独立性等不同层面满足了人类的诸多要求，由此就成为从远古至今人类聚集、活动最为频繁的自然区域。同时，人类又在流域内进行着各种人类活动，如对水土资源、矿产资源、生物资源等的利用，以及人口聚集所形成的乡村、城市聚落的形式直接或间接影响流域内水系、地形地貌、生物种群、地表覆被、局域小气候等自

① 高吉喜：《可持续发展理论探索：生态承载力理论、方法与应用》，北京：中国环境科学出版社，2001 年。
② 王宁、刘平：《新疆额尔齐斯河流域生态承载力研究》，《干旱地区农业研究》2005 年第 5 期，第 207-211 页。
③ 杨志峰、隋欣：《基于生态系统健康的生态承载力评价》，《环境科学学报》2005 年第 5 期，第 586-594 页。

然因子的变迁。当人类的影响超越自然生态系统和环境的自我修复能力时，便会引发流域内部自身系统的改变，在新的稳定系统的生成过程中，自然系统的动荡会以各种灾害形式反馈在人类面前。因此，流域是人地关系最紧张、最复杂的地理单元。

2. 流域是生态环境问题最凸显、多种矛盾和风险并存的特殊区域

流域为生物繁衍及人类活动提供了强有力的保障，历史文明古国和当代经济最发达的地区莫不是大型流域所在。但随着社会经济的发展，流域内资源、环境、生态系统越来越受到外界的胁迫，环境污染严重，灾害频发，资源结构性短缺矛盾逐渐加剧，生态系统退化，而且湖泊及其流域上中下游之间、部门之间、政区之间的利益冲突和矛盾日渐尖锐，因此，流域已经成为生态环境问题最多、压力最大、多种矛盾和风险并存的特殊区域。

3. 生态环境的治理已上升到流域尺度的保育、建设上来

以防治水土流失为主的小流域综合治理是目前最早、最成熟的流域单元生态环境治理模式。小流域综合治理探索起步最早始于黄河水利委员会，在 20 世纪 50 年代，黄河水利委员会就已提出小流域是一个完整的水文-生态单元，有叶脉状沟网水道系统，居民点分布、土地利用方式、侵蚀强度、水保措施配置无不与小流域地形的空间特征有关，由此开启了以小流域为单元综合治理的历程，之后逐渐推向全国，成为目前我国水土流失治理最主要的技术路线。[1]当今，随着水土保持和生态系统建设的深入及经济社会的发展，国内外对于流域各种生态环境的综合治理已提高到流域的保育、健康等更高的目标上来。

4. 流域单元生态环境研究具有整体性、系统性、动态性和不确定性

流域单元具有清晰的自然边界，区域范围较为稳定，但是内部系统相当复杂。它是以水为纽带，由流域辖区内的水、土、气、生等自然环境要素和人口、社会、经济等社会要素共同构成的一个通过物质输移、能量流动、信息传递、相互交织、相互制约的自然-经济-社会复合生态系统。这种复合生态系统尺度较大，更为综合，具有明显的整体性和系统性，但同

---

[1] 刘国彬、王兵、卫伟，等：《黄土高原水土流失综合治理技术及示范》，《生态学报》2016 年第 22 期，第 7074-7077 页。

时由于自然、社会与经济多组分耦合的复杂性，以及特殊的发育条件与演化进程不断受到人为因素强烈而长期的干扰，其系统也具有一定的动态性、模糊性和不确定性。因此，从不同时空尺度、不同类型的生态环境之间的相互关系，尤其是在研究或管理目标、外界技术及人类活动输入等活跃因素的作用下，对流域生态环境质量作出科学、准确、客观、定量化的分析与评价是非常困难的，研究还有待进一步深入和发展。

二、流域生态环境研究的发展趋势

1. 研究理论基础需要大学科交叉和融合

流域生态环境系统是一个开放的复杂巨系统，对其研究必须从整体、综合、系统、动态的视角来剖析流域系统内部及与外部环境之间各种自然要素和人文要素交互作用的非线性耦合关系及耦合特征、耦合过程，这时，任何单一学科都显得无能为力。因此，流域生态环境研究必须建立在包括地理学、历史学、生态学、环境学、经济学、社会学、管理学等众多学科理论知识背景上，通过多要素耦合、多情景模拟、多风险预测、多目标决策等交叉学科理论来共同推进流域生态环境研究迈向新的发展阶段。

2. 研究数据需要流域生态环境大数据科技支撑

生态环境研究需要长期的数据积累，涉及的数据数量巨大、来源广泛、样式繁多，数据的获取时间、采集标准、记录格式、发布手段等都不统一，并且缺乏数据共享，因此，数据成为生态环境研究的困难和瓶颈之一。大数据技术为解决当前复杂的生态环境数据问题带来了新的机遇。流域生态环境大数据是在集成流域辖区内多个部门、多源、多尺度数据的基础上，通过对生态环境要素"空天地一体化"的连续观测，收集海量信息，借助云计算、人工智能及模型模拟等大数据分析技术，实现生态环境大数据的集成分析和信息挖掘，找到流域关键问题与关键区域，制定不同的解决方案与对策，通过对比分析找到最优解决途径，为解决目前流域生态环境问题，提高重大生态环境风险预警预报水平，以及制定相关政策法规提供科技支撑。[1]

---

[1] 赵苗苗、赵师成、张丽云，等：《大数据在生态环境领域的应用进展与展望》，《应用生态学报》2017年第5期，第1727-1734页。

3. 研究途径需要多手段、多技术、多方法的综合使用

鉴于流域单元的特殊性、生态环境系统的复杂性，多样化的研究手段和方法是流域生态环境研究的必然要求。既需要人文学科的田野调查法、文献综述法，又需要自然学科的实验观测法、分析测试法；既需要对过去数据进行史料考证，又需要对未来发展进行模拟预测；既需要传统的野外观测手段，又需要现代化的"3S"技术①。总之，流域生态环境质量研究需要在多尺度、多视角下，通过各种分析手段、各种研究方法、各种技术途径加以综合使用，才能得到更为科学、客观、符合实际的研究结论。

① 王振波：《GIS 技术在中国流域研究中应用进展及展望》，《地理与地理信息科学》2009 年第 3 期，第 28-32 页；"3S"技术是英文遥感技术（remote sensing，RS）、地理信息系统（geographic information system，GIS）、全球定位系统（global positioning system，GPS）这三种技术名词中最后一个单词字头的统称。

第二章
流域系统环境的特征及演化

第一节 流域系统及其构成

一、流域系统

王守春先生在《论历史流域系统学》一文中，提出了"流域系统"的名称，他认为[①]，河流与它所在的流域环境有密切关系，河流的特点是由流域环境要素决定的。所谓流域环境要素，应当包括流域的自然因素和人文因素，从系统论角度看，河流与它所在的流域构成一个系统，这个系统是以河流为中心的，我们将其称为流域系统。之后，流域系统观在小流域综合治理中得到了广泛的认同和应用。王礼先和李中魁在《试论小流域治理的系统观》一文中认为[②]，小流域就是在山地丘陵区，以分水岭和出口断面为界形成的自然集水单元，由其所处的经纬度、海拔高度、流域面积、干沟比降、流域形状、沟壑密度等指标描绘其外形轮廓，流域内的生产者、消费者、分解者和环境构成了一个生态系统；同时，由于人为活动的参与，还形成了一个由各种经济成分及各种社会经济关系组成的经济系统，小流

---

① 王守春：《论历史流域系统学》，《中国历史地理论丛》1988年第3辑，第34页。
② 王礼先、李中魁：《试论小流域治理的系统观》，《水土保持通报》1993年第3期，第47页。

域是这两个子系统的有机组合，即小流域生态经济系统。

　　因此，流域是一个自然、社会经济的复合系统，它包括流域自然子系统、流域社会经济子系统。流域系统内的人类活动及其他生物和非生命系统间相互联系、相互影响，共同形成了一个发挥整体作用的有机体。

（一）流域自然子系统

　　从流域系统的自然形态和自然过程看，流域系统是以水分循环为中心，在一定的气候、植被条件下，不断发展起来的具有一定结构和功能的地貌—水文系统。[①]以水分循环为主的水文过程是流域自然系统的核心，流域中的水体最初是由大气垂直输入的，流域所处的气候带决定了流域降水量的多少及降水的性质或方式，即决定了流域系统的输入特征。流域植被首先截获大气降水，增大流域蒸发面积，减缓水滴对地面的直接打击，对流域水文过程及地貌形态的发育也有深刻的影响。一般来讲，河网密度与降雨总量、降雨强度成正比关系，而与植被成反比关系。在流域输入降水以后，地表、地下径流沿水文网逐级汇流，对流域地貌形态进行再塑造，并将流域内的风化剥蚀产物以悬移质和溶解质等形式输出流域。[②]流域自然系统的水文现象与地貌现象是相互影响和相互制约的，各种水体的运动和变化影响地貌的发育和演化。例如，某一河流流量、含沙量等变化，会导致侵蚀和堆积对比关系的变化，从而对地貌产生影响；同时，水文现象也受控于地貌因素，如区域地形地势，决定了水系的构成和基本流向。[③]

　　从生态系统的角度看，流域内的动物、植物和微生物等通过直接或间接关系的有机组合，形成某种生物群落，在生物与环境、生物与生物之间不断进行着能量交换、物质循环和信息传递，构成彼此之间相互联系、相互制约和相互依存的关系，从而形成了一个相对稳定的整体。流域生态系统可以划分为生命和环境两个亚系统。流域生命系统，是指流域内的动物、植物、微生物等多种生命有机体的集合，是生态系统的主体。流域环境系统主要是无机物和自然要素的集合，是生态系统中生命活动所必需的物质和能量的源泉。流域生态系统的上述要素相互联系、相互制约、相互依存，其中的生物群落是流域生态系统的核心，它决定着系统的生产力、能量活动特征和强度，以及流域生态系统的外貌景观。[④]

---

① 杨桂山、于秀波、李恒鹏，等编著：《流域综合管理导论》，北京：科学出版社，2004年，第43页。
② 梁玉华：《流域系统——概念和方法》，《贵州师范大学学报（自然科学版）》1997年第1期，第14页。
③ 周泽松主编：《水文与地貌》，上海：华东师范大学出版社，1992年，第5页。
④ 杨桂山、于秀波、李恒鹏，等编著：《流域综合管理导论》，北京：科学出版社，2004年，第43-44页。

（二）流域社会经济子系统

　　流域内的各种经济成分及各种社会经济关系，在一定的地理环境和社会制度下的集合便构成了流域社会经济系统。流域社会经济系统中包含许多因素，但对整个流域系统起主导作用的因素还是人力资源和自然资源。前者是指发展经济和社会事业所需的具有劳动能力的人口，其对流域其他因素施加影响，产生正、负效应。人既是物质资料的生产者，又是消费者，因此，物质资料的生产必须同人口的生产相适应。流域社会经济系统可分为综合系统、执行系统和积累系统。流域综合系统可进一步分为管理系统、信息系统、劳动生产率系统、金融和价格系统；流域执行系统包括人口和劳动力系统、研究和开发系统、生产和劳务系统；流域积累系统包括产品和收入系统、财富系统以及福利系统等。[①]

　　在流域系统中，产出要靠流域生产力来保证。人们都希望在经济活动中投入最少、产出最大。因而在以经济为目的的流域社会经济系统中，流域生产力备受关注。流域生产力是流域自然、经济和社会要素的综合，主要包括：流域所能提供航运的能力、流域所能保证灌溉的能力、流域所能提供水能的能力、流域所能承受旅游容量的能力、流域所能提供水资源的能力、流域土地的生产能力等。[②]

（三）流域自然、社会经济复合系统[③]

　　随着科学技术的进步，人类已从对流域自然过程的简单干扰，发展为从各方面直接参与流域系统的运转。流域系统的输入、输出及运转机制已不仅是自然过程，同时也是社会经济过程，如流域规划、跨流域调水、燃料或原料的流域间交换等。这些过程与其他社会经济活动一起，将流域变为有人类活动参与的自然-社会经济复合系统。

　　由于人类的广泛参与，流域自然-社会经济复合系统的结构复杂、要素众多、作用方式错综复杂，但这一复合系统仍可看作是由人和自然两大要素相互作用而形成的。人作为流域中最活跃的因子，具有一定的经济行为和社会特征，通过资源开发利用将资源和环境紧密联系在一起。流域中社会经济活动的有机组合表现为社会文化网络、城镇产业体系及其空间分布

---

① 杨桂山、于秀波、李恒鹏，等编著：《流域综合管理导论》，北京：科学出版社，2004 年，第 43-44 页。
② 梁玉华：《流域系统——概念和方法》，《贵州师范大学学报（自然科学版）》1997 年第 1 期，第 16 页。
③ 杨桂山、于秀波、李恒鹏，等编著：《流域综合管理导论》，北京：科学出版社，2004 年，第 44-45 页。

等。一个流域可以看作一个系统，因而其具有一定的边界和外部环境。流域内各种要素之间、要素与外部环境之间、流域与流域之间在不断地进行着物质、能量、信息的交换及资金、人员的交流，共同促进流域系统的发展与变化。

二、流域系统的构成

（一）构成要素

流域系统的基本构成要素有人口、资源、环境、物资、资金、科技、政策和决策等，这些要素之间相互作用、相互影响，构成一个功能耦合网络。

（二）要素的组合方式[①]

流域自然-社会经济系统各要素间的关系首先体现在这些要素的组合方式上。人类的需求是流域自然-社会经济系统各要素组合的内在动力，在不同的社会发展阶段，人类的需求不同，如生存需求、物质享受需求及包括社会文明、环境优美等在内的全面需求等，不同的需求直接制约着各要素的不同组合方式。

流域自然-社会经济系统各要素的相互组合还需要一定的渠道，即自然-社会经济系统投入产出链。流域自然-社会系统的投入产出食物链和流域经济系统的投入产出链，在生产过程中相互交织，形成了流域自然-社会经济系统的投入产出链，流域自然-社会经济系统结构内部的各要素就是通过它相互组合起来的。流域自然-社会经济系统要素的相互联结不是自发进行的，而是运用科技手段交织联结起来的。人类在对自然规律和经济规律认识的基础上，充分运用自身掌握的科技知识和劳动资料，以人化和物化的技术手段直接改造自然-社会经济系统，使生态系统经济化、经济系统生态化，从而产出更多的生态经济产品，以满足人们的需求。

（三）流域系统构成的动态变化

流域自然-社会经济系统是一个动态系统，它以人口为中心，以生态系统的法则为基础，以社会需求为动力，以流域可持续发展为目标，在运用

---

① 杨桂山、于秀波、李恒鹏，等编著：《流域综合管理导论》，北京：科学出版社，2004年，第45页。

科学技术手段开发利用资源的同时，注重保护环境。①这一变化主要体现在流域自然-社会经济系统的再生产过程中。在流域自然-社会经济系统中，系统发展的动力学机制是社会经济系统（人口）的消费需求和资源能力的供求关系，表现为三种再生产过程，即自然再生产、经济（物质资料）再生产和人口再生产。②

自然再生产是自然生物与自然环境之间进行物质能量交换、转化、循环的自然生物再生产过程，它为经济（物质资料）再生产和人口再生产提供食物、原料和最基本的生产资料，是流域系统的基础。

经济（物质资料）再生产是人类有目的的生产经营活动，包括生产、分配、交换、消费四个环节。经济再生产一方面提供必要的生产资料和物质基础；另一方面为人口再生产提供所需的消费资料，以满足人口的生存和物质文化的需要。

人口再生产，从生态意义上看，是种群的再生产；从社会经济意义上看，是劳动力的再生产。人类为了自身的生存和发展，需要不断开发、利用自然资源，进行经济活动，从而使经济社会资源与自然资源在一定的生产方式下结合。

通过这三种再生产过程之间的正、负反馈和相互作用，构成了系统的发展机制。系统各要素在空间上和在时间上以社会需求为动力，通过投入产出链相互结为一体。

第二节　流域系统的特征

流域自然-社会经济复合系统是人为主体、要素众多、关系错综、目标功能多样的复杂开放巨系统，具有复杂的时空结构与层次结构，呈现整体性、区域性、层次性和网络性、开放性和耗散性、非稳定性、非线性等特性。水是流域系统的纽带，具有多重属性，它既是一种自然资源，又是一种物质生产资源，还是一种生活资源。而人作为系统中最活跃的要素，具有一定的经济行为和社会特征。人们通过资源开发与利用等社会经济行为，将资源和环境紧密联系在一起，人的广泛参与及其有限理性造就了流域系

---

① 杨桂山、于秀波、李恒鹏，等编著：《流域综合管理导论》，北京：科学出版社，2004年，第45页。
② 齐实、孙保平、孙立达：《持续发展下的流域治理规划模型》，《水土保持学报》1995年第4期，第64页。

统的高度复杂性。[①]其特征主要如下。[②]

一、整体性

不仅流域内各种要素之间的联系极为密切，而且上中下游、干支流各地区间的相互制约、相互影响也很显著。上游过度开垦土地、乱砍滥伐、破坏植被，造成了土壤侵蚀，使当地农、林、牧业和生态环境遭到破坏，还使河道淤积、抬高，导致洪水泛滥，威胁中下游地区的生命财产安全和经济建设。同样，在水资源缺乏的干旱、半干旱流域，上游筑坝修库，过量取水，会危及下游的灌溉以及工业、城镇用水，影响生产的发展和生活的需要。因此，流域内的任何局部开发都必须考虑流域的整体自然、经济利益，以及影响和后果。

二、区域性

流域特别是大流域，往往地域跨度大，上中下游和干支流在自然条件、地理位置、经济技术基础和历史背景等方面具有明显的地理空间特征，表现出流域自然、社会经济的区域性、差异性、复杂性。例如，长江和黄河两大流域横贯东西，跨越东、中、西三大地带，存在两个互为逆向的梯度差：一是资源占有量或枯竭程度的梯度差，包括矿藏、水能、森林、土地资源等；二是经济实力和经济发展水平的梯度差，包括资金、技术、劳动力素质、产业结构层次等。从上游到下游，资源的拥有量越来越少，而社会经济发展水平则越来越高，形成了资源重心偏西而生产能力、经济要素分布偏东的"双重错位"现象。

三、层次性和网络性

流域是一个多层次的网络系统，由多级干支流组成。一个流域可以划分为许多小流域，小流域还可以划分为更小的流域，直到最小的支流或小溪为止，由此形成小流域生态经济系统，各支流生态经济系统，上游、中游、下游生态经济系统，全流域生态经济系统等。从产业结构来看，流域经济系统可分为工业经济系统、农业经济系统、交通运输经济系统、城市

① 金帅、盛昭瀚、刘小峰：《流域系统复杂性与适应性管理》，《中国人口·资源与环境》2010 年第 7 期，第 60 页。
② 钱乐祥、许叔明、秦奋：《流域空间经济分析与西部发展战略》，《地理科学进展》2000 年第 3 期，第 266-272 页；李中魁：《小流域治理的哲学思考》，《水土保持通报》1994 年第 1 期，第 30-37，56 页。

经济系统等子系统，其中农业经济系统又可分为种植业经济系统、养殖业经济系统等。流域经济网络的层次性要求流域开发也应有一定的次序和层次。

四、开放性和耗散性

流域是一种开放型的耗散结构系统，内部子系统间协同配合，同时系统内外进行大量的人、财、物、信息交换，具有很大的协同力，形成一个"活"的、有生命力的、越来越高级和越来越发达的耗散型结构经济系统。首先，流域是一个开放的系统，与流域外存在着必然的物质、能量和信息的交换；其次，在人类活动的影响下，流域生态环境只能是一个非平衡结构，是一个动态有序结构；再者，流域系统无须外界特定指令而能自行组织、自行创生、自行演化，能自主地从无序走向有序，形成新的有序结构系统；最后，流域系统总体的特征和活动方式是在子系统相互联系、相互作用、相互制约的过程中表现出来的，且这些子系统的综合作用是不能用线性方程描述出来的，通常是一种非线性的耦合作用。

五、非稳定性

同客观物质世界一样，流域系统是一个永恒的运动、变化和相对稳定的统一体。在这个复杂的具有自我调节能力的开放系统中，生物与生物之间、生物与环境之间，通过物质、能量、信息的交换、传递和循环，相互影响，彼此制约，在一定条件下形成稳定的有序结构，并在相当长的时间内保持一致，呈现一种动态的、稳定的渐进变化过程。然而，人作为流域系统中最活跃、最主动和最有竞争性的主要构成因素，其活动具有目的性、能动性和创造性。人类的一切物质生产活动都是对流域生态系统的改造，并直接影响经济系统的稳定发展，因此，将不可避免地对生态系统产生一定的影响。一旦人类活动对系统的影响超越其自身调节能力，位于其临界阈值之上，系统内部结构和功能或机制就会发生突变，使系统失去稳定性，引起流域生态系统中植被覆盖率、水土流失和小气候等方面的变化，使原有系统的组成、结构和功能出现数量和质量的变化，从而导致流域生态经济系统呈现非稳定性。

六、非线性

流域系统内各自然因素和社会经济因素之间存在着相互联系、相互影响的关系，这些关系的具体内容与物质、能量和信息的传递方式和表现形式等均存在一定的线性关系，如土地利用规划、土地人口容量等。但国内外大量的科学研究表明，流域系统内更多存在的是非线性的相互作用关系，即流域系统是众多要素相互联系的非线性动态系统，各因素之间的相互作用并不是简单的代数叠加，而是以一定方式相互配合。由于组合方式的不同，出现了"非加合"的结果，系统功能提高、有新质出现或阻止系统向无序退化。例如，基于系统动力学原理的流域系统动态仿真模型，可以较好地说明流域系统要素间及其与流域系统功能的非线性关系。

第三节　流域系统的演化过程

流域系统中的自然子系统、社会经济子系统相互联系、相互制约和相互影响，在整个复合系统中始终包含结构与功能方面的大量矛盾，这些矛盾的存在和发展推动了整个流域系统的演替与发展。

一、流域系统演化的自然平台

现今地球上千变万化的地貌景观都是地球内外力地质作用长期共同作用产生的，流域景观也不例外，其中内力地质作用集中表现在构造作用上，外力地质作用集中表现在气候作用上。①

（一）地质构造

1. 流域地形地貌的骨架

地质构造运动影响了流域演化的地貌发育过程，各构造旋回对流域地貌上的山地、丘陵总特征的形成起到了一定的控制作用。构造变形，即地壳运动所造成的岩石变形，对流域地貌形态的分布起着骨架作用。由于板

---

① 沈玉昌、龚国元编著：《河流地貌学概论》，北京：科学出版社，1986 年；杨达源：《长江地貌过程》，北京：地质出版社，2006 年；黄耀丽、储茂东：《广东地质构造特征及其与地貌发育的关系》，《云南地理环境研究》1995 年第 2 期，第 85-89 页；姚文波：《历史时期董志塬地貌演变过程及其成因》，陕西师范大学博士学位论文，2009 年；祝嵩：《雅鲁藏布江河谷地貌与地质环境演化》，中国地质科学院博士学位论文，2012 年。

块不断碰撞和推挤引起大陆广泛隆起，产生了强烈的侵蚀剥蚀作用和堆积作用，侵入岩体暴露于地表，形成了分布广泛的侵入岩山丘和台地，并产生了多级侵蚀面。岩性较硬的岩层，建造厚度大且坚硬，流域高大而峻峭的大山多由此构成。而剥蚀的产物则以残坡积、洪积、冲积三角洲，以及海相、洞穴等形式堆积，其中以海相和三角洲相分布最广，形成相应的流域堆积地貌。

2. 流域土壤演化的基础

地质构造的多旋回和同一时期不同地区的不均衡性，使沉积物在流域纵向上和横向上变化较大、岩性复杂，为后期的差异侵蚀风化创造了条件。各构造旋回中相应的沉积建造及岩浆侵入是流域土壤形成的物质基础，不同岩层往往形成不同的土壤，特别是基岩出露的地区。因此，地质构造决定着岩层的分布，也就决定着土壤的分布。土壤可以蓄积水分，又可以渗透水流，在水分循环中起着媒介和对降水再分配的作用，从而影响流域径流的形成及其过程。除此之外，还对流域演化过程中的植被、农业、水利、土建、交通运输、工程建设等产生一定的影响。

（二）气候变化

任何一个流域演化过程都有外力作用——气候、水文、植被等的鲜明烙印，特别是气候与流域演化有着密切的关系，因为其他要素归根结底仍受气候因素的控制。气候变化，主要以降水和气温的途径直接作用于流域水循环过程，改变流域水文的形势，甚至流域的地形地貌，继而影响污染物的迁移转化机制，对流域环境变化过程产生重要影响。[①]

1. 流域水循环过程

气候变化，尤其是气温和降水，对流域水循环产生重大影响。降水是流域水资源量的重要补给来源，降水增多有利于全球水资源量的增加，且降水的空间分布、量值及其强度与水循环的各个环节显著相关；蒸散发是水文循环过程中的重要环节，关系着地球上作物的生长，也是海洋补充大陆水汽的重要途径，气温与蒸散发过程存在密不可分的关系，随着气温升高，潜在蒸散发作用增强，促进全球水循环速率加快。

---

① 翟晓燕：《变化环境下流域环境水文过程及其数值模拟》，武汉大学博士学位论文，2015 年，第 21 页。

因此，气候变化会显著地影响河流、湖泊、水库等的流量和水位的频率、幅度、季节性等，以及流速、水力特性和水力停留时间等，引起水资源在时空上的重新分布，进而影响流域生态环境与社会经济的发展。

2. 水环境影响

气温和降水变化将显著地影响流域水质参数的变化，以及污染物质在土壤和水体中的迁移转化过程。

温度是影响水体污染物发生物理、化学和生物反应的最主要因子，监测数据表明，流域内气温与水温存在显著的正相关性。已有大量研究提出了水体中污染物降解系数、河流纵向扩散系数等的经验估算公式，而公式中的系数项均与温度紧密有关。[①]此外，水温升高，水面的蒸发作用增强，水体中污染物的浓度也会有所增加。

降水变化一般作用于水循环过程，通过水循环因子、水力学参数等影响水环境过程。流速减缓时，水流的自净作用将减弱，但同时污染物的沉积作用会加强。此外，降水增多，水体流量幅度增加，水体的稀释作用将增强，然而坡面降水径流的冲刷将使更多的污染物进入河道、湖泊、水库中，尤其久旱之后的强降水将冲刷土壤中的营养物质，使之进入河道，引起河道中污染物浓度急剧增加。因此，水体中污染物的浓度会发生不同的变化。

另外，降水减少、气温升高，地表水资源量减少，为满足工农业生产、生活用水的需求，会间接地增大地下水资源的抽取量，导致地下水位下降，发生地面沉降，海滨地区还可能会诱发海水倒灌等问题。

3. 极端水文事件

极端水文事件是影响流域水质变化的一个重要因子。在气候变化的背景下，洪涝、干旱灾害等事件的频次和强度均有所增强。降水量、降水强度等是流域土壤水力侵蚀的主要驱动因子，极端强降水很有可能会引起极端洪水事件，导致土壤水力侵蚀作用增强。此外，降水侵蚀剥离土壤颗粒的同时，会使大量的营养物质流失。因此，极端降水事件，会导致入河泥沙及营养物质负荷浓度急剧升高，流域非点源污染恶化情势加剧，尤其是在旱涝急转时期。

---

① 郭儒、李宇斌、富国：《河流中污染物衰减系数影响因素分析》，《气象与环境学报》2008 年第 1 期，第 56-59 页；陈丁江、吕军、金树权，等：《河流水环境容量的估算和分配研究》，《水土保持学报》2007 年第 3 期，第 123-127 页。

大面积强降水导致流域水库内蓄积的水量迅速增多，为保证防洪安全，不得已时需开闸泄洪，高度污染的污染团会造成下游鱼群死亡、水质急剧恶化，威胁居民的饮用水安全。

此外，极端干旱、流域水资源量减少、河道流量减少甚至断流、水温升高都将成为导致河流水质污染的主要气象因子。水温升高，水体中溶解氧含量减少，水体自净能力降低，污染物浓度将显著升高，甚至形成臭水沟。

二、流域系统演化的人为构造

人类活动对流域系统的演化也产生了不容忽视，甚至更迅速、更深远的影响，主要表现在水利工程、土地利用和土地覆被及城市化等方面。

（一）水利工程

水资源的有限性，且在地域上和时间上分布得极不均匀，再加上人类活动的需水量不断增加，为了充分利用水资源，人们研究自然界水资源，并采取各种工程措施对河流进行控制和改造，以期防治洪水泛滥和沥涝成灾，并从多方面利用水资源，这对流域系统的水文循环过程、区域气候条件、生物多样性和社会经济发展等方面具有一定的作用和影响。[①]

1. 水文循环过程

修筑水利工程设施，河道的地貌形态将发生显著的改变，阻断了天然河道，河道完全依赖于人为调控，导致河道的流态发生变化，改变了河流的泥沙运动规律，进而引发整条河流和河口的水文特征的变化，改变了河流水文情势的时空分布。另外，河道过于规整，自然河道对水及污染物的调蓄功能减弱，水流速度减慢，河道泥沙淤积，抬高河床，容易形成地上悬河，改变了其与地下水系统、坡面水文过程的水力联系。

2. 区域气候条件

一般情况下，地区性气候状况受大气环流控制，但大中型水库和灌溉

[①] 曹永强、倪广恒、胡和平：《水利水电工程建设对生态环境的影响分析》，《人民黄河》2005 年第 1 期，第 56-58 页；方妍：《国外跨流域调水工程及其生态环境影响》，《人民长江》2005 年第 10 期，第 9-10，28 页；李宏伟、尹明玉：《水利工程建设与生态环境可持续发展》，《东北水利水电》2010 年第 3 期，第 36-37，40 页。

工程的修建，使原先的陆地变成了水体或湿地，对流域局部的小气候产生了一定的影响。首先，修建水库形成大面积的水面，增强了区域水面的蒸发过程，空气湿度增大，引起降水；其次，水库低温效应的影响可使降雨地区分布发生改变，库区和邻近地区的降雨量有所减少，而一定距离的外围区降雨量则有所增加，地势高的迎风面降雨增加，而背风面降雨则减少；最后，水库建成后，库区的地表性质由陆面变为水面，与空气间的能量交换方式和强度均发生变化，从而导致气温发生变化。

3. 生物多样性

水利工程建设的大发展，淹没了部分的森林、草地，对流域系统的影响不容忽视。对陆生生物而言，首先，库区淹没和永久性的工程建筑物对陆生植物和动物造成了直接破坏；其次，局部气候变化、土壤沼泽化、盐碱化等对动植物的种类、结构及生活环境等造成影响。对水生生物而言，首先，水库的兴建抬高了水位，改变了河流水生生态系统，破坏了水生生物的生长、产卵所必需的水文条件和生长环境；其次，水库淹没区和浸没区原有植被的死亡，以及土壤可溶盐会增加水体中氮磷的含量，加上库区周围的农田、森林和草原的营养物质随降雨径流进入水体，为形成富营养化提供了条件，对水生生物造成威胁。

4. 社会经济发展

水利工程建设可以为区域提供发电、防洪、航运、灌溉、供水、水产养殖等方面的综合效益。

水利工程的建设既可以在汛期发挥蓄滞洪水、削减洪峰的作用，又可以增加枯水期流量，提高流域抗洪、涝、旱、碱等自然灾害的能力，降低灾害发生的频率和危害程度，为人民提供了稳定的生产、生活环境；为防洪、灌溉、发电、城乡生活和工业用水及生态环境的改善提供了安全保障。

在各项水利工程建设中，水电开发工程的比重占有绝对优势。水电作为清洁能源，有着较低的环境开发成本，可以取代化石燃料。与建火电站相比，水电站具有不污染环境、减缓温室效应和酸雨危害的优势，还可以减轻"北煤南运"的运输压力。

水利枢纽工程的核心是水库的建设。具有调节性能的水库通过调节可使枯水期增加下泄流量，不仅可提高下游水体的自净能力，改善中下游水质状况及供水条件等，还可以促进渔业、旅游业的发展。

水库抬高水位可以有效改善水库上游的天然水运运输系统，与陆运系统相比，水运可充分发挥其运输成本低、少占地或者不占地的优点。

（二）土地利用和土地覆被

土地利用是指人类有目的地开发利用土地资源的一切活动，如农业用地、工业用地、交通用地、居住用地等①，而土地覆被则被国际地圈与生物圈计划（International Geosphere-Biosphere Program，IGBP）和国际全球环境变化人文因素计划（International Human Dimensions Programme on Global Environmental Change，IHDP）定义为"地球陆地表层和近地面层的自然状态，是自然过程和人类活动共同作用的结果"②。土地利用是土地覆被变化的最重要影响因素，土地覆被的变化反过来又作用于土地利用，两者的变化被认为是全球环境变化的重要组成部分和主要原因，且可以作为研究自然和人文过程交叉作用的突破口而受到重视。LUCC 对流域生态环境会产生重大的影响，一方面通过影响气候、土壤、水文及地貌而对自然环境产生深刻的影响；另一方面又造成生态系统的生物多样性、物质循环与能量流动及景观结构的巨大变化，使流域系统的结构和功能发生改变。③

1. LUCC 对单生态因子的影响

土地利用作为人类谋求生存与发展的群体活动，直接导致土地覆被的变化，而土地覆被变化在微观层次上又对生态环境因子产生重要影响，主要表现在大气、水文、土壤三个方面。

LUCC 对局地与区域气候变化的影响进行研究，认为由于土地利用变化引起下垫面地表反射率、粗糙度、植被叶面积及植被覆盖比例等变化，从而引起温度、湿度、风速及降水发生变化，由此引起局地与区域气候变化。另外，与土地利用有关的生物燃烧（如 CO、NO 等）使化学性质活泼的微量气体进入大气，对大气环境质量方面也产生了一定的影响。

---

① 陈佑启、杨鹏：《国际上土地利用/土地覆盖变化研究的新进展》，《经济地理》2001 年第 1 期，第 95 页。
② 李秀彬：《全球环境变化研究的核心领域：土地利用/土地覆被变化的国际研究动向》，《地理学报》1996 年第 6 期，第 554 页。
③ 梅艳：《区域土地利用变化及其对生态安全的影响研究》，南京农业大学博士学位论文，2009 年；周忠学：《陕北黄土高原土地利用变化与社会经济发展关系及效应评价》，陕西师范大学博士学位论文，2007 年；刘权、张柏等编著：《辽河中下游流域土地利用/覆被变化、环境效应及优化调控研究》，北京：科学出版社，2007 年。

LUCC 对水资源的影响包括水量、水质与空间分布的变化。有研究认为，林地、草地、湿地、灌溉用地等主要用地类型的数量结构与空间布局变化会对水的蒸发、降水、地表径流产生影响。而且，由于人类耕作（特别是化肥和杀虫剂的使用）和定居活动（城市污水、生活垃圾）引起的土地覆被的变化，已造成了世界性的水污染。

在不同的土地利用方式影响下，土壤侵蚀力度是不相同的，进而会影响其地貌的发育进程。LUCC 可以引起不同程度土壤质量的下降，导致土地功能及生产力的下降。土壤质量下降主要表现为不同形式的土壤的退化，主要包括土壤侵蚀（水蚀、风蚀）、土壤化学退化（土壤污染、盐碱化、水浸、酸化等）、土壤物理退化（如土壤紧实）等。土地利用变化引起了对土壤养分迁移及土壤侵蚀等方面的研究，研究认为土地利用变化会影响土壤系统与外界的能量、土壤表面的水分和矿质元素的分配过程，以及加速或延缓土壤系统内部的生态代谢过程。

例如，硬化地面，是指人为地将地表作特殊处理，使土壤的自然结构改变、集流能力大大增强的地面。在造成黄土高原水土流失的诸多人为因素中，硬化地面造成的水土流失不容忽视。它改变了土壤的自然结构，使地面的集流能力增强；毁坏植被，使植被覆盖度为零（或接近零）。在这里，降水→径流转化率高，径流系数远比自然地面的大，一次强度不大、历时较短的降水，就可能形成径流，并对地表造成线状流水侵蚀，与同等条件的自然地表相比，水土流失明显更严重。[①]但是，一些特殊的农耕活动反而会抑制土壤侵蚀的发生。例如，修建水平梯田、淤地坝等活动，对防止土壤侵蚀具有很大作用，进而延缓了地貌的演变，这对山坡地微地貌演变的影响更明显。

2. LUCC 对宏观流域系统的影响

首先，LUCC 对流域系统的影响是综合的，对系统中的各要素及过程均起到一定的作用，如土地利用变化在引起区域气候变化的同时，区域的水文、土壤等因素也相应地发生了变化。其次，不同的土地利用/土地覆盖类型具有不同的生态系统结构、群落组成和生物量内容，对土壤、大气和水中营养成分的分布也有着不同的影响，因此，LUCC 会在不同尺度上对生态系统的结构和功能产生不同程度的影响。有研究表明，LUCC 在群落水平上会引起景观的破碎化，群落的组成成分及其演替过程也会受到干扰，

---

① 姚文波：《硬化地面与黄土高原水土流失》，《地理研究》2007 年第 6 期，第 1097 页。

在景观水平上引起景观类型、结构及其功能的改变，在生态系统水平上使生态系统的结构、物质能量流动及其功能发生变化。

（三）城市化

城市化与流域自然水循环有着密切而复杂的关系，城市化过程中的各种社会经济活动行为与城市群间的相互作用，既依赖于流域自然水循环，又改变了流域自然水循环。城市化过程伴随着人口增长、经济发展、地域扩张、给排水系统扩建、上下游城市对于水资源的争夺及在水质上的相互影响等过程，这些过程无时无刻不对流域自然水文循环施加着压力，城市化规模越强、速度越快，施压的驱动力就越强，流域自然水文循环的反应也就越强烈。[①]

1. 城市人口、经济规模扩张

城市人口增长、经济规模增加对流域自然水循环过程影响的核心介质点，是通过改变径流（地表径流、地下径流）的数量和质量，从而对流域自然水循环产生影响。在城市化进程中，随着农村人口向城市人口的转移和城市人口的自然增长，城市人口总量明显增加，进而使城市生产能力增加，产业规模不断扩大，城市层次和规模得以提升，而城市总用水量、用水结构及用水效率将发生相应地变化。在流域城市群的共同影响下，流域的水资源、水环境会受到一定程度的干扰、破坏，其压力通过城市人口和经济对水资源、水产品消费及废污水的排放表现出来。

2. 城市空间规模扩张

在追求土地利用的经济效益的价值观背景下，流域内城市群数量的增加及单个城市的空间规模扩张与生态空间缩小之间存在此消彼长的恶性循环关系。城市扩张中，人口密度和建筑密度增加，用大量不透水性的下垫面替代了自然状态下的森林、草地、湖泊、湿地及农田，使河流水系的生态空间被挤占，景观破碎化。因而，城市空间规模扩张对流域自然水文循环扰动的介质点，表现为流域下垫面及土地利用类型的改变。这种扰动过程直接、间接地影响水文循环过程的蒸发、降水、径流、下渗等环节，产

---

① 郑璟、方伟华、史培军，等：《快速城市化地区土地利用变化对流域水文过程影响的模拟研究——以深圳市布吉河流域为例》，《自然资源学报》2009 年第 9 期，第 1560-1572 页；薛丽芳：《面向流域的城市化水文效应研究》，中国矿业大学博士学位论文，2009 年。

生了一系列的城市化水文效应，并最终影响河流及流域的健康安全。

3. 城市给排水系统扩张

城市给水系统以"充足、低价地供给清洁的水"为目标，为了满足供水，城市地区的径流量越来越少。目前，弥补城市水资源不足的流域对策有两种：一是在上游大规模筑坝，雨季大量蓄水，旱季放流，采用长距离的取水工程，使平常可利用水量接近流域水文大循环的平均径流量，即径流的时间平均化；二是修建跨流域供水工程，对河流进行流域变更，即径流的空间平均化。当河流径流时空分配平均化的强度超越河流基本功能（流动性）发挥的临界点时，河流系统就会受到一定程度的损害。

城市排水系统则以"防止雨洪内涝、排除和处理污水、促进城市卫生和发展、保护公共水域水质"为目标。河流中废污水的增加，一方面使清洁水减少；另一方面，稀释、净化污水需要大量的清洁水，从而导致水质性缺水。当河流污染水环境超越其临界点时，河流系统也会受到一定程度的损害。另外，基于城市下垫面的不透水特性与光滑而直线型的排水管网特性的影响，城市暴雨形成的洪水具有流量大、洪峰高、历时短的特点，这样的雨水排放思路和制度使雨水的水文循环过程受损，造成城市地区下游严重的洪涝灾害。

在城市发展中，为了提高防洪安全度和供水标准，不断地对河流水系进行人工化、渠道化，对河道裁弯取直，拓宽河流断面，两岸修筑高耸的混凝土堤坝，但结果导致河流形态变化，河网结构趋于简单化、主干化，河流行洪、滞洪的空间丧失，河流的资源、生态、文化等主体功能弱化甚至丧失，流域系统健康受损。

4. 流域城市群

流域是基于水循环过程形成的完整的自然地理单元，集人口、经济规模、用地及给排水管网的扩张于一体的每个城市，都是加入流域不同水文区位中的一个人为节点，而在一个流域内，也必然存在大大小小不同的城市节点（甚至跨越不同国家）。这些城市节点相互作用，形成了流域内的完整的城市群体（城镇体系），其与流域水循环的相互关系表现为以下三个尺度。

1）每个节点各自对流域水循环的影响，这种影响的主要表现是局部的，即影响到城市节点周围的水资源、水环境与水文过程。

2）各个节点之间相互影响，这种影响体现为位于河流的上、中、下游以及支流与干流等不同区位上的城市，在取、排水过程中产生的各种矛盾与冲突。上中游城市节点的截水、用水、排水过度，以及中下游城市的各种远距离引水工程，会对流域各个节点上的城市及流域整体产生影响。

3）城市群整体与流域的关系，即流域水资源、水循环对流域范围内城市群整体发展的承载能力。按照国际标准，合理的流域水资源开发利用程度为 40%左右[①]，即流域 60%的水资源应留给生态环境系统，而国内许多流域的水资源开发利用程度已经超过了这一警戒线。

---

① 夏军：《华北地区水循环与水资源安全：问题与挑战》，《地理科学进展》2002 年第 6 期，第 518 页。

第三章
流域生态环境质量研究的理论基础与方法

第一节　理论基础

一、历史地理学

　　历史地理学是研究历史时期人类地理环境变化，以及环境与人类和人类社会发展的关系的科学。[①]它从现代地理学的发展过程中分化而来，以历史时期的地理环境为研究对象，包括自然与人文地理系统的各个环境要素。李令福先生曾在《中国历史地理学的理论体系、学科属性与研究方法》一文中，对历史地理的研究对象作了详细的阐述[②]，即历史地理学不仅研究历史时期自然地理环境的演变及其发展规律，而且研究历史时期人类各种活动的地理表现及其发展变迁的规律。历史地理学具有区域性、发展性和整体性三个特征。

[①] 蓝勇编著：《中国历史地理学》，北京：高等教育出版社，2002年，第1页。
[②] 李令福：《中国历史地理学的理论体系、学科属性与研究方法》，《中国历史地理论丛》2000年第3辑，第214-216页。

历史地理学的区域性具有外延区域性和内涵区域性两层含义。外延区域性，是指历史地理学的研究是以特定的区域为论述范围的；内涵区域性，是指对某个特定区域各局部地区的差异与特征进行较全面的分析与研究，不能只以局部地区为典型代表，也不能留有空白区域。历史地理学的发展性，是指它特别强调地理环境各要素的动态变化，突出地理现象在不同历史阶段的差异性、地理环境的演变规律及其形成原因。历史地理学的整体性表现为，一个地区的气候、地貌、水文、生物、土壤等自然地理条件与其城市发展、人口兴衰、工农业生产布局等人文社会环境构成了相互影响、相互制约的互动关系，从而形成了复杂多变而又有系统规律性的整体。

由此可见，历史地理学的核心视角是空间与时间的结合。张晓虹先生提出，历史地理学发展的要旨是坚守区域性、历时性与综合性的学科特色[①]，而历史流域可以看作历史地理的一个具体方向。侯勇坚教授指出："历史流域学的提出，是在历史地理学已有研究成果基础上的总结和深化，其方向当然是对历史地理学的细化。"[②]

因此，对历史流域生态环境，即特定空间下的人类活动的环境变迁，以及环境变迁对人类的反作用的研究，必然离不开历史地理学的理论背景和知识架构。

二、区域地理学

区域地理学，是地理学的一门分支，综合研究特定地区内各种相互关联的地理要素。李剑波先生曾在《试论地理学的核心——区域地理学》[③]一文中，提出区域地理学是以区域为研究对象，通过对区域的实地考察和综合地理学各学科及相邻学科的研究成果，探讨区域内各要素的相互联系，以揭示区域特点、区域内部及区域之间的差异和联系。它从客观存在的区域着手，探讨区域内各地理事物的相互联系，以及其与其他区域的联系和差异。区域地理学在自身的发展过程中产生了一整套关于区域的理论，诸如区域整体性理论、统一性理论、相似性和差异性理论、区域划分的理论、人地关系理论等。这些理论的研究有各自的侧重点，但就区域地理学而言，它们都具有区域性、综合性和统一性。

---

① 张晓虹：《历史地理学发展要旨——坚守区域性、历时性与综合性的学科特色》，《中国历史地理论丛》2017年第1辑，第19页。
② 侯勇坚：《从区域进入流域：综合探讨实际问题的路径——历史流域学断想》，中国地理学会2012年学术年会学术论文摘要集，2012年，第38页。
③ 李剑波：《试论地理学的核心——区域地理学》，《南京师大学报（自然科学版）》1988年第2期，第94-101页。

区域地理学以区域为研究对象，阐明特定地区的地理环境结构与人地关系规律性，协调人与环境的关系，为促进生产发展服务，可见，区域地理学从区域出发，最后又回到区域中去，对区域的特点有更深刻的认识。区域地理学的综合性体现如下：首先，研究对象是综合的，每一个区域都包括自然、经济和社会的各个方面；其次，区域的总特征或总功能并不是各地理要素特征或功能的简单代数相加，而是大于这个总和，包括各要素之间的相互联系、相互影响、相互作用所产生的区域的总的特征或功能。区域地理学也是统一的，它的统一性在于区域内的地理环境，尽管地理环境可以分为受物理化学法则制约的无机要素、受生物法则制约的有机要素和受社会法则制约的人文要素，但是，它们在区域中相互联系、相互作用，形成了一个和谐的统一体。

区域地理学的研究对象是区域，那么什么是区域？学者陈秀容在《有关区域地理学若干问题的初探》中提出[①]，区域根据不同的需要，可选取不同的指标，进行各种不同的区划，从而划分出各种不同的区域体系；区域地理学所涉及的区域包括形式的区域和功能的区域，还有用于行政管理和实施作用的区域，称为设计的和规划的区域。总之，"区域"可以是任何大小的地区，以其目的性及用以划界的特定指标来定，每个客观存在的区域内部都具有一定的共性，并以此区别于周围地段；区域地理的研究就是要揭示赋予这个区域某种同一性及独特性的各种相互联系的地理要素的综合过程。李剑波认为，区域界线除了国界或历史地理界线外，还包括一个国家内的行政界线和自然地理事物所规定的界线。[②]

流域，是指被地表水或地下水分水线包围的范围，即河流湖泊等水系的积水区域。它是以水为媒介，由水、土、气、生等自然要素和人口、社会、经济等人文要素相互关联、相互作用而共同构成的自然-社会-经济复合系统。[③]因此，流域也是区域，以某一或大或小的特定流域空间作为研究范围，是跨越行政规划的地球表面相对独立的自然生态区域。区域地理学研究的理论、方法必然也是流域学研究的基础和前提。

三、生态水文学

生态水文学，于 1992 年由 Dublin 在国际水与环境会议上正式提出，

---

① 陈秀容：《有关区域地理学若干问题的初探》，《地理研究》1982 年第 4 期，第 47 页。
② 李剑波：《试论地理学的核心——区域地理学》，《南京师大学报（自然科学版）》1988 年第 2 期，第 96 页。
③ 杨桂山、于秀波、李恒鹏，等编著：《流域综合管理导论》，北京：科学出版社，2004 年，前言。

是描述生态格局和生态过程的水文学机制的一门学科，其生态水文格局、生态水文过程与生态水文模型是重点研究的内容。[1]目前，尽管出现了大量涉及生态水文学方面的文章，但生态水文学至今还没有一个统一的概念。Zalewski 等一开始提出的生态水文学，是指对地表环境中水文学和生态学相互关系的研究，而他后来认为，生态水文学是在流域的尺度上，研究水文和生物相互功能关系的科学，是实现水资源可持续管理的一种新方法。[2]

流域生态过程与水文过程变化从不同程度对区域生物地球化学过程造成影响，而生物地球化学过程变化反过来也对流域淡水生态系统和水文（水化学）过程产生影响，三者在流域尺度上具有密切的相互作用关系，这种关系实质上是流域内最为普遍和重要的水土间物质的传输过程，是伴随水分运移而必然存在的过程。[3]因此，流域是人类活动和环境过程的功能地理区域，也是生态水文学研究的最佳尺度。章光新在《关于流域生态水文学研究的思考》一文中提出了流域生态水文学的概念[4]，即"以流域为研究单元，应用生态水文学的理论思维和系统科学的方法，在时空尺度上研究生态过程与水文过程相互影响、相互作用、共同耦合演进的过程、机理和机制，探求流域水资源持续利用与水环境安全管理的一门新型学科，最终目标是为流域社会经济与生态环境协调、稳定、健康发展提供科学依据和决策指导"。由此可见，生态水文学的理论和方法对于流域的水文学与水资源、生态学、环境学及可持续发展等学科领域的一系列科学问题提供了强有力的研究途径和思路。

四、河流动力地貌学

河流动力地貌学是一门边缘学科。倪晋仁和马蔼乃在《河流动力地貌学》一书中，对其概念、研究对象、研究实质、主要研究内容等进行了阐述[5]，河流动力地貌学是研究全流域面及其水系的组成物质和形态在流水动力作用下的演变和分布规律的科学。河流总是与流域紧密联系在一起，河流动力地貌学的领域不仅是几条大江大河及其支流的河谷、河床，还是整个流域的动力地貌。因此，河流动力地貌学不仅仅研究现代过程或地质历史时期中一个个的片段，而且更为重要的是从系统理论的高度研究流域与河床的成因、过程与演化规律。

[1] 章光新：《关于流域生态水文学研究的思考》，《科技导报》2006年第12期，第42页。
[2] 夏军、丰华丽、谈戈，等：《生态水文学概念、框架和体系》，《灌溉排水学报》2003年第1期，第5-6页。
[3] 王根绪、刘桂民、常娟：《流域尺度生态水文研究评述》，《生态学报》2005年第4期，第900页。
[4] 章光新：《关于流域生态水文学研究的思考》，《科技导报》2006年第12期，第42页。
[5] 倪晋仁、马蔼乃：《河流动力地貌学》，北京：北京大学出版社，1998年。

从整体上讲，流域和水系，包括流域面上的产水、产沙、水系网络的输移通道及其下游河口的堆积等模式，是河流动力地貌学的研究对象。水沙运动基本理论是河流动力地貌学的动力学基础，河型成因研究是其最重要的内容之一，动力学模拟方法是其研究的重要手段。河流的特性受制于所在流域的特性，当冲积河流通过自动调整作用处于准平衡状态时，其纵横剖面形态与流域因素之间应存在某种定量关系，即河相关系，对于这种关系及其物理实质的探讨就是河流动力地貌学研究的本质。

由此可见，从河流动力地貌学讲，流域是其研究对象；而从流域角度看，河流动力地貌学原理和方法就是其形成动力、演化原因、发展趋势等研究的理论基础和技术支撑。

五、景观生态学

景观生态学，是一门多学科的交叉学科，主体是地理学与生态学的交叉，它以整个景观为对象，通过物质流、能量流、信息流在地球表层的传输与交换，生物与非生物的相互转化，研究景观的空间格局、内部功能及各部分之间的相互关系，探讨景观异质性发生、发展及保持异质性的机理，建立景观的时空动态模型，研究景观优化利用和保护的原理与途径。[①]

景观生态学与传统的生态系统生态学相比，主要表现如下[②]：①景观是作为一个异质性系统来定义并进行研究的，空间异质性的发展和维持是景观生态学的研究重点之一；②景观生态学研究的主要兴趣在于景观镶嵌体的空间格局；③景观生态学考虑的是整个景观中的所有生态系统及它们之间的相互作用，如能量、养分和物种在景观斑块间的交换；④景观生态学除研究自然系统外，还更多地考虑经营管理状态下的系统，人类活动对景观的影响是其重要的研究课题；⑤只有在景观生态学中，一些需要在大领域中活动的动物种群才能得到合理的研究；⑥景观生态学重视地貌过程、干扰与生态系统间的相互关系，着重研究地貌过程和干扰对景观空间格局的形成和发展所起的作用。

景观生态学以人类活动对景观的生态影响为研究热点，研究的中心是不同地域场所景观元素的类型组成、空间格局、动态变化及相互作用机理，强调不同尺度下的结构和布局、动态与过程是景观生态学的核心。目前，

---

① 傅伯杰、王仰林：《国际景观生态学研究的发展动态与趋势》，《地球科学进展》1991 年第 3 期，第56 页。
② 傅伯杰、陈利顶、马克明，等编著：《景观生态学原理及应用（第二版）》，北京：科学出版社，2011年，第 5 页。

景观生态学正在得到广泛应用，它已经超前跨越了传统的生物-生态科学，即纯自然的领域，进入各种以人类为中心的知识学科领域——生态学、经济学、地理学和文化科学等。

景观是自然与文化交织的复杂系统，而流域因其作为特殊的地理单元，是人为扰动大、碎片程度高、异质性表现强的多功能景观类型，其自然和文化的景观组分及过程往往复杂地交织在一起。[①]景观生态学相关原理和跨学科的研究方法为流域地貌形态、水系特征、地表景观、空间格局、演化程度等的研究提供了新的视角。

六、流域管理学

流域管理学是以流域为研究对象的一门管理科学，即在流域尺度上，应用生态系统的基本原理，通过跨部门和跨行政区的协调管理，综合开发、利用和保护流域水、土、生物等资源，最大限度地适应自然规律，充分利用生态系统功能，实现流域的经济、社会和环境福利的最大优化及流域的可持续发展。流域水土资源及其他自然资源是流域生态系统的基本要素。因此，流域管理学的研究对象主要是流域生态系统、流域经济系统，或称为流域生态经济系统。[②]

需要指出的是，流域管理不是原有水、土、生物等要素管理的简单叠加，也区别于以往的区域管理，而是强调以下几个方面的内容：理解流域生态系统的发生、发展及变化规律，并适应自然规律，采取基于生态系统的方法，对流域内的水土等自然资源进行管理；在管理对象上，以水为切入点和核心，综合管理涉及水资源、水环境、土地资源和水生生态系统等；在管理目标上，综合考虑并平衡经济发展、社会进步、生态与环境保护目标，共同实现综合效益的最大化；在管理措施上，强调工程措施与非工程措施的结合，特别要慎用不可逆转的河流治理措施；在管理手段上，要部分打破与行政区的界限，综合运用法律、行政、经济、规划、科技等手段；在管理过程中，重视流域的利益相关方的广泛而有效的参与。

人类剧烈活动造成的流域生态系统功能过程的紊乱，是当代生态环境问题的根源，而生态环境问题，如水、土、气的污染，能源、资源的短缺，又会引发一系列社会问题。因此，流域生态管理科学不仅仅是因为它能解决自然生态环境问题而得以发展，还因为它涉及的领域与人类生存息息相

① 张世瑰：《流域洪涝灾害的景观生态机理分析及量化调控模式研究》，浙江大学博士学位论文，2012年，第20页。
② 王礼先主编：《流域管理学》，北京：中国林业出版社，1999年，第1-2页。

关。流域管理学是一门新型、综合的科学，近年来正在实践中得到迅速发展、完善，是流域生态系统综合调查、分析评价、治理修复、规划管理等研究的理论依据和技术参考。

七、分形几何学

分形几何学，是由美籍法国数学家曼德尔布罗特（Mandelbrot）率先提出，并创立的一种探索自然界复杂形态的数学分支。[①]分形几何学与传统几何学不同，它是一门以非规则几何形态为研究对象的几何学，可以处理自然界和非线性系统中出现的不光滑和不规则的具有自相似性且没有特征长度的形状和现象。

分形的两个基本特性是自相似性（self-similarity）和分形维数。自相似性，是指某一结构或过程的特征从不同的空间尺度或时间尺度来看，都是相似的，或者某系统或结构的局部性质或局部结构与整体类似，体现了分形具有跨越不同尺度的对称性。简单地说，就是局部形态与整体形态相似，但具体表现形式比较复杂，并不是把客体的局部放大一定倍数后简单和整体的重合，而是在统计意义下的自相似。[②]分形维数，又称分维或分数维。为了定量地描述客观事物的"非规则"程度，数学家豪斯道夫（Hausdorff）于 1919 年提出了"连续空间"的概念，即空间维数不是跃变的，而是可以连续变化的，既可以是整数也可以是分数，称为豪斯道夫维数，记为 D_f。为了表达分形的分数性质，Mandelbrot 把豪斯道夫维数称为分形维数，通常用分数或带小数点的数表示。[③]分形维数推广了传统的几何维数的概念，突破了维数必须是整数这一局限，使分形几何不仅能够描述有特定大小或尺度的人造对象，而且能够描述像雪花、云彩、树枝、烟雾、火光等没有特定大小或比例的自然形状。

分形几何理论及其应用在近 30 年时间里得到了突飞猛进的发展，并被越来越多的学科竞相引入，极大地推动了各学科的发展。分形几何理论的应用已遍及数学、物理、化学、材料科学、生物与医学、地理等自然科学领域，以及经济、人文等社会科学领域[④]，展现了令人瞩目的应用前景，解决了许多传统理论和方法无法解决的问题，为现代科学研究提供了新的手段。

[①] Mandelbrot B. How long is the coast of Britain? Statistical self-similarity and fractional dimension. *Science*, 1967（3775）: 636-638.

[②] 陈颙、陈凌编著：《分形几何学》，北京：地震出版社，1998 年，第 5-7 页。

[③] 张济忠编著：《分形（第二版）》，北京：清华大学出版社，2011 年，第 32-38 页。

[④] 秦耀辰、刘凯：《分形理论在地理学中的应用研究进展》，《地理科学进展》2003 年第 4 期，第 426-436 页。

流域水系、流域水网长度等流水地貌特征常具有分形特征。①目前，已有众多学者用分形理论研究流域水系分布、河网特征、地貌形态、水文径流与产沙过程，以及流域土地利用行为等方面。随着更多的学者加入，分形流域的研究不断深入，分形理论必将推动流域学数量化研究的发展，并为流域学难题的解决提供新的研究线索和途径。

第二节　研究方法

一、指标体系评价法

指标体系评价法，首先，根据流域的主要特征和功能，选取能够表征流域各方面质量的评价指标，并对这些指标进行归类区分，建立评价指标体系；然后，对这些特征因子进行度量，确定每个特征因子在流域质量评价中的权重系数；最后，通过加权平均得到被评估流域的综合评价结果。常用到的具体方法有以下几种。

（一）层次分析法

层次分析法（analytic hierarchy process，AHP），是美国运筹学家萨蒂（Saaty）于 20 世纪 70 年代提出的多指标综合分析评价法，是一种定性与定量相结合的决策分析方法。AHP 是一种将决策者对复杂问题的决策思维过程模型化、数量化的方法。它把复杂问题分解为若干层次和若干因素，通过两两简单比较的方式确定层次中诸因素的相对重要性，然后综合人的判断以决定诸因素的相对重要性总的顺序，并通过排序结果分析和判断问题，从而为决策方案的选择提供依据。该方法所需数据量少、评分花费的时间短、计算工作量小、易于理解和掌握，现在已成为系统科学中常用的决策分析工具，具有十分广泛的实用性。②

（二）模糊综合评价法

模糊综合评价法，是以模糊数学为理论基础，根据模糊数学的隶属度

---

① 高鹏、李后强、艾南山：《流域地貌的分形研究》，《地球科学进展》1993 年第 5 期，第 63-70 页。
② 徐建华编著：《现代地理学中的数学方法（第三版）》，北京：高等教育出版社，2017 年，第 224-230 页。

理论把定性评价转化为定量评价，对多种因素制约的事物或对象做出整体评价的方法。其实质是对主观产生的"离散"过程进行综合处理，首先将评价对象的各项参数指标建立待评因素集，然后建立评价集和评价矩阵，对各待评因素赋予不同的权重以进行综合评价。它具有结果清晰、系统性强的特点，能较好地解决模糊的、难以量化的问题，适合各种非确定性问题的解决，在众多学科领域得到了越来越广泛的应用。[①]

（三）主成分分析法

主成分分析，也称主分量分析，是一种数学变换的方法。它把给定的一组相关变量通过线性变换转成另一组不相关的变量，这些新的变量按照方差依次递减的顺序排列。其目的是用较少的变量去解释原来资料中的大部分变量，将许多相关性很高的变量转化成彼此相互独立或不相关的变量。通常是选出比原始变量个数少、能解释大部分资料中变量的几个新变量，即主成分，并用以解释资料的综合性指标。由此可见，主成分分析实际上是一种降维方法，通过对系统中的各待评因素集之间的相互关系进行分析，将多个待评因素转化为少数几个综合指标的统计分析方法，在力保数据信息丢失最小的原则下，对高维变量空间进行降维处理，以少数的综合变量取代原始采用的多维变量。[②]

二、复杂系统分析方法

复杂系统分析方法包括系统动力学法、压力-状态-响应模型法、多目标决策法、人工神经网络法等方法。这些方法能综合考虑流域自然资源、社会经济和生态环境这一复杂巨系统的影响因素及相互作用关系，因此，应用较为广泛。

（一）系统动力学法

系统动力学（system dynamics，SD），于 20 世纪 60 年代由美国麻省理工学院福瑞斯特（J. W. Forrester）提出，是研究信息反馈系统动态行为的计算机仿真方法。系统动力学是将定性与定量相结合，分析研究信息反

---

① 徐建华编著：《现代地理学中的数学方法（第三版）》，北京：高等教育出版社，2017 年，第306-332 页。
② 徐建华编著：《现代地理学中的数学方法（第三版）》，北京：高等教育出版社，2017 年，第106-107 页。

馈、系统结构、功能与行为空间之间动态、辩证关系的科学。它是以系统论、信息论、控制论和计算机技术为基础，依据系统的状态、控制和信息反馈等环节来反映实际系统的动态机制，并通过建立仿真模型，借助计算机进行仿真试验的一种科学方法。系统动力学研究的问题是动态的，系统中包含的变量是随时间变化的，因此模型可用来模拟系统的发展趋势，进行中长期的预测。在计算机仿真方法和仿真语言层出不穷的今天，系统动力学正成为一种常用的实验手段和分析方法，渗透到众多领域，尤其在国土规划、区域经济开发、环境保护、企业战略研究等方面日益发挥作用。①

系统动力学模型的本质是一阶微分方程组。系统动力学模型模拟的主要包括状态方程、速率方程、辅助方程、表函数方程四种方程。系统动力学模型建模的基本步骤包括：①分析问题、明确建模目的；②划分系统边界；③系统的结构分析；④建立数学模型；⑤模型的模拟与政策分析；⑥预警分析。系统动力学 VENSIM 仿真软件由美国 Ventana Systems 公司研发，是一款用来开发和分析高质量动态反馈模型的图形接口软件，其建模非常简单灵活，可以因果关系图、流程图的方式通过文本编辑器建立仿真模型。

系统动力学从系统的整体观出发，不回避复杂性，在研究系统内部非线性的相互作用及协同与延迟效应方面独具一格，是系统科学指导下的自然科学与社会科学相互渗透的产物，适合进行具有高阶次、非线性、多变量、多反馈、机理复杂和时变特征的流域系统的研究。例如，袁绪英等以溇水河流域为例，根据流域的自然和社会经济特点，构建了经济环境协调发展系统动力学模型，并进行模拟预测，以寻求经济系统与环境系统协调发展的措施与途径。②

（二）压力-状态-响应模型法

压力-状态-响应模型（pressure-state-response，PSR），最初是由加拿大统计学家 Rapport 和 Friend 于 1979 年提出的，后来由加拿大政府、经济合作与开发组织（Organization for Economic Co-operation and Development，OECD）与联合国环境规划署（United Nations Environment Programme，UNEP）于20 世纪八九十年代共同发展，成为研究环境问题的一种框架体系。③在 PSR框架内，生态环境问题可以表述为三个不同但又相互联系的指标模块，即

① 钟永光、贾晓菁、钱颖等编著：《系统动力学（第二版）》，北京：科学出版社，2013 年；钟永光、贾晓菁、钱颖：《系统动力学前沿与应用》，北京：科学出版社，2016 年。

② 袁绪英、曾菊新、吴宜进：《溇水河流域经济环境协调发展系统动力学模拟》，《地域研究与开发》2011年第 6 期，第 84-88，101 页。

③ Tong C. Review on environmental indicator research. *Research on Environmental Science*，2000，13（4）：53-55.

压力模块 P，代表人类向自然的索取给生态环境造成的负荷，包括各种资源、物质等；状态模块 S，代表自然资源、环境质量和生态系统等的状态，如空气、水、土地资源的状况及可再生、非可再生资源的存量状况；响应模块 R，代表政府、企业及消费者个体面临生态环境问题时所采取的对策与措施，如政策、税收、补贴、抗议等。[①]该理论认为，区域生态安全是压力、状态和响应的函数，人类的经济、社会活动与自然环境之间存在相互作用的关系，即人类从自然环境取得各种资源，通过生产消费向环境排放，从而改变了资源的数量和环境的质量，进而影响了人类的经济社会活动及其福利，如此循环往复，形成了人类活动与自然环境之间的压力-状态-响应关系。

PSR 概念模型从人类与环境系统的相互作用与影响出发，对生态环境指标进行组织分类，具有较强的系统性，能较好地反映自然、经济、环境、资源之间的相互依存、相互制约的关系，目前已广泛地应用于生态安全评价、环境污染评价、系统健康评价等领域。

流域生态环境质量涉及自然条件因素（状态指标），人口、经济因素（压力指标），政策调整、民众反映等因素（响应指标），因此，这一方法较适用于流域生态环境质量评估研究。例如，王尚义等用 PSR 模型方法对汾河上游流域历史时期生态安全问题进行了尝试性的探索研究。[②]

（三）多目标决策法

多目标决策方法是20世纪70年代中期发展起来的一种决策分析方法。多目标决策是指在多个目标间相互矛盾、相互竞争的情况下所进行的决策。一般来说，多目标决策的问题的解不是唯一的，并且不可能同时获得各个目标的绝对最优解，它是由向量优化问题的"非劣性"所决定的。[③]在社会经济系统的研究控制过程中，研究者所面临的系统决策问题通常是多目标的，而这些目标又相互依赖、相互矛盾，使决策过程相当复杂多变，研究者要对其进行决策就相当困难，类似于这种的具有多个目标的决策就称为多目标决策。多目标决策方法现在已经广泛地应用在人口、环境、配方配比、水资源利用、能源、工艺过程、教育等领域。

---

① 于谨凯、高磊：《基于 PSR 模型的海洋生物资源可持续开发政府诱导研究》，《经济问题探索》2009年第9期，第11页。

② 王尚义、张慧芝、马义娟，等：《历史时期流域生态安全探研——以汾河上游为例》，《地理研究》2008年第3期，第556-564页。

③ 方国华、黄显峰编著：《多目标决策理论、方法及其应用》，北京：科学出版社，2011年，第1-2页。

多目标决策常用的具体方法如下：①化多为少法，将多目标问题化成只有 1 个或 2 个目标的问题，然后用简单的决策方法求解，最常用的是线性加权法；②分层序列法，将所有目标按其重要程度依次排序，先求出第一个最重要的目标的最优解，然后在保证前一目标最优解的前提下依次求得下一目标的最优解，直到求出最后一个目标为止；③直接求非劣解法，先求出一组非劣解，然后按事先确定好的评价标准从中找出一个满意的解；④目标规划法，对于每一个目标都事先给定一个期望值，然后在满足一定约束的条件下，找出与目标期望值最近的解；⑤多属性效用法，各个目标均用表示效用程度大小的效用函数表示，通过效用函数构成多目标的综合效用函数，以此来评价各个可行方案的优劣；⑥层次分析法，把目标体系结构予以展开，求得目标与决策方案的计量关系；⑦重排序法，把原来不好比较的非劣解通过其他办法排出优劣次序；⑧多目标群决策和多目标模糊决策；等等。

多目标决策法可综合考虑区域内自然、社会、经济、环境等多方面的相互作用关系，而且在决策分析中可考虑人类不同目标和价值取向，融入决策者思想，比较适合处理流域系统这类复杂的多属性、多目标、群决策的问题，尤其是水资源、水环境的承载力研究方面。例如，徐中民和程国栋曾运用多目标决策分析法对黑河流域中游张掖地区的水资源承载力进行了分析和预测。[①]

（四）人工神经网络法

人工神经网络（artificial neural network，ANN），是在 20 世纪 40 年代发展起来的，一般而言，神经网络属于信息处理系统，在最近几十年，由于算法的改进，现行算法克服了早期网络的局限性，因此才在工程实践中得到了广泛的应用。人工神经网络，是一种模仿人脑神经网络的行为特征，具有非线性映射的特性、能够进行分布式并行信息处理的智能系统。[②]这种网络依靠系统内部的复杂程度，通过调整内部大量节点之间相互连接的关系，模拟大脑的非局域性，从而达到处理信息的目的。人工神经网络的研究基于生物学基础，通过研究人脑的生理结构来模拟人类的智能行为和人脑处理信息的能力，它根植于神经科学、数学、统计学、物理学、计算机科学等学科，是综合各个学科而产生的一种边缘技术。

与人脑的工作原理相比，人工神经网络具有两方面的相似性：一是通过对外部环境的学习，利用神经网络获取知识；二是将获取的知识储存在

---

① 徐中民、程国栋：《运用多目标决策分析技术研究黑河流域中游水资源承载力》，《兰州大学学报〈自然科学版〉》2000 年第 2 期，第 122-132 页。
② 韩力群、施彦编著：《人工神经网络理论及应用》，北京：机械工业出版社，2016 年，第 4-5 页。

内部神经元（即突触权值）之中。神经网络也经常被称为神经计算机，但它与现代数字计算机在概念和原理上有很大的不同，与传统的冯·诺依曼计算机相比，其具有以下几个突出的优点[①]：①大规模的并行计算与分布式的存储能力；②非线性映射能力；③较强的鲁棒性和容错性；④自适应、自组织、自学习的能力；⑤非局域性、非凸性。神经网络的自学习能力很强，通过网络的训练，能够为输入和输出建立合理的关系，在学习过程中不断完善自己，具有创新性的特点。作为近年来的热门研究领域，人工神经网络包含的范围很广，在信息处理、自动化、工程、医学、经济等诸多领域均有较好的应用。

目前，人们提出了上百种新的神经网络算法，并在实际应用中得到了较好的效果。其中，误差反向传播（back error propagation，BP）神经网络，是最具代表性、应用最广泛的神经网络。这种神经网络算法是 Rumelhart、Mcclelland 等于 1986 年提出的。[②]BP 神经网络是一种前向型神经网络，在误差的反向传播中逐层修正权值和阈值。一般情况下，BP 神经网络由输入层、输出层和一个或若干个隐含层构成，每一层都包含若干神经元，层与层之间的神经元通过权重及阈值互连，同层的神经元之间没有联系。所谓的反向传播，是指误差的调整过程是从最后的输出层依次向之前各层逐渐进行。标准的 BP 神经网络采用梯度下降算法，与 Widrow-Hoff 学习规则相似，网络权值沿着性能函数梯度的反向调整。[③]该算法将误差的调整按照从后向前的顺序逐层进行，极大地提高了网络训练的精度，经过长期的深入研究，在数据压缩、模式识别、函数逼近等领域具有广泛的应用，能够有效解决各种实际问题。

目前，已有一些学者将此方法应用于流域的水资源承载、水文过程模拟、土地利用变化、灾害预测等方面。例如，杨丽花和佟连军应用 BP 神经网络模型对松花江流域吉林省段的水环境承载力进行研究[④]；张正浩等利用多元线性回归、神经网络与支持向量机等模型模拟东江流域水利工程，对地表水文径流过程的变化影响进行模拟分析[⑤]；谭龙等以边坡为基本研究单元，采用人工神经网络模型对白龙江流域进行滑坡敏感性评价和分析[⑥]。

---

① 韩力群、施彦编著：《人工神经网络理论及应用》，北京：机械工业出版社，2016 年，第 13 页。
② 许月卿、李双成：《中国经济发展水平区域差异的人工神经网络判定》，《资源科学》2005 年第 1 期，第 69 页。
③ 韩力群、施彦编著：《人工神经网络理论及应用》，北京：机械工业出版社，2016 年，第 51-52 页。
④ 杨丽花、佟连军：《基于 BP 神经网络模型的松花江流域（吉林省段）水环境承载力研究》，《干旱区资源与环境》2013 年第 9 期，第 135-140 页。
⑤ 张正浩、张强、邓晓宇，等：《东江流域水利工程对流域地表水文过程影响模拟研究》，《自然资源学报》2015 年第 4 期，第 684-695 页。
⑥ 谭龙、陈冠、曾润强，等：《人工神经网络在滑坡敏感性评价中的应用》，《兰州大学学报（自然科学版）》2014 年第 1 期，第 15-20 页。

第四章
汾河流域的环境基础

第一节 地理区位

汾河，黄河第二大支流，源自山西省宁武县管涔山（据 2011 年资料确认为神池县太平庄乡西岭村），至万荣县荣河镇注入黄河，全长 710km，是山西省境内流域面积最大、流程最长的第一大河，被称为"山西人民的母亲河"。汾河流域地处黄河中游，地理位置 110°30′—113°32′E，35°20′—39°00′N。东隔云中山、太行山与海河水系为界，西连芦芽山、吕梁山与黄河北干流为界，东南有太岳山与沁河为界，南面则以紫金山、稷王山与涑水河为界。流域地形南北长约 415km，东西宽约 188km，呈一不规则的宽带状分布在山西省中部偏西南地区，流域控制面积为 39 471km²，占全省国土面积的 25.3%。[①]

本书对汾河流域范围的确定，首先基于 NASA 网站 30 m DEM（digital elevation model，数字高程模型）数据（ASTER GDEM V2），利用 ArcGIS 水文分析工具提取汾河流域自然边界；然后将山西省县级最新行政区划图与 DEM 数据配准，两者套合；最后依据行政县界修正流域自然边界，使流域边界与行政县界基本一致（左右偏差不超过 1km），流域边界一般

① 山西省水利厅编纂：《汾河志》，太原：山西人民出版社，2006 年，第 1、3 页。

采用行政县界，否则就只保留自然边界。最终处理后的汾河流域面积为
40 546km²，涉及忻州、太原、晋中、吕梁、临汾、运城、长治、晋城 8 个
地级市的 44 个县（市、区）。详见表 4-1。

表 4-1　汾河流域涉及县（市、区）名称表

市	行政区代码	县（市、区）	县域总面积/km²	流域内面积/km²	比例/%
太原市	140101	太原市区	1444.72	1444.72	100.00
	140121	清徐县	606.98	606.98	100.00
	140122	阳曲县	2094.47	1628.98	77.78
	140123	娄烦县	1300.96	1300.96	100.00
	140181	古交市	1500.68	1500.68	100.00
长治市	140429	武乡县	1612.93	75.67	4.69
	140431	沁源县	2589.27	432.73	16.71
晋城市	140521	沁水县	2629.90	86.96	3.31
晋中市	140702	榆次区	1310.49	1310.49	100.00
	140721	榆社县	1688.51	110.86	6.57
	140723	和顺县	2204.40	441.26	20.02
	140724	昔阳县	1903.29	322.81	16.96
	140725	寿阳县	2163.27	2163.27	100.00
	140726	太谷县	1042.75	1042.75	100.00
	140727	祁　县	855.55	855.55	100.00
	140728	平遥县	1274.53	1235.23	96.92
	140729	灵石县	1208.33	1208.33	100.00
	140781	介休市	735.18	735.18	100.00
运城市	140822	万荣县	1072.07	775.25	72.31
	140823	闻喜县	1146.97	179.76	15.67
	140824	稷山县	677.60	677.60	100.00
	140825	新绛县	592.37	592.37	100.00
	140826	绛　县	991.30	531.29	53.60
	140882	河津市	589.77	374.11	63.43
忻州市	140925	宁武县	1949.88	1508.37	77.36
	140926	静乐县	2050.07	2050.07	100.00
临汾市	141002	尧都区	1315.05	1315.05	100.00
	141021	曲沃县	433.12	433.12	100.00
	141022	翼城县	1171.92	1035.48	88.36
	141023	襄汾县	1031.07	1031.07	100.00
	141024	洪洞县	1482.76	1482.76	100.00
	141025	古　县	1200.66	1143.73	95.26

续表

市	行政区代码	县（市、区）	县域总面积/km²	流域内面积/km²	比例/%
临汾市	141026	安泽县	1960.12	27.22	1.39
	141027	浮山县	945.52	713.91	75.50
	141029	乡宁县	2018.54	973.53	48.23
临汾市	141034	汾西县	862.37	862.37	100.00
	141081	侯马市	223.89	223.89	100.00
	141082	霍州市	765.93	765.93	100.00
吕梁市	141121	文水县	1058.75	1058.75	100.00
	141122	交城县	1814.14	1814.14	100.00
	141127	岚 县	1490.79	1144.85	76.79
	141130	交口县	1246.02	1246.02	100.00
	141181	孝义市	928.57	928.57	100.00
	141182	汾阳市	1153.56	1153.56	100.00

注：表中的县域总面积和流域内面积均来自 ArcGIS 软件的自动统计面积。

第二节　自然地理环境

一、地形地貌与地层分布及地质构造

（一）地形地貌

　　汾河流域的地势特点是北高南低，西南为吕梁山脉，东南为太行与太岳山脉，汾河主干流纵向穿行其间，支流水系发育在两大山系之中。流域范围内东西两侧的分水岭地带为地势高峻的石质山区，群峰林立、山峦重叠；宽阔平坦的中间地带大部分被厚度不均的松散黄土层所覆盖，丘陵起伏、沟壑纵横，显现出山西黄土高原特有的地貌形态。因受挽近地质构造运动的控制，干流河道穿行于兰村峡谷-晋中盆地-灵（右）霍（州）山峡-临汾盆地，在新构造运动作用下，晋中和临汾两大断陷盆地持续下降，东西两侧山脉不断上升，因而形成悬殊的地形高差。东西山脊分水岭高程为1600—1800m，而盆地河谷高程一般为 400—800m。从两大山系分水岭到干流河谷盆地，流域地貌形态一般以石质山→土石山→峁梁塬→缓坡低山→阶地河谷的顺序过渡。见附图1。

按地形、地貌及水土流失特点，大致可分为三个类型区：一是山区及土石山区，分布在上游及流域外围，面积为 11 447km²，占流域面积的29%，其中山区植被较好，水土流失轻微，而土石山区多为黄土覆盖，植被较差，水土流失较重；二是盆地与河谷平川地区，包括太原、临汾两大盆地和干支流上的沿河川地，面积为 10 657km²，占流域面积的 27%，地面平坦，灌溉条件较好，大多已发展成灌区，农业生产较好，是山西省粮棉的主要产区；三是黄土丘陵沟壑区，分布在上述两区之间，面积为 17 367km²，占流域面积的 44%，沟壑纵横，地面破碎，植被差，水土流失严重。[①]

（二）地层分布及地质构造[②]

1. 地层分布

汾河流域出露的岩层同流域地质构造有直接关系。流域西侧是吕梁山背斜，东侧云中山和太行山为太行背斜的次级隆起背斜。东西两侧隆起背斜之间，上游有宁武-静乐向斜盆地，中游有晋中向斜陷落盆地，下游有临汾向斜陷落盆地。流域自北向南有几处东西向（即纬向构造）隆起带。汾河流域地层分布的特点是，在太古界结晶片麻岩（变质岩）的基底上，依次发育了元古界、古生界、中生界、新生界等整套地层。该套地层同华北其他地区一样，缺失了下太古界、古生界奥陶系上统、志留系、泥盆系及石炭系下统。汾河流域地层与山西省内相比，缺失了中生界的白垩系和古近系地层。侏罗系地层除在宁（武）静（乐）盆地出露较多以外，仅在中游支流乌马河与昌源河的上游小范围内有零星分布。由于石炭—二叠系地层中分布有大量的可采煤层，因此流域内煤炭资源极为丰富。又因中奥陶统顶部和石炭系本溪统地层中，沉积分布有大量的山西式铁矿，而寒武系火成岩侵入体内也储藏了不少铁矿。新生界第四系黄土是地表最上边的地层，无论是盆地或平原，还是山区或分水岭，都分布着厚度不等的松散黄土，成为流域范围内地表面分布最广泛的地层。

汾河流域所出露的各地质年代的地层，从老到新可分为以下四个大段：第一段，岩浆岩和变质岩地层，出露面积为5870km²，占流域面积的14.9%；第二段，寒武系、奥陶系石灰岩地层，出露面积为 4593km²，占流域面积

① 水利部黄河水利委员会编制：《黄河流域地图集》，北京：中国地图出版社，1989 年，第 330 页。
② 山西省水利厅编纂：《汾河志》，太原：山西人民出版社，2006 年，第 17-19 页。

的 11.6%；第三段，石炭系到侏罗系砂页岩地层，出露面积为 7133km²，占流域面积的 18.1%；第四段，新近系以上的新生代，为稳固胶结的松散沉积地层，出露面积为 21 874km²，占流域面积的 55.4%。前两段地层大多分布在流域四周和隆起带形成的高山和中山地区，岩层坚硬，抗风化能力强，森林覆盖较高，水土流失轻微；后两段，即砂页岩和新生界松散沉积地层，出露面积占流域总面积的 73.5%，大部分出露或分布在流域的东西两侧，一般岩性抗风化能力差，尤其是第四系黄土极易湿解，面蚀与沟蚀都很严重，加之林草植被差，水土流失比较严重。

2. 地质构造

从地质科学分析，山西地处中朝准地台靠近中央部位，汾河流域处在山西地台中部。流域较大的地质构造有纬向（东西）体系：阳曲-盂县隆起构造带、绛县-驾岭东西构造带；经向（南北）构造体系：太岳山南北向构造带和寿阳西洛南北向构造带，以及燕山运动以来的各种扭动构造体系。各构造体系在汾河流域影响较大的有祁吕贺兰山字型构造体系前弧东翼和新华夏构造体系，其他构造体系在流域的某些局部有所影响。祁吕贺东翼构造体系遍布全流域，该体系生成于燕山运动的侏罗纪和白奎纪时期，现今仍在活动；而新华夏构造体系流域分于 110°20′E 以东的绝大部分区域，即在流域中上游和下游的中东部均有分布，该体系形成时代晚于祁吕贺兰山山字型构造体系形成时代，至今亦在活动。

流域内属纬向构造体系的阳曲-盂县隆起构造带的上升，呈东西向横跨省境，在地形地貌上明显隔断了忻定和晋中两大盆地，使滹沱河在忻口改变流向转向东南，归入海河水系，汾河则在娄烦一带改为东西流向并脱离忻定盆地，直接进入因该隆起形成的下静游-古交-上兰村峡谷河段；汾河进入中游，因霍县-隰县东西向隆起带和霍山南北的隆起，又隔断了流域内晋中和临汾两大盆地，区间便是两大盆地之间的"灵霍山峡"峡谷河段；再下又遇到九原山-塔儿山隆起，将晋南分隔为临汾、运城两大盆地，汾河下游在襄汾柴庄穿过该隆起带，至绛县-驾岭东西向构造带形成的紫金山-稷王山山前断裂隆起带，与涑水盆地分离折向西流至万荣注入黄河。综上所述，汾河流域山川在燕山期造山运动后基本形成，喜马拉雅期的运动断裂极为发育，地质构造在古构造运动的基础上继续发生和发展，从而形成现今的流域地形地貌。

二、气候与水文特征

（一）气候

汾河流域地处山西中部地带，汾河自北向南穿越晋中、临汾两大盆地，东西包括吕梁、太行山系，以及太岳山分水岭靠汾河侧翼的广大山丘地区。从整体上看，流域气候特征同山西省全省气候特征基本相近或大体一致。

山西地处中纬度大陆性季风气候区，属我国东部季风气候区与蒙新高原气候区的过渡地带。受极地大陆气团和副热带海洋气团的影响，四季分明。春季回暖迅速，雨水稀少，蒸发量大，干旱多风沙，时有沙尘天气；夏季气温高，天气炎热，雨量集中，空气湿润，暴雨、冰雹等灾害性天气伴随出现；秋季早凉，降温迅速，气候凉爽，雨量相对减少；冬季严寒干燥，雨量稀少，多偏北风，常有西伯利亚和蒙古冷空气侵入。

大陆性气候特征突出，表现为各地气温的年较差和日较差普遍较大，气温的年较差介于 28—34℃，年平均日较差介于 10—15℃。夏季炎热，冬季寒冷，且春温高于秋温。夏季气温，太原以北地区较为凉爽，部分高山区偏低，太原及其以南地区较为炎热。一年中 7 月最热，气温与华北平原接近，极端最高气温，临汾盆地一般在 40℃以上，甚为炎热。冬季最冷期是从 12 月下旬至翌年 1 月下旬，在此期间流域大部分地区月平均气温低于 −6℃。流域北部与东西山区，气温较低，而晋中、临汾盆地区，气温相对高于山区。[①]

流域气候的另一特点是受季风影响比较明显，冬夏季节受到不同性质气团的控制，产生明显的盛行风交替变换，冬季盛行偏北风，夏季盛行偏南风，同时由于流域地形复杂，山峦沟壑交错，风出现季节性变化，有地方性风向的特点，但凡地形相对开阔的地方，冬夏盛行风向交替十分明显。而且流域内高山、中山、低山、丘陵、河谷等自然地貌的组合，构成了流域生态环境的主体性、多层性、多类型的特点，从而形成了流域气候具有明显的山地气候特点，一是高山气候的垂直地带性，即河谷热、丘陵暖、山区凉、高山寒的主体气候景观；二是受高大山体的阻挡和地形形态不同的影响，各地的主要气候要素千差万别，从而形成多种多样的小气候。[②]

由于汾河流域南北跨度较大，境内地形起伏大、山脉多呈北东向排列，

① 山西省水利厅编纂：《汾河志》，太原：山西人民出版社，2006 年，第 20 页。
② 山西省水利厅编纂：《汾河志》，太原：山西人民出版社，2006 年，第 20 页。

水汽自西南或东南方向进入汾河流域后，受到层层阻隔，降水由南向北锐减，面上变化梯度较大；年内降水变化趋势基本一致，汛期和枯季界限分明，降水量在 1 月和 12 月最少，连续 3 个最大降水月份是 7 月、8 月、9 月；多年统计显示，整个流域年际间降水量差异也大。年降水量少、年际变化大、年内分配不均、十年九旱、旱涝交错是汾河流域降水的几个主要特点。[①]

（二）水文

汾河是山西省境内最大的河流，也是黄河第二大支流，发源于山西省宁武县管涔山脉南麓东寨镇的雷鸣寺泉，此处竖立有"汾源灵沼"石碑一尊，被视为汾河之正源。其实汾河真正的源头应从正源雷鸣寺泉向北向西上溯 16km，至岔山乡宋家崖村之西北与五寨县的交界处。[②]汾河由正源到下游万荣县庙前村附近注入黄河，河道全程 694km。河源海拔高程 1670m，入黄口海拔高程 368m，河道总高差达 1302m，平均纵坡 1.88‰，河道弯曲系数 1.68。[③]

按照河流自然地形与行政区划，全河明显划分为上、中、下游三段。具体如下[④]：上游段自宁武河源至太原兰村烈石口，该段河道长 217.6km，属山区性河流；源头至汾河水库为土石山区与黄土丘陵区，汾河水库至兰村烈石口为高山峡谷区，两岸山崖陡峭，岩体裸露，河道多呈狭长带状分布，河流顺势绕行于峡谷之中，山峡深达 100—200m，坡陡水浅，激流勇进；自上而下汇入的主要支流有中马坊河、西马坊河、鸣水河、万辉河、西碾河、东碾河、岚河，山西省最大的水库——汾河水库及汾河二库都在汾河上游。自太原兰村至洪洞县石滩为中游河段，该段河道长 266.9km，属平原性河流；汾河冲出兰村烈石口峡谷，进入一马平川的太原盆地，河宽 300—500m，其中太原城区河段宽达 1500m，此段河道地势平坦，两岸多有宽阔的河漫滩，中水河床与洪水河道分界明显，河道纵坡较缓，平均坡降 1.7‰；汾河过介休义棠经灵石县两渡至南关镇王庄为灵霍山峡，河道狭窄，水流湍急，为太原盆地和临汾盆地间一段典型的峡谷性河道；中游段汇入的较大支流有潇河、昌源河、惠济河、龙凤河、磁窑河、文峪河、静升河等。汾河下游段自洪洞石滩至万荣县荣河镇庙前村附近汇入黄河左岸，该段河道长 210.5km，亦属于平原性河流；汾河出灵霍山峡至洪洞石

① 山西省水利厅编纂：《汾河志》，太原：山西人民出版社，2006 年，第 24-26 页。
② 山西省水利厅编纂：《汾河志》，太原：山西人民出版社，2006 年，第 2-3 页。
③ 山西省水利厅编纂：《汾河志》，太原：山西人民出版社，2006 年，第 42 页。
④ 山西省水利厅编纂：《汾河志》，太原：山西人民出版社，2006 年，第 42-43 页。

滩，进入更为平坦宽阔的临汾盆地，此段河道为干流中最为平缓的一段，平均纵坡 1.3‰，宽度 300—700m，河道弯曲，水流不稳，左右摆动，凹岸坍塌，尤以河津至万荣入黄口河段，因受黄河顶托之作用，水流缓慢，大量泥沙堆积在河床之中；该段汇入的较大支流有洪安涧河、曲亭河、涝河、浍河、豁都峪河、三泉河等。本书提及的汾河流域研究区汇总的上游流域面积为 7 504.93km²，占总面积的 18.5%；中游流域面积为 21 444.14km²，占总面积的 52.9%；下游流域面积为 11 597.11km²，占总面积的 28.6%。

汾河源远流长，支流众多。干流自源头入黄，沿途接纳大小支流 100 余条，流域面积大于 30km² 的支流有 60 条。其中流域面积大于 1000km²，河长超过 50km 的一级支流自上而下为岚河、潇河、昌源河、文峪河、双池河、洪安涧河、浍河 7 条。其中文峪河是最大的支流，其流域面积为 4112.4km²，河长 158.6km；潇河次之，流域面积为 3894km²，河长 147.0km；浍河第三，流域面积为 2060km²，河长 118.0km；岚河排列在第四位，径流量虽不大，但泥沙含量最高。[①]

为了更好地利用汾河水资源，应山西省国民经济发展的需要，先后在汾河流域兴建了大、中、小型水库 170 座，可控制流域面积 18 780km²，占全流域总面积的 47.3%，蓄水总库容达到 16.22 亿 m³。其中蓄水库容在 1 亿 m³ 以上的大型水库有 3 座，即汾河水库、汾河二库和文峪河水库；蓄水库容在 1000 万—1 亿 m³ 的中型水库有 13 座。[②]

三、土壤与植被特征

（一）土壤

土壤，是陆地上能够生长植物的疏松表层，它是在母质、气候、地形、生物等多种成土因素综合作用下形成的，是农业生产的基础条件。汾河流域位于黄土高原边缘，除入黄口一小部分属于陇东南地区外，基本位于晋中断陷盆地两侧，黄土发育较好。流域内部的土壤在河流的搬移作用下，除在山谷形成小型的盆地外，在中下游地区形成了辽阔丰腴的冲积平原。由于冲积地带的土壤从上中游携带了大量的有机物质，因此土壤相对肥沃，成为传统农业经济的重要分布区。由于地质作用、河流的搬移及人类活动

① 山西省水利厅编纂：《汾河志》，太原：山西人民出版社，2006 年，第 43-44 页。
② 山西省水利厅编纂：《汾河志》，太原：山西人民出版社，2006 年，第 10 页。

的影响，汾河内部土壤分布差异较大。具体情况大致如下①：

汾河干道谷地主要以灰褐土为主，两侧支流多为灰褐土性土。其中管涔山、芦芽山一带以棕壤为主，这是流域主要的林地土壤。上游南部娄烦一带多为山地褐土，其表层有较薄的枯枝落叶层，其下层为腐殖质层，淋溶程度较差，碳酸钙含量较高。中游太原盆地以浅色草甸土和盐化浅色草甸土及淡褐土为主，浅色草甸土和盐化浅色草甸土主要分布在盆地内河流两岸之河谷平原或局部低洼地区；浅色草甸土，沉积层次明显，含有有机质较少，呈石灰反应，是肥力较高、灌溉方便的土壤，但存在次生盐渍化的问题；盐化浅色草甸土，除具有浅色草甸土的一般特征外，在耕作层中含可溶性盐分较高，其盐分组成以氯化物硫酸盐为主，呈碱性到微碱性反应，对农作物生长有一定的影响；淡褐土具有褐土的一般特征，但其发育程度较差，黏化程度弱，碳酸钙的积累与移动亦较弱，属于比较肥沃的土壤，是主要粮棉产区；支流文峪河等地则以棕壤为主。下游临汾盆地主要分布有褐土、褐土性土及山地褐土，其中褐土主要分布在河流二级阶地以上及山间盆地、沟谷中较高的地方，此种土壤土层深厚，发育良好，层次明显，耕作性好，熟化程度高，肥力较高，是主要粮棉产区；褐土性土主要分布在盆地两侧黄土丘陵地区，土层深厚，但发育不良，除表土层外，母质特征明显，碳酸钙含量较高，呈微碱性反应，适宜种植小麦、玉米、谷子和高粱等作物。汾河流域中下游盆地主要以褐土和淡褐土分布为主，这种土壤土层深厚，发育良好，层次分明，黏化层和钙积层均较清晰，是流域内最为肥沃的土壤，因此，中下游一直是重要的粮棉生产基地。

（二）植被

由于各种地貌在流域内都有发育，气候、土壤等自然条件也就丰富多样，这也为多种动植物的繁衍生息提供了有利条件，流域内部动物、植物和微生物资源丰富。汾河流域的植被分布主要受地貌和水分的影响，沙棘群落、小香蒲群落主要分布在上游山地河谷河岸；怪柳群落、假苇拂子茅群落等则多分布在中游河漫滩和淤积河岸；蒿类群落、芦苇群落、赖草群落等主要分布在一、二级阶地上；沼泽化草甸分布在沿河较高的河漫滩上，沼泽则主要分布在沿河较低的河漫滩和阶地较低洼地上。②总之，

---

① 张慧芝：《明清时期汾河流域经济发展与环境变迁研究》，陕西师范大学博士学位论文，2005 年，第27-28 页。

② 上官铁梁、贾志力、张峰，等：《汾河河岸植被类型及其利用与保护》，《河南科学》1999 年第 S1 期，第 85 页。

汾河中上游属于暖温带森林草原地带,下游属于暖温带落叶阔叶林地带,为喜暖或喜冷、耐旱或耐涝等生长习性不同的多种生物提供了适宜的自然生长条件。

四、资源分布状况

(一)矿产资源

流域内蕴藏着丰富的矿产资源,种类繁多,分布广泛,拥有煤炭、铁、铝土矿、耐火黏土、石膏等丰富的矿产资源,是山西省能源重化工基地的重要组成部分。流域内的煤田有宁武煤田南部、太原西山煤田、霍西煤田、沁水煤田西北部和西南端及河东煤田东南缘;煤田种类多样,其中流域内的宁武煤田以肥煤为主,东西两侧是气煤,南端有少量焦煤;西山煤田以贫煤、瘦煤为主,西部南北两端有一定的焦煤和少量肥煤,其最西端和东南晋源地区有无烟煤的分布;沁水煤田则绝大部分是优质的无烟煤,外围有少量的贫煤;霍西煤田以肥煤为主,北部介休、孝义和南部的古县、洪洞、尧都区一带有一定的焦煤和瘦煤。

流域内最大的铁矿分布在临汾地区的浮山、襄汾、翼城一带,为山西省主要的富矿产地;流域上游的岚县、娄烦一带,是流域的第二大铁矿分布区。铝土矿主要分布在流域中游西部的孝义、交口、灵石地区,资源相对集中,有利于大规模开发利用。

制造陶瓷的主要原料为耐火黏土,在流域中西部的交口、孝义、汾西、介休、灵石和流域东北部的太原东山、寿阳一带等有大面积的分布,且主要成分多为高岭土,质量较好。石膏、石灰等是古代修建房屋等必不可少的材料,两者在流域内储量皆很丰富,主要分布在太原东山、西山、灵石、介休、洪洞、临汾、襄汾等地。

(二)旅游资源

流域内还有世界文化遗产平遥古城、国家历史文化名城祁县、老陈醋之乡清徐县、晋商故里祁县乔家大院与渠家大院、榆次常家庄园、灵石王家大院、太谷三多堂(曹家大院)、临汾尧庙、洪洞大槐树、汾阳杏花村等一批享誉中外的文物古迹和旅游胜地。

第三节 社会经济发展

2016 年流域内共有人口 1445.57 万人，占全省总人口的 39.26%，其中城镇人口 880.82 万人，城镇化率 60.93%，全流域平均人口密度为 356 人，是山西人口稠密、城市化程度高的区域。山西省省会太原市位于汾河流域中部，是全省政治、经济、文化中心和交通枢纽，此外，流域内还有晋中、临汾两个地级市，以及古交、汾阳、孝义、介休、霍州、侯马、河津 7 个县级市。

因流域内蕴藏有丰富的矿产资源，种类繁多，分布广泛，山西省有许多大中型工矿企业，集中分布于汾河两岸的大中城市之中，流域工业基础雄厚。据统计，2016 年，工业总产值占全省工业总产值的 47.38%，是山西省乃至全国冶金、能源、化工和装备制造基地的重要组成部分。汾河流域不仅是山西省主要的工业集中的地区，也是主要的农业发达的地区，全流域粮食播种面积为 100.8 万 hm^2，占全省粮食播种面积的 27.09%，粮食产量达到 553.1 万 t，占全省粮食总产量的 41.95%，农作物以玉米、水稻、小麦、谷子、薯类、豆类为主，主要经济作物有油料、棉花、蔬菜、甜菜、药材等，畜禽饲养、渔业生产、林果种植也较发达，特别是临汾盆地，作为山西省重要的棉粮产区，整个汾河流域农业产值占山西省农业总产值的 37.91%。

汾河中下游地区地处大运高速公路、南同蒲铁路沿线，是山西省重点发展的大运经济带的重要组成部分。2016 年汾河流域 GDP 5647.6 亿元，占全省的 43.56%，在山西省的经济社会中具有举足轻重的地位。

综上所述，汾河流域是山西省的生态功能区、人口密集区、粮食主产区和经济发达区，优越的自然条件使汾河流域不仅成为山西省的政治、经济、文化核心区，也成为连接渤海经济区与西部地区的中心区域。

第五章
汾河流域景观格局及变化特征

　　景观格局是指由自然或人为形成的，一系列大小不同、形状各异、排列不同的景观镶嵌体在空间的组合，它既是景观异质性的具体表现，又是包括干扰在内的各种生态过程在不同尺度上作用的结果。研究景观格局的动态变化，有助于人们从看似无序的景观中发现潜在的有序规律，揭示景观格局与生态过程相互作用的机理，进而对景观变化的方向、过程、效应进行模拟、预测和调控。[①]

第一节　研究数据与方法

一、数据及处理

（一）数据源

1. 遥感数据

　　凭借客观、快速、周期性长和大面积覆盖等特点，遥感影像成为目前

---

① 傅伯杰、陈利顶、马克明，等编著：《景观生态学原理及应用（第二版）》，北京：科学出版社，2011年，第70页。

流域或区域景观尺度上，资源调查或动态监测信息获取的主要且可靠的来源。本书的遥感数据采用了 2000 年、2008 年和 2016 年三期季相较近的 Landsat 系列卫星影像。由于汾河流域区域面积较大，每期遥感影像均涉及 6 幅，分幅号为 125/33、125/34、125/35、126/33、126/34、126/35。2000 年，遥感数据为 LANDSAT 7 卫星的 ETM+（enhanced thematic mapper，增强型专题制图仪）影像，空间分辨率多光谱波段 30m，全色波段 15m，成像时间为 6 月和 7 月；2008 年，遥感数据为 LANDSAT 5 卫星的 TM（thematic mapper，专题制图仪）影像，成像时间为 7 月和 9 月，空间分辨率多光谱波段 30m，无全色波段；2016 年，遥感数据为 LANDSAT 8 卫星的 OLI（operational level imager，陆地成像仪）影像，成像时间为 7 月和 9 月，空间分辨率多光谱波段 30m，全色波段 15m。各期遥感影像的质量均较好，云覆盖面积均小于 5%，季相在 6—9 月，物候特征基本一致，预提取的地物影像特征较为明显，因此所获取的遥感影像的时相、质量和分辨率均符合要求。遥感数据详细信息如表 5-1 所示。

表 5-1 遥感影像数据信息

年份	成像仪	分幅号			波段	分辨率	成像时间
2000	ETM+	125/33 126/33	125/34 126/34	125/35 126/35	1—7、8	30m、15m	2000 年 7 月 1 日 2000 年 7 月 24 日 2000 年 6 月 6 日
2008	TM	125/33 126/33	125/34 126/34	125/35 126/35	1—7	30m	2008 年 9 月 1 日 2008 年 7 月 6 日
2016	OLI	125/33 126/33	125/34 126/34	125/35 126/35	1—7、8	30m、15m	2016 年 9 月 7 日 2016 年 7 月 28 日

2. 非遥感数据

非遥感数据，包括流域 30m DEM 数据、行政区划图、汾河流域水系图、部分相关县（市、区）的 2009 年土地利用现状图，以及实地调查和社会经济相关统计资料。

（二）遥感影像处理

本次数据处理的工作平台为 AcrGIS 10.1 和 ENVI 5.2，遥感图像的预处理、分类和分类后处理主要在 ENVI 5.2 平台上进行，AcrGIS 10.1 主要进行分类结果的人工修改和数据分析。

1. 数据预处理

为了易于对影像进行识别，保证遥感分类的精度，在遥感图像分析、分类之前应进行必要的预处理，根据研究区的实际情况及遥感影像的质量，预处理主要包括图像几何校正、彩色合成及融合、图像镶嵌—裁剪、图像增强等。

图像几何校正，主要是用户进行的几何精校正，通过选取地面控制点，将各期遥感影像、DEM 数据、行政区划图、汾河流域水系图等校正到同一投影坐标下，具体参数如下：

投影类型（projection type）：Universal Transverse Mercator。

投影椭球体名称（spheroid name）：D_WGS_1984。

投影基准面（datum name）：D_WGS_1984。

纵轴偏移量（false_easting）：500 000m。

横轴偏移量（false_northing）：0m。

中央经线（central_meridian）：111°。

根据汾河流域各地物光谱特征，2000 年和 2008 年采用 4、3、2 波段合成，2016 年采用 5、4、3 波段合成，合成后的假彩色图像，色泽鲜明，能较好地区分不同的土地覆被类型。

为了增加影像的对比度，加大地物间的反差，突出专题信息，提高图像的视觉效果，还对遥感影像进行了进一步的图像增强处理。图像增强一般分为光谱增强和空间增强，光谱增强主要是突出图像的灰度信息，改变图像的亮度和色彩效果；空间增强则是突出图像的几何特征，如边缘和纹理结构等。首先对影像进行光谱增强，通过对不同增强处理效果的多次对比，发现 2%线性拉伸处理后的图像质量最好，因此对三期图像均进行了2%的线性拉伸；另外，2000 年和 2016 年的影像有全色波段，其空间分辨率较高，因此还分别对这两期影像进行了融合处理，采用的方法是 GS 光谱锐化（Gram-Schmidt Spectral Sharpening）方法融合，融合后的图像空间分辨率为 15m，地物更加清晰，图像的可分辨率明显提高。

汾河流域的南北跨度较大，超出了单幅遥感影像所覆盖的范围，因此需要对涉及的 6 幅影像进行图像镶嵌（拼接），图像镶嵌工作利用 ENVI 5.2 的无缝镶嵌工具（Seamless Mosaic）完成。完成图像拼接后，利用 ENVI 5.2 的裁剪工具（Subset），先将 shp 格式的研究区界线转为 ROI 格式，运行裁切，最终得到 2000 年、2008 年、2016 年三期的汾河流域遥感影像，如附图 2 所示。

2. 遥感影像解译

（1）景观类型的确定

为便于进行地表景观变化分析，景观类型的划分以生态系统类型为基础，并参考国内外土地利用分类系统，研究地表景观现状和景观类型的遥感影像特征，本书提取的景观类型分为森林、草地、农田、建设用地、水体湿地和裸地（裸土、裸岩等）六大景观类型，代码分别为1、2、3、4、5、6。由于农田景观影像特征较为复杂，为了提高解译精度，又将其细分为三个亚类，分别用代码11、12、13表示。在分类后处理中再将它们合并。各景观类型的影像特征如附表1所示。

（2）解译方法

目前，遥感分类方法种类较多，主要可分为人工分类和计算机自动分类两大类。自动分类主要包括监督分类、非监督分类、决策树分类、支持向量机分类、面向对象的分类等；人工分类主要是指人工目视解译。传统的自动分类以像元的亮度为基础进行分类，由于实际地物和遥感影像的复杂性和不确定性，不可避免地存在"同谱异物"和"同物异谱"的现象，因此分类精度较低；面向对象的分类方法突破了基于像元分类的限制，但较多适用于高分辨率的遥感影像，对中分辨率的 Landsat 影像则不甚适用。总的来说，自动分类具有客观、快速的特点，但分类精度难以保证。人工分类，也称目视解译，是人们运用丰富的专业背景知识，通过肉眼观察，经过综合分析、逻辑推理、验证检查把目标地物的信息提取和解析出来的过程[1]，人工目视解译精度高，但费时、费力，速度慢，周期长。

汾河流域地处黄土高原东缘，地形支离破碎，混合像元较多，"同谱异物""同物异谱"的现象普遍存在，尤其是农田，其光谱特征较为复杂，长有植被的耕地，在光谱上和林地、草地较为相似，而以根系作物为主的旱地，又与建设用地、裸地的光谱特征接近，以及建设用地与裸地的混分也较为严重。因此，单靠计算机自动解译，难以达到精度要求；若全靠人工目视解译，由于研究区范围较大，消耗的人力多，所需的时间长。因此本书采用计算机自动分类和人工目视解译相结合的人机交互解译方法，取长补短，既可以提高解译速度，又可以保证解译精度。

A. 计算机自动分类

本书研究的计算机自动分类也以像元的亮度为基础，但在分类器的选择上，比较了传统的最大似然分类法和决策树分层分类法。

---

① 彭望璓主编：《遥感概论》，北京：高等教育出版社，2002年，第217页。

最大似然分类法，是遥感图像监督分类的经典算法，在土地利用/覆被信息提取中应用广泛。其基本思想是[①]，因为同类地物光谱特征具有相同或相似性，异类地物光谱特征具有差异性，每类地物在多光谱空间会形成一个特定的点群，这些点群的位置、形状、密集或分散程度各有其分布特征。最大似然法就是根据各类的一些已知数据，构造出各类点群的分布模型，计算各类别的概率密度函数或概率分布函数；在此基础上，计算每一个像素属于各个类别的概率，取最大概率对应的类别为其归属类型。最大似然法的前提条件是假设遥感图像的每个波段地物光谱特征服从正态分布。因此，对符合正态分布的样本聚类组而言，是监督分类中较为准确的分类器，但对于"混合像元""同谱异类"等光谱特征相似的类别，常达不到理想的分类效果。

决策树分层分类法，是一种较为高效的分类器，其流程类似于一个树形结构，以一个根节点为基础，寻找信息量大的属性字段形成一条规则，派生出两类结果，以此建立决策树的一级内部节点，再以每个节点为基础，根据属性的不同取值形成规则，建立下一级节点，该过程向下继续拓展，直至图像分出类别（叶节点），这种以自顶向下递归的分层分类方式构造判定决策树的方法，称为"贪心算法"，它将复杂的决策形成过程分散成易于理解和表达的规则或判断。[②]决策树分类最大的优点是，各个节点处划分的类别较少，划分的标准（属性）基本明确，可以更加有针对性地选择少数特征属性，建立判别函数进行类别划分，且特征属性不仅可以选择单波段光谱特征值，还可以选择波段组合的光谱特征值，每一分层每个节点均可以根据不同的分类目的确定和调整特征属性和判别函数。其缺点是分类决策规则的建立对最终分类精度的影响大，且主观性较强。

经实验比较，结果表明，最大似然法提取的总体精度为 62.13%，Kappa系数为 0.5945，主要是农田与森林、草地及建设用地与裸地的混分、错分现象较为严重，造成分类精度较低；而决策树分类法的自动提取通过建立合适的判别规则，使地类间的混分、错分现象明显改善，分类总体精度提高到82.53%，Kappa 系数达到 0.8173，各土地利用类型的分类精度均有一定提高。因此，本书研究中地物信息的计算机自动分类选用了决策树分层分类法。

决策树分类法的关键在于判别规则的建立，而建立好的判别规则的基础是对地物光谱特征的正确分析，因此，首先对研究区内预提取的景观地物类型的光谱数据进行采样、统计、分析，如图 5-1 所示。

---

① 韦玉春、汤国安、汪闽，等编著：《遥感数字图像处理教程（第二版）》，北京：科学出版社，2015 年，第 238-239 页。
② 潘琛、杜培军、张海荣：《决策树分类法及其在遥感图像处理中的应用》，《测绘科学》2008 年第 1 期，第 208 页。

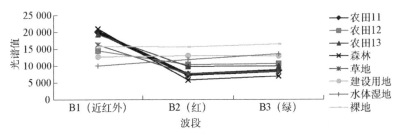

图 5-1　典型地物光谱特征图

①农田 11、农田 13、森林、草地的光谱特征具有一定的相似性，都是近红外波段光谱值高于可见光的红、绿波段，其中森林在近红外波段和可见光波段的差异最大，其次是农田 11；而水体湿地、建设用地和裸地均是可见光波段光谱值略高于近红外波段。

②水体的反射率随波长变长而逐渐降低，在近红外波段上水体几乎呈现黑色，可以通过 B1<12 000 与其他非水类分开。

③裸地在可见光波段的光谱值明显高于其他类别用地在可见光波段的光谱值，相差较大，较易区分。

④农田 13 和草地的波谱走势较为接近，但农田 13 三个波段的光谱值都较草地高。

⑤农田 12 的波谱走势较农田 11、农田 13、森林、草地的略为平滑，各波段间的光谱差异较小。

经地物光谱特征统计分析，可利用植被归一化指数（normalized difference vegetation index，NDVI），结合各波段光谱值，建立各类地物可信度最大的提取规则，反复实验后，建立决策树提取规则，详见图 5-2。

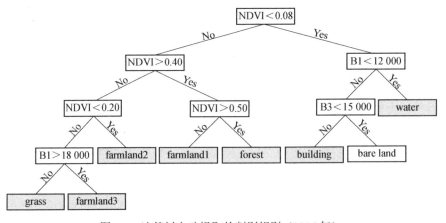

图 5-2　决策树自动提取的判别规则（2016 年）

根据建立的判别规则，利用 ENVI 5.2 对研究区 2016 年的遥感影像进行决策树分层分类，得到初始分类图，该图中存在很多单个像元或面积很小的图斑，且农田被分成 3 个亚类。因此，在进行分类重编码、去除碎小图斑等分类处理后，得到了研究区 2016 年遥感影像计算机自动分类图。

B. 人工目视解译

利用 ArcGIS 10.1，将计算机自动分类图转换为矢量格式（shp 格式），在 ArcMap 平台上，选用人工目视解译，参考土地利用图并结合野外调查，对分类图斑进行逐一排查、纠正。首先通过人机交互解译获得 2016 年的研究区目视解译图；其次将解译结果分别与 2008 年和 2000 年的影像叠加，提取并修改变化图斑，获得前两期的研究区目视解译图；最后对这三期解译数据均随机抽取 800 个地面点进行精度评价，总体精度都在 88%以上，分类结果较为理想，三期解译结果如附图 3 所示。

二、研究方法

（一）景观格局指数

景观格局指数，是指高度浓缩景观格局信息，反映了其结构组成和空间配置某些方面特征的简单定量指标。[①]景观格局指数十分丰富，手工计算工作庞杂，因此出现了许多景观指数计算软件，如 Fragstats、Species Diversity & Richness、Biology diversity Pro 等，其中 Fragstats 是景观生态学中应用得最为广泛的软件，该软件分为斑块水平、类型水平和景观水平 3 个层次，其所有指数的计算都是基于景观斑块的面积、周长、数量和距离等基本指标进行。[②]然而，由于该软件只能分析栅格类型数据，应用时需要根据景观数据特征和研究的生态学现象，进行适当的斑块分类及其边界的确定，并选择合理的景观分析尺度；此外，虽然可计算的景观指数数目多，但这些景观指数之间的相关性很高，同时采用多种指数并不能增加对景观格局和生态过程的解释，反而会增加指标解译的噪声。[③]

常用的景观指数计算公式及其生态学意义简介如下。[④]

① 邬建国：《景观生态学——格局、过程、尺度与等级》，北京：高等教育出版社，2000 年，第 99 页。
② 傅伯杰、陈利顶、马克明，等编著：《景观生态学原理及应用（第二版）》，北京：科学出版社，2011 年，第 92 页。
③ 刘德林：《黄土高原上黄小流域土地利用格局动态变化与生态功能区研究》，中国科学院研究生院（教育部水土保持与生态环境研究中心）博士学位论文，2010 年，第 20 页。
④ McGarigal K，Proprietor S，LandEco Consulting Professor. Fragstats Help. http://www.umass.edu/landeco/research/fragstats/documents/fragstats_documents.html.

（1）斑块类型面积（total（class）area，CA），单位为 ha，范围为 CA>0。

$$CA = \sum_{j=1}^{n} a_{ij} \left(\frac{1}{10\,000} \right)$$ （5-1）

式中，i=1，2，$\cdots$，m（本书中 m=6），为斑块类型；j=1，2，$\cdots$，n，为斑块个数；a_{ij} 为第 i 类 j 个斑块的面积；CA 等于某一斑块类型中所有斑块的面积之和（m^2），除以 10 000 后转化为公顷（ha），即某斑块类型的总面积。

生态意义如下：CA 度量的是景观的组分，也是计算其他指标的基础。它有很重要的生态意义，其值的大小制约着以此类型斑块作为聚居地的物种的丰度、数量、食物链及其次生种的繁殖等，如许多生物对其聚居地最小面积的需求是其生存的条件之一；不同类型面积的大小能够反映出其间物种、能量和养分等信息流的差异，一般来说，一个斑块中能量和矿物养分的总量与其面积成正比。为了理解和管理景观，往往需要了解斑块的面积大小，所需斑块的最小面积和最佳面积是极其重要的两个数据。

（2）斑块所占景观面积的比例（percentage of landscape，PLAND），单位为%，范围为 0<PLAND≤100。

$$PLAND = \frac{\sum_{j=1}^{n} a_{ij}}{A}(100)$$ （5-2）

式中，i=1，2，$\cdots$，m（本书中 m=6），为斑块类型；j=1，2，$\cdots$，n，为斑块个数；a_{ij} 为第 i 类 j 个斑块的面积；A 为整个景观面积；PLAND 等于某一斑块类型的总面积占整个景观面积的百分比。其值趋于 0 时，说明景观中此斑块类型变得十分稀少；其值等于 100 时，说明整个景观只由一类斑块组成。

生态意义如下：PLAND 度量的是景观的组分，其在斑块级别上与斑块相似度指标（landscap similarity，LSIM）的意义相同。由于它计算的是某一斑块类型占整个景观的面积的相对比例，因此是帮助我们确定景观中基质或优势景观元素的依据之一，也是决定景观中的生物多样性、优势种和数量等生态系统指标的重要因素。

（3）斑块个数（number of patches，NP），无单位，范围为 NP≥1。

$$NP = n_i$$
$$NP = N$$ （5-3）

式中，n_i 为第 i 类斑块的总个数；N 为整个景观所有斑块类型的斑块总个数；NP 在类型级别上等于景观中某一斑块类型的斑块总个数，在景观级别上等于景观中所有的斑块总数。

生态意义如下：NP 反映的是景观的空间格局，经常被用来描述整个景观的异质性，其值的大小与景观的破碎度也有很好的正相关性。一般规律是，

NP 大，破碎度高；NP 小，破碎度低。NP 对许多生态过程有影响，如可以决定景观中各种物种及其次生种的空间分布特征；改变物种间相互作用和协同共生的稳定性。NP 对景观中各种干扰的蔓延程度有重要影响，如果某类斑块数目多且比较分散，则对某些干扰的蔓延（虫灾、火灾等）有抑制作用。

（4）斑块密度（patch density，PD），单位为个/100ha，范围为 PD > 0。

$$PD_i = \frac{n_i}{A}(10\,000)(100) \qquad NP = \frac{N}{A}(10\,000)(100) \qquad (5\text{-}4)$$

式中，n_i 为第 i 类斑块的总个数；N 为整个景观所有斑块类型的斑块总个数；A 为整个景观面积；PD 在斑块级别上等于某一斑块类型的斑块数目除以景观总面积，乘以 10 000，再乘以 100（转化为100ha）；在景观级别上等于各个类型的斑块总数除以景观总面积，乘以 10 000，再乘以 100。

生态意义如下：PD 代表一种平均状况，在景观结构分析中反映两个方面的意义，景观中 PD 值的分布区间对图像或地图的范围，以及对景观中最小斑块粒径的选取有制约作用；另外，PD 可以指征景观的破碎程度。例如，我们认为在景观级别上一个具有较大 PD 值的景观比一个具有较小 PD 值的景观更破碎，同样在斑块级别上，一个具有较大 PD 值的斑块类型比一个具有较小 PD 值的斑块类型更破碎。有研究发现，PD 值的变化能反馈更丰富的景观生态信息，它是反映景观异质性的关键。

（5）最大斑块指数（largest patch index，LPI），单位为%，范围为 0 < LPI ≤ 100。

$$LPI = \frac{\max_{j=1}^{n}(a_{ij})}{A}(100) \qquad (5\text{-}5)$$

式中，i=1，2，…，m（本书中 m=6），为斑块类型；j=1，2，…，n，为斑块个数；a_{ij} 为第 i 类 j 个斑块的面积；A 为整个景观面积；LPI 等于某一斑块类型中的最大斑块占据整个景观面积的比例。

生态意义如下：有助于确定景观的模地或优势类型等。其值的大小决定着景观中的优势种、内部种的丰度等生态特征；其值的变化可以改变干扰的强度和频率，反映人类活动的方向和强弱。

（6）周长—面积分维数（perimeter-area fractal dimension，PAFRAC），无单位，范围为 1 ≤ PAFRAC ≤ 2。

$$PAFRAC = \frac{\left[n_i \sum_{j=1}^{n}\left(\ln p_{ij} \cdot \ln a_{ij}\right)\right] - \left[\left(\sum_{j=1}^{n}\ln p_{ij}\right)\left(\sum_{j=1}^{n}\ln a_{ij}\right)\right]}{\left(n_i \sum_{j=1}^{n}\ln p_{ij}^2\right) - \left(\sum_{j=1}^{n}\ln p_{ij}\right)^2} \qquad (5\text{-}6)$$

式中，i=1，2，…，m（本书中 m=6），为斑块类型；j=1，2，…，n，为斑块个数；a_{ij} 为第 i 类 j 个斑块的面积；n_i 为第 i 类斑块的总个数；p_{ij} 为第 i 类 j 个斑块的周长；PAFRAC 等于 2 除以由斑块面积对数和斑块周长对数回归得到回归直线的斜率。对于非常简单的周长，如正方形，PAFRAC 的值就越接近 1；对于高度旋转的周长，则趋近于 2。

生态意义如下：PAFRAC 反映了不同空间尺度的性状的复杂性。一般来说，值越接近于 1，斑块的形状就越有规律，或者说斑块就越简单，表明受人为干扰的程度越大；反之，值越接近于 2，斑块形状就越复杂，受人为干扰程度就越小。

（7）面积加权的平均形状因子（area-weighted mean shape index，AWMSI），无单位，范围为 AWMSI≥1。

$$AWMSI = \sum_{i=1}^{m} \sum_{j=1}^{n} \left[\left(\frac{0.25 p_{ij}}{\sqrt{a_{ij}}} \right) \left(\frac{a_{ij}}{A} \right) \right] \tag{5-7}$$

式中，i=1，2，…，m（本书中 m=6），为斑块类型；j=1，2，…，n，为斑块个数；a_{ij} 为第 i 类 j 个斑块的面积；A 为整个景观面积；p_{ij} 为第 i 类 j 个斑块的周长；AWMSI 在斑块级别上等于某斑块类型中，各个斑块的周长除以面积的平方根，乘以正方形校正系数，再乘以各自的面积权重之后的和；AWMSI 在景观级别上等于各斑块类型的平均形状因子乘以类型斑块面积占景观面积的权重之后的和。其中，系数 0.25 是由栅格的基本形状为正方形的定义确定的。公式表明，面积大的斑块比面积小的斑块具有更大的权重。当 AWMSI=1 时，说明所有的斑块形状为最简单的方形（采用矢量版本的公式时为圆形）；当 AWMSI 值增大时，说明斑块形状变得更复杂，更不规则。

生态意义如下：AWMSI 是度量景观空间格局复杂性的重要指标之一，并对许多生态过程有影响。例如，斑块的形状影响动物的迁移、觅食等活动，影响植物的种植与生产效率；对于自然斑块或自然景观的形状分析还有另一个很显著的生态意义，即边缘效应。

（8）面积加权的平均斑块分形指数（area-weighted mean patch fractal dimension，AWMPFD），无单位，范围为 1≤AWMPFD≤2。

$$AWMPED = \sum_{i=1}^{m} \sum_{j=1}^{n} \left[\left(\frac{2 \ln 0.25 p_{ij}}{\ln a_{ij}} \right) \left(\frac{a_{ij}}{A} \right) \right] \tag{5-8}$$

式中，i=1，2，…，m（本书中 m=6），为斑块类型；j=1，2，…，n，为斑块个数；a_{ij} 为第 i 类 j 个斑块的面积；A 为整个景观面积；p_{ij} 为第 i 类 j 个斑块的周长；AWMPFD 的公式形式与 AWMSI 的公式相似，不同的是，它运用了分维理论来测量斑块和景观的空间形状复杂性。AWMPFD=1 代表形状最简单的正方形或圆形，AWMPFD=2 代表周长最复杂的斑块类型，通常其值的可能上限为 1.5。

生态意义如下：AWMPFD 是反映景观格局总体特征的重要指标，它在一定程度上反映了人类活动对景观格局的影响。一般来说，受人类活动干扰小的自然景观的分数维值高，而受人类活动影响大的人为景观的分数维值低。应该指出的是，尽管分数维指标被越来越多地运用于景观生态学的研究，但由于该指标的计算结果严重依赖于空间尺度和格网分辨率，因此我们在利用 AWMPFD 指标分析景观结构及其功能时要更为审慎。

（9）平均最近距离（mean nearest-neighbor distance，MNN），单位为 m，范围为 MNN>0。

$$MNN = \frac{\sum_{j=1}^{n} h_{ij}}{n_i}$$

$$MNN = \frac{\sum_{i=1}^{m} \sum_{j=1}^{n} h_{ij}}{N}$$

（5-9）

式中，i=1，2，$\cdots$，m（本书中 m=6），为斑块类型；j=1，2，$\cdots$，n，为斑块个数；n_i 为第 i 类斑块的总个数；N 为整个景观所有斑块类型的斑块总个数；h_{ij} 为第 i 类 j 个斑块到同类型斑块的最近距离；MNN 在斑块级别上等于从斑块 ij 到同类型的斑块的最近距离之和除以具有最近距离的斑块总数；MNN 在景观级别上等于所有类型在斑块级别上的 MNN 之和，除以景观中具有最近距离的斑块总数。

生态意义如下：MNN 度量的是景观的空间格局。一般来说，MNN 值大，反映出同类型斑块间相隔距离远，分布较离散；反之，说明同类型斑块间相距近，呈团聚分布。另外，斑块间距离的远近对干扰很有影响，如距离近，相互间容易发生干扰；而距离远，相互干扰就少。但景观级别上的 MNN 在斑块类型较少时，应慎用。

（10）平均邻近指数（mean proximity index，MPI），无单位，范围为 MPI≥0。

$$MPI_i = \frac{\sum_{j=1}^{n} \sum_{s=1}^{n} \frac{a_{ijs}}{h_{ijs}^2}}{n_j}$$

$$MPI = \frac{\sum_{i=1}^{m} \sum_{j=1}^{n} \sum_{s=1}^{n} \frac{a_{ijs}}{h_{ijs}^2}}{N}$$

（5-10）

式中，i=1，2，$\cdots$，m（本书中 m=6），为斑块类型；j=1，2，$\cdots$，n，为斑块个数；n_i 为第 i 类斑块的总个数；N 为整个景观所有斑块类型的斑块总个数；s=1，2，$\cdots$，n，为斑块个数；a_{ijs} 为斑块 ij 给定距离之内的同类型斑块 ijs 的面积；h_{ijs} 为斑块 ij 到同类型斑块 ijs 的距离。给定搜索半径后，MPI 在斑块级别上等于斑块 ijs 的面积除以其到同类型斑块的最近距离的平方之和除以此类型的斑块总数；MPI 在景观级别上等于所有斑块的平均邻近指数之和除以整个景观的斑块个数。当 MPI=0 时，说明在给定搜索半径内没有相同类型的两个斑块出现。MPI 的上限是由搜索半径和斑块间最小距离决定的。

生态意义如下：MPI 能够度量同类型斑块间的邻近程度及景观的破碎度，如 MPI 值小，表明同类型斑块间离散程度高或景观破碎程度高；如 MPI 值大，表明同类型斑块间邻近度高，景观连接性好。研究证明，MPI 对斑块间生物种迁徙或其他生态过程进展的顺利程度都有十分重要的影响。

（11）香农多样性指数（shannon's diversity index，SHDI），无单位，范围为 SHDI$\geqslant$0。

$$SHDI = -\sum_{i=1}^{m}(p_i \ln p_i) \tag{5-11}$$

式中，i=1，2，$\cdots$，m（本书中 m=6），为斑块类型；p_i 为所有斑块中属于斑块的比例。SHDI 在景观级别上等于各斑块类型的面积比乘以其值的自然对数之后的和的负值。当 SHDI=0 时，表明整个景观仅由一个斑块组成；当 SHDI 增大时，说明斑块类型增加或各斑块类型在景观中呈均衡化趋势分布。

生态意义如下：SHDI 是一种基于信息理论的测量指数，在生态学中应用得很广泛。该指标能反映景观异质性，特别对景观中各斑块类型非均衡分布状况较为敏感，即强调稀有斑块类型对信息的贡献，这也是与其他多样性指数的不同之处。在比较和分析不同景观或同一景观不同时期的多样性与异质性变化时，SHDI 也是一个敏感指标。在一个景观系统中，土地利用越丰富，破碎化程度越高，其不定性的信息含量也越大，计算出的 SHDI 值也就越高。景观生态学中的多样性与生态学中的物种多样性有紧密的联系，但并不是呈简单的正比关系。

（12）散布与并列指数（interspersion and juxtaposition index，IJI），单位为%，范围为 0＜IJI≤100。

$$IJI_i = \frac{-\sum_{k=1}^{m}\left[\left(\dfrac{e_{ik}}{\sum_{k=1}^{m}e_{ik}}\right)\ln\left(\dfrac{e_{ik}}{\sum_{k=1}^{m}e_{ik}}\right)\right]}{\ln(m-1)}(100)$$

$$IJI = \frac{-\sum_{i=1}^{m}\sum_{k=i+1}^{m}\left[\left(\dfrac{e_{ik}}{E}\right)\ln\left(\dfrac{e_{ik}}{E}\right)\right]}{\ln\left\{\dfrac{1}{2}[m(m-1)]\right\}}(100)$$

（5-12）

式中，i=1，2，…，m（本书中 m=6），为斑块类型；k=1，2，…，m（本书中 m=6），为斑块类型，但 $k\neq i$；e_{ik} 为斑块类型 i 与斑块类型 k 相邻的斑块的邻接边长；E 为整个景观所有斑块的总边长。IJI 在斑块类型级别上等于与某斑块类型 i 相邻的各斑块类型的邻接边长除以斑块 i 的总边长再乘以该值的自然对数之后的和的负值，除以斑块类型数减 1 的自然对数，最后乘以 100 是为了转化为百分比的形式；IJI 在景观级别上计算各个斑块类型间的总体散布与并列状况。IJI 取值小时，表明斑块类型 i 仅与少数几种其他类型相邻接；IJI=100 时，表明各斑块间比邻的边长是均等的，即各斑块间的比邻概率是均等的。

生态意义如下：IJI 是描述景观空间格局最重要的指标之一。IJI 对那些受到某种自然条件严重制约的生态系统的分布特征反映显著。例如，山区的各种生态系统严重受到垂直地带性的作用，其分布多呈环状，IJI 值一般较低；而干旱区中的许多过渡植被类型受制于水的分布与多寡，彼此邻近，IJI 值一般较高。

（13）蔓延度指数（contagion index，CONTAG），单位为%，范围为 0＜CONTAG≤100。

$$CONTAG = \left[1+\frac{\sum_{i=1}^{m}\sum_{k=1}^{m}\left[\left(p_i\dfrac{g_{ik}}{\sum_{k=1}^{m}g_{ik}}\right)\ln\left(p_i\dfrac{g_{ik}}{\sum_{k=1}^{m}g_{ik}}\right)\right]}{2\ln(m)}\right](100)$$

（5-13）

式中，i=1，2，…，m（本书中 m=6），为斑块类型；k=1，2，…，m（本书中 m=6），为斑块类型，但 $k\neq i$；p_i 为所有斑块中属于斑块的比例；g_{ik} 为斑块类型 i 与斑块类型 k 相邻的格网单元数目。CONTAG 等于景观中各斑块类型所占景观面积，乘以各斑块类型之间相邻的格网单元数目占总相邻的格网单元数目的比例，乘以该值的自然对数之后的各斑块类型之和，除以 2 倍的斑块类型总数的自然对数，其值加 1 后再转化为百分比的形式。理论上，CONTAG 值较小时，表明景观中存在许多小斑块；趋于 100 时，表明景观中有连通度极高的优势斑块类型存在。该指标只能运行在 Fragstats 软件的栅格版本中。

生态意义如下：CONTAG 指标描述的是景观里不同斑块类型的团聚程度或延展趋势。该指标包含的空间信息，是描述景观格局的最重要的指数之一。一般来说，高蔓延度值说明景观中的某种优势斑块类型形成了良好的连接性；反之，则表明景观是具有多种要素的密集格局，景观的破碎化程度较高。

（二）转移矩阵

土地利用转移矩阵，反映了某一区域某一时段期初和期末各地类面积之间相互转化的动态过程信息，可全面又具体地刻画区域土地利用变化的结构特征与各用地类型变化的方向。

当土地利用分类精度不同时，分类精度高时的转移量不等于分类精度低时的转移量，且一般是分类精度高时的转移量大于分类精度低时的。在《全国土地分类》（过渡期适用）土地利用分类系统中，土地利用的划分采用三级分类系统，即 3 个一级类、15 个二级类、71 个三级类，若某一时段期初和期末的面积都按三级地类汇总生成的转移矩阵中的转移量大于都按二级地类汇总生成的转移矩阵中的转移量，原因是大类下的小类相互之间也会有面积的转化，而某一大类下的小类之间的转化面积在不细分到小类时得不到体现。[①]

（三）景观变化度量

1. 单一土地利用变化率

单一土地利用变化率主要用来描述研究区内某一土地利用类型在某一时期内的变化速率，其计算公式为[②]

$$K_i = \frac{U_{ib} - U_{ia}}{U_{ia}} \times \frac{1}{t} \times 100\% \qquad (5\text{-}14)$$

[①] 乔伟峰、盛业华、方斌，等：《基于转移矩阵的高度城市化区域土地利用演变信息挖掘——以江苏省苏州市为例》，《地理研究》2013 年第 8 期，第 1499 页。
[②] 王秀兰、包玉海：《土地利用动态变化研究方法探讨》，《地理科学进展》1999 年第 1 期，第 83 页。

式中，K_i 为土地利用类型 i 在时间 t 内的变化率；U_{ia}、U_{ib} 分别为研究期初期及末期土地利用类型 i 的面积；t 为研究时段长。当 t 设定为年时，K 为研究时段内某一土地利用类型年变化率。

2. 单一土地利用转出率和转入率

研究期末某一土地利用类型的数量是在研究期间该类型转入量和转出量综合作用的结果，因此单一土地利用变化率仅能反映该土地利用类型在研究期初和期末的数量变化，不能揭示期间土地利用转入和转出的情况，而这种转入转出的变化是 LUCC 研究的重点关注内容，因此，引入单一土地利用转出率和转入率来描述这种变化。[①]单一土地利用转出率主要反映了某一土地利用类型在某一时期内转化为其他地类的幅度，计算公式为

$$T_i = \frac{\sum_j^{n-1} T_{ij}}{L_{t_0}} \times 100\% \qquad （5\text{-}15）$$

式中，T_{ij} 为 t_0 到 t_k 时期内地类 i 转化为地类 j 的面积；L_{t_0} 为地类 i 在 t_0 时刻的面积；n 为研究区土地利用类型数量。

单一土地利用转入率主要反映某一土地利用类型在某一时期内由其他地类转化而来的幅度，计算公式为

$$M_i = \frac{\sum_{j=1}^{n-1} M_{ji}}{L_{t_k}} \times 100\% \qquad （5\text{-}16）$$

式中，M_i 为地类 i 在 t_0 到 t_k 时期内的土地利用转入率；M_{ji} 为 $t_0 \sim t_k$ 时期由地类 j 转化为地类 i 的面积；L_{t_k} 是地类 i 在 t_k 时刻的面积；n 为研究区土地利用类型数量。

3. 综合土地利用动态度

综合土地利用动态度主要用以反映某一研究时段内，研究区的各种地类动态变化的总体情况，该值越大，说明研究区土地利用动态变化越剧烈，反之，越弱。计算公式为[②]

---

① 彭建、蔡运龙：《喀斯特生态脆弱区土地利用/覆被变化研究：贵州猫跳河流域案例》，北京：科学出版社，2008 年，第 39-40 页。
② 刘纪远、布和敖斯尔：《中国土地利用变化现代过程时空特征的研究——基于卫星遥感数据》，《第四纪研究》2000 年第 3 期，第 232 页。

$$LC = \left[\sum_{i}^{n} \left(\frac{\Delta LU_{ij}}{LU_i} \right) \right] \times \frac{1}{t} \times 100\% \qquad (5\text{-}17)$$

式中，LU_i 为监测起始时间第 i 类土地利用类型面积；ΔLU_{ij} 为监测时段第 i 类土地利用类型面积转为非 i 类土地利用类型面积的绝对值；t 为监测时段长度，当 t 设定为年时，LC 的值就是该研究区土地利用的年平均变化率。

三、技术流程

以汾河流域为例，基于三期 Landsat 遥感影像，利用 RS 和 GIS 技术，对流域的景观格局、动态演变及空间地域分异规律进行分析和研究。其技术流程详见图 5-3。

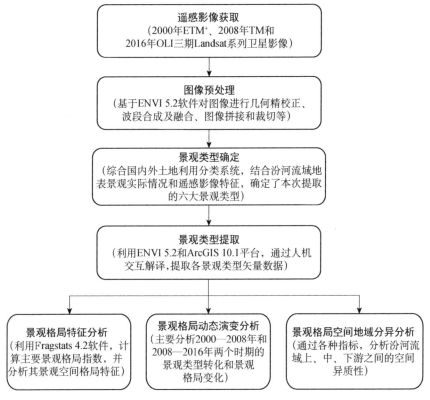

图 5-3 汾河流域景观格局与过程分析流程

第二节　景观空间格局特征

一、景观指数粒度效应分析

（一）景观指数选取

　　景观指数，作为分析景观格局的定量化指标，在过去的 30 多年来得到了迅速发展。对景观指数的研究表明，许多指数对空间范围、空间分辨率及主题类型个数的变化非常敏感，并且具有一定的冗余性。已有专家学者对景观指数间的相关性及其所反映信息的冗余程度进行研究，并通过一系列的统计学方法，筛选出一些具有代表性的景观指数[1]，但在不同的景观条件下，这些指数对景观表现行为的一致性还存在一定的不确定性。本书根据研究条件和目的，在类型尺度上选取了斑块类型面积（CA）、斑块所占景观面积的比例（PLAND）、斑块个数（NP）、斑块密度（PD）、最大斑块指数（LPI）、周长-面积分维数（PAFRAC）、平均最近距离（MNN），在景观尺度上选取了面积加权平均形状因子（AWMSI）、散步与并列指数（IJI）、香农多样性指数（SHDI）、蔓延度指数（CONTAG）共 11 个景观指数进行研究。所有景观指数的计算均通过 Fragstats 4.2 软件完成。

（二）景观指数粒度选择

　　景观指数的计算多以栅格数据作为其数据源，其计算结果随粒度定义的不同而发生变化，即所谓的"可塑性面积单元问题"[2]。目前，对于该问题的讨论，许多学者对景观指数的粒度效应进行了研究，也发现了景观指数随粒度大小会发生相应变化。但由于研究区域、所采用数据源及景观分类数目、地形的不同等因素的影响，指数随粒度变化呈现出不同的规

---

① 杨丽、甄霖、谢高地，等：《泾河流域景观指数的粒度效应分析》，《资源科学》2007 年第 2 期，第 183 页。
② 赵文武、傅伯杰、陈利顶：《景观指数的粒度变化效应》，《第四纪研究》2003 年第 3 期，第 326 页。

律。①景观格局的尺度依赖性决定了必须先基于矢量数据和研究区域，选择景观格局分析的适宜粒度，才能为开展景观格局分析奠定基础。

本次数据是 Landsat 系列卫星遥感图像，分辨率为 30m 或 15m，根据分辨率较低的 TM 5 影像（30m），确定本次栅格单元的最小尺度为 30m，然后将景观类型图转换后的栅格单元大小，按 30m 间隔依次设定为 30m、60m、90m、120m、150m、180m、210m、240m、270m 和 300m 十个粒度等级。

（三）景观指数粒度效应分析

以 2016 年数据为例，图 5-4 和图 5-5 表现出了不同景观指数的粒度效应，即随着粒度的增加，各景观指数值会发生相应的变化，并表现出不同的变化趋势，这说明景观指数在一定程度上受空间粒度变化的影响。当粒度增加时，景观指数值会随粒度增加的变化趋势而发生变化，并出现明显或不明显的尺度转折点，这是因为景观粒度变化能够改变斑块边界、分割或融合斑块，从而引起景观格局变化，描述这些格局的指数也发生相应的变化。

各景观指数的粒度效应图在曲线的变化形状上均表现出由高到低或由低到高的变化趋势，综合分析各景观指数随粒度变化的变化趋势，大体上可以将其划分成五类：①景观指数随着粒度增加，呈单调上升或下降趋势，没有尺度转折点；②景观指数随着粒度增加，呈有规律的上升或下降趋势，具有不明显的尺度转折点；③景观指数随着粒度增加，总体呈上升或下降趋势，并具有明显的尺度转折点；④指数值在粒度增加的初期，总体呈上升（或下降）趋势，但在后期，指数值又呈现下降（或上升）趋势，整个曲线具有明显的尺度转折点；⑤指数值随着粒度增加没有变化，或存在无规律变化。

1. 斑块类型水平上的景观指数粒度效应

图 5-4 反映了当粒度从 30m 增至 300m 时，斑块类型水平上的各景观指数的粒度效应。

---

① 申卫军、邬建国、林永标，等：《空间粒度变化对景观格局分析的影响》，《生态学报》2003 年第 12 期，第 2506-2519 页；杨丽、甄霖、谢高地，等：《泾河流域景观指数的粒度效应分析》，《资源科学》2007 年第 2 期，第 183-187 页。

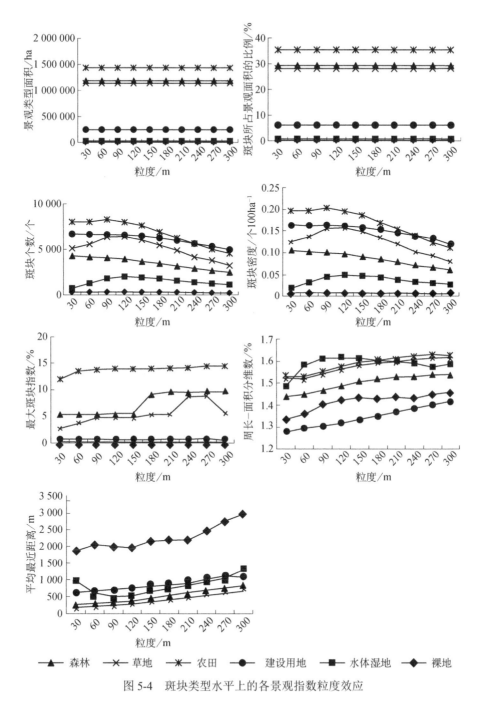

图 5-4 斑块类型水平上的各景观指数粒度效应

1）景观类型面积和斑块所占景观面积的比例，两者的粒度效应曲线一致，都是基本保持水平。当粒度变化时，没有显著变化。

2）斑块个数和斑块密度，两个指数之间的相关性很强，各景观类型指数的粒度效应变化曲线也相近。具体如下：森林和建设用地的粒度变化曲线相似，随粒度增大呈缓慢下降趋势，无明显尺度转折点；农田、草地和水体湿地的粒度变化曲线均出现前期总体上升后期总体下降的趋势，转折点分别在粒度90m、90—120m 和90—150m；裸地的粒度变化曲线一直保持水平不变。

3）农田的最大斑块指数（LPI）粒度变化曲线随粒度增大有轻微上升，并在粒度 60m 出现较为明显的转折点；森林的 LPI 粒度变化曲线随粒度增大总体上升，并在粒度 150m、180m 出现明显转折点；草地的 LPI 粒度变化曲线在粒度 270m 之前随粒度增大呈上升趋势，粒度 270—300m 又出现明显下降，在粒度 90m、210m、270m 出现明显转折点；建设用地、水体湿地和裸地的 LPI 粒度变化曲线一直保持水平不变。

4）除水体湿地景观外，其他景观类型的周长—面积分维数（PAFRAC）粒度变化曲线较为接近，均表现出随粒度增大总体上升的趋势，农田和草地景观在粒度 60m 出现不明显的转折点，森林和裸地景观在粒度 90m 出现不明显的转折点，建设用地景观没有转折点；水体湿地景观在粒度 90m 之前曲线明显上升，粒度 90—150m 变化不明显，粒度 150m 之后又出现缓慢下降。

5）森林、草地、农田、建设用地景观类型的平均最近距离（MNN）粒度变化曲线较为接近，均表现出随粒度增大缓慢上升的趋势，且没有转折点；裸地景观的 MNN 粒度变化曲线也呈现出随粒度增大总体上升的趋势，并在粒度 210m 出现较为明显的转折点；水体湿地景观的 MNN 粒度变化曲线在粒度 90m 前下降，之后又上升，粒度 60—120m 是其转折区间。

2. 景观水平上的景观指数粒度效应

在景观水平上，景观指数的粒度效应结果如图 5-5 所示。

1）面积加权平均形状因子（AWMSI），该指数的粒度变化曲线在粒度 90m 之前呈上升趋势，之后又呈现下降趋势，粒度 90—120m 是其明显的转折区间。

2）散步与并列指数（IJI），该指数的粒度变化曲线随粒度增大单调上升，但在粒度 90m 之前上升缓慢，之后上升速度明显较快，粒度 90m 是其一个不明显的转折点。

3）香农多样性指数（SHDI），该指数的粒度变化曲线总体上随粒度增加呈波动性上升趋势，具体表现在粒度 120m 之前没有变化，粒度 120—150m 上升，粒度 150—180m 下降，粒度 180—270m 又上升，粒度 270—300m 又下降，粒度 150m、180m 和 270m 是其明显的转折点，尺度效应关系比较复杂。

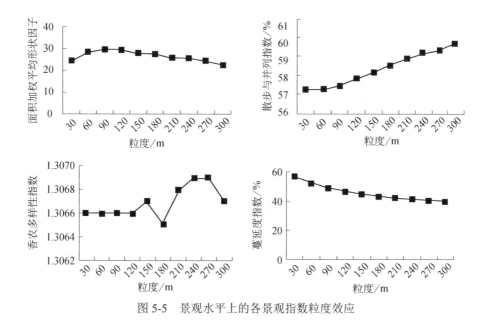

图 5-5　景观水平上的各景观指数粒度效应

4）蔓延度指数（CONTAG），该指数的粒度变化曲线随粒度增大单调下降，没有明显转折点。

上述景观指数的粒度效应研究表明，粒度变化对景观指数计算具有一定的影响。各景观指数均具有明显的粒度效应，不同景观指数随粒度增加表现出不同的变化趋势，多数具有明显或不明显的尺度转折点，这些转折点也并不完全一致。但综合前文对斑块类型水平和景观水平的各景观指数粒度效应分析，粒度 90m 是多数景观指数明显或不明显的第一转折点，第一粒度尺度为 30—90m。

前人的研究发现，在进行粒度选择时，若想既保证计算的质量、体现比例尺的特征信息，又不使计算过程中的工作量过大，应当在第一尺度域内选择中等偏大的粒度。[①]因此，对于本书研究所用的数据，在计算景观指数时，选择的粒度为 90m。

二、景观格局特征分析

2000 年（表 5-2 和图 5-6），汾河流域面积比例最大的景观类型是农田，达 1 694 929hm²，占总面积的 41.80%；其次是草地和森林景观，各占总面积的 27.95% 和 25.32%，面积分别为 1 133 202hm² 和 1 026 723hm²；建设

---

① 赵文武、傅伯杰、陈利顶：《景观指数的粒度变化效应》，《第四纪研究》2003 年第 3 期，第 332 页。

用地景观位居第四，面积为 167 749hm²，占 4.14%；水体湿地景观面积为 31 526hm²，占 0.78%；面积最少的是裸地景观，仅 470hm²。

表 5-2　2000 年、2008 年和 2016 年汾河流域景观类型指数统计

年份	景观类型	类型面积 /hm²	面积百分比/%	斑块个数/个	斑块密度/ 个 100ha⁻¹	最大斑块指数/%	周长-面积分维数	平均最近距离/m
2000 年	森林	1 026 723	25.32	5 540	0.136 6	3.273 3	1.509 6	380.555 0
	草地	1 133 202	27.95	7 652	0.188 7	5.068 6	1.595 0	236.123 8
	农田	1 694 929	41.80	12 519	0.308 8	15.823 0	1.581 1	227.462 4
	建设用地	167 749	4.14	6 505	0.160 4	0.519 9	1.257 8	755.291 8
	水体湿地	31 526	0.78	1 667	0.041 1	0.079 6	1.612 9	656.773 1
	裸地	470	0.01	39	0.001 0	0.004 3	1.491 1	7 435.811 6
2008 年	森林	1 090 783	26.90	6 539	0.161 3	4.221 6	1.515 9	351.235 0
	草地	1 281 176	31.60	6 835	0.168 6	6.245 4	1.559 2	244.282 2
	农田	1 456 779	35.93	9 786	0.241 4	14.788 7	1.574 9	251.117 9
	建设用地	189 380	4.67	6 720	0.165 7	0.562 6	1.280 5	731.021 7
	水体湿地	32 872	0.81	1 676	0.041 3	0.079 0	1.618 8	627.977 7
	裸地	3 606	0.09	108	0.002 7	0.022 8	1.455 2	3 711.227 3
2016 年	森林	1 211 344	29.87	4 074	0.100 5	5.428 8	1.469 2	355.225 9
	草地	1 110 884	27.40	6 312	0.155 7	4.652 9	1.540 3	244.619 9
	农田	1 419 469	35.01	8 364	0.206 3	13.711 5	1.551 2	249.495 5
	建设用地	267 848	6.61	6 615	0.163 1	0.719 5	1.307 2	699.031 6
	水体湿地	30 924	0.76	1 812	0.044 7	0.129 2	1.611 8	514.684 7
	裸地	14 130	0.35	329	0.008 1	0.025 6	1.397 3	1 878.927 8

注：表中数据按 90m 栅格数据统计计算。

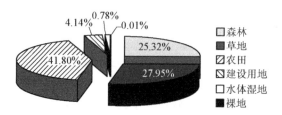

图 5-6　2000 年汾河流域景观类型结构图

2008 年（表 5-2 和图 5-7），汾河流域面积比例最大的景观类型是农田，达 1 456 779hm²，占总面积的 35.93%；其次是草地景观，面积为 1 281 176hm²，占总面积的 31.60%；第三是森林景观，面积为 1 090 783hm²，占总面积的 26.90%；建设用地景观仍位居第四，面积为 189 380hm²，占 4.67%；水体湿地景观面积为 32 872hm²，占 0.81%；面积最少的裸地景观为 3606hm²。

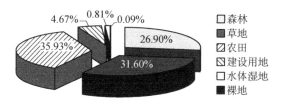

图 5-7　2008 年汾河流域景观类型结构图

2016 年（表 5-2 和图 5-8），汾河流域面积比例最大的景观类型依然是农田，达 1 419 469hm²，占总面积的 35.01%；森林景观超过草地景观位居第二，面积为 1 211 344hm²，占 29.87%；第三是草地景观，面积为 1 110 884hm²，占 27.40%；建设用地景观仍位居第四，面积为 267 848hm²，占 6.61%；水体湿地景观面积为 30 924hm²，占 0.76%；面积最少的裸地景观为 14 130hm²。

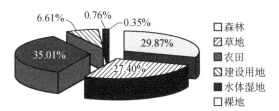

图 5-8　2016 年汾河流域景观类型结构图

从斑块类型水平的景观指数看，2000 年、2008 年和 2016 年，农田景观一直具有最大的面积百分比，最大斑块指数也在所有景观类型中遥居第一，是流域的优势景观元素；同时，农田景观的斑块个数最多，斑块密度最大，平均最近距离较小，说明农田景观斑块破碎，布局紧凑；从周长—面积分维数（PAFRAC）指数看，建设用地景观的值最小，表明建设用地景观的斑块形状最为简单、规则，受人为因素的影响最大；水体湿地景观的周长—面积分维数（PAFRAC）指数最大，是流域中自然性最强、最为原生的景观类型。

从景观水平上看（表 5-3），2000 年，汾河流域的面积加权平均形状因子为 39.7847，散步与并列指数为 49.5186，香农多样性指数为 1.2393，蔓延度指数为 48.9149；2008 年，面积加权平均形状因子为 36.6770，散步与并列指数为 53.8725，香农多样性指数为 1.2734，蔓延度指数为 48.6890；2016 年，面积加权平均形状因子为 29.4214，散步与并列指数为 57.6342，香农多样性指数为 1.3063，蔓延度指数为 48.8674。由此可见，流域的面积加权平均形状因子越来越小，香农多样性指数和散布与并列指数越来越大，蔓延度指数变化不大，略降后又略有回升，说明流域景观多样性有所提高，景观格局同时受自然条件和人类活动两方面的影响。一方面，受自然条件的制约，同一景观类型在空间分布上越来越邻近；另一方面，人类活动对土地的开发利用影响越来越大，景观形状越趋于简单、规则。

表 5-3　2000 年、2008 年和 2016 年汾河流域整体景观指数特征

年份	面积加权平均形状因子	散步与并列指数/%	香农多样性指数	蔓延度指数/%
2000	39.7847	49.5186	1.2393	48.9149
2008	36.6770	53.8725	1.2734	48.6890
2016	29.4214	57.6342	1.3063	48.8674

注：表中数据按 90m 栅格数据统计计算。

第三节　景观动态演变分析

一、整体景观演变分析

（一）变化幅度

2000—2008 年，农田是整个流域唯一面积减少的景观类型，且变化幅度最大，从 1 694 548hm² 下降到 1 456 810hm²，净减少 237 738hm²，平均每年减少约 29 717hm²；草地、森林、建设用地、水体湿地和裸地均表现出增加趋势，且以草地景观的增加最为突出，从 1 133 495hm² 增加至 1 281 367hm²，净增加 147 872hm²，平均每年增加 18 484hm²；森林和建设用地景观也具有明显的增加趋势，森林从 1 026 583hm² 增加至 1 090 661hm²，净增加 64 078hm²，平均每年增加 8010hm²；建设用地从 167 930hm² 增加至 189 334hm²，净增加 21 404hm²，平均每年增加 2676hm²；水体湿地和裸地增加幅度较小，分别净增加了 1249hm² 和 3135hm²，年均增加量分别为 156hm² 和 392hm²。详见表 5-4。

表 5-4　2000—2008 年和 2008—2016 年汾河流域景观类型变化幅度

单位：hm²

景观类型	2000 年	2008 年	2016 年	2000—2008 年变化量	2000—2008 年年均变化量	2008—2016 年变化量	2008—2016 年年均变化量
森林	1 026 583	1 090 661	1 211 281	64 078	8 010	120 620	15 078
草地	1 133 495	1 281 367	1 110 941	147 872	18 484	−170 426	−21 303
农田	1 694 548	1 456 810	1 419 439	−237 738	−29 717	−37 371	−4 671
建设用地	167 930	189 334	268 021	21 404	2 676	78 687	9 836
水体湿地	31 580	32 829	30 852	1 249	156	−1 977	−247
裸地	482	3 617	14 084	3 135	392	10 467	1 308

注：表中数据按解译矢量数据统计计算。

2008—2016 年，草地、农田和水体湿地景观均为下降趋势，草地的下降幅度最大，从 1 281 367hm² 下降至 1 110 941hm²，净减少 170 426hm²，年平均减少 21 303hm²；农田面积仍在下降，但下降幅度显著减缓，从 1 456 810hm² 下降到 1 419 439hm²，净减少 37 371hm²，平均每年减少 4671hm²；水体湿地景观也从 32 829hm² 下降到 30 852hm²，平均每年净减少 247hm²。森林、建设用地和裸地景观则表现出上升趋势，且以森林景观的上升幅度为最大，从 1 090 661hm² 上升至 1 211 281hm²，净增加 120 620hm²，年平均增加 15 078hm²；建设用地景观从 189 334hm² 增加至 268 021hm²，净增加 78 687hm²，平均每年增加 9836hm²；裸地景观也从 3617hm² 增加至 14 084hm²，净增加 10 467hm²，平均每年增加 1308hm²。详见表 5-4。

（二）变化速度

流域景观类型的变化速率是通过土地利用动态度模型进行衡量的，2000—2008 年，流域综合土地利用动态度为 9.39%，2008—2016 年的综合土地利用动态度为 13.08%，由此可见，后期的变化速度较前期更为剧烈，见表 5-5。

表 5-5　2000—2008 年和 2008—2016 年汾河流域景观类型变化速度

景观类型	2000 年/hm²	2008 年/hm²	2016 年/hm²	2000—2008 年动态度/%	2008—2016 年动态度/%
森林	1 026 583	1 090 661	1 211 281	0.78	1.38
草地	1 133 495	1 281 367	1 110 941	1.63	−1.66
农田	1 694 548	1 456 810	1 419 439	−1.75	−0.32

景观类型	2000 年/hm²	2008 年/hm²	2016 年/hm²	2000—2008 年动态度/%	2008—2016 年动态度/%
建设用地	167 930	189 334	268 021	1.59	5.19
水体湿地	31 580	32 829	30 852	0.49	-0.75
裸地	482	3 617	14 084	81.30	36.17
合计	4 054 618	4 054 618	4 054 618	9.39	13.08

注：表中数据按解译矢量数据统计计算。

就景观类型而言，2000—2008 年，变化最为剧烈的是裸地景观，其单一土地利用动态度达 81.30%；其次是农田景观，以 1.75%的年变化率逐渐下降；草地、建设用地和森林景观的单一土地利用动态度分别为 1.63%、1.59%和 0.78%；水体湿地景观的变化速度最低，单一土地利用动态度仅为 0.49%。

2008—2016 年，裸地景观的单一土地利用动态度较前期有所下降，为 36.17%，但仍然是全区变化最为剧烈的景观类型；建设用地景观的变化速度位居第二，以 5.19%的年变化率逐渐上升；草地、森林和水体湿地景观的单一土地利用动态度分别为-1.66%、1.38%和-0.75%；农田成为全区变化最慢的景观类型，单一土地利用动态度仅为-0.32%。

（三）景观类型的相互转化

2000—2008 年，汾河流域在人为因素和自然因素的双重影响下，研究期间各类景观的相互转化较为复杂，每种景观类型存在着转移部分和新增部分。经统计，共有面积 268 246hm² 发生了景观类型的转化，占总面积的 6.62%。转移面积在 1 万 hm² 以上的共有四种转移类型，位居第一的是农田—草地景观的转移，面积达 159 336hm²，占总转化面积的 59.40%；其次是农田—森林景观的转移，面积为 57 675hm²，占 21.50%；排名第三的是农田—建设用地景观的转移，面积为 18 133hm²，占 6.76%；第四位是草地—森林景观的转移，面积为 12 892hm²，占 4.81%。这四种转移类型共占总转化面积的 92.47%，是该时期流域最为主要的景观转移类型，详见表 5-6。

表 5-6　2000—2008 年汾河流域主要景观类型转移排序表

转移地类代码	转移类型/hm²	转移面积/hm²	转移百分率/%	累计转移百分率/%
32	农田—草地	159 336	59.40	59.40
31	农田—森林	57 675	21.50	80.90
34	农田—建设用地	18 133	6.76	87.66

转移地类代码	转移类型/hm²	转移面积/hm²	转移百分率/%	累计转移百分率/%
21	草地—森林	12 892	4.81	92.47
12	森林—草地	4 693	1.75	94.22
35	农田—水体湿地	3 382	1.26	95.48
14	森林—建设用地	1 989	0.74	96.22
24	草地—建设用地	1 736	0.65	96.86
36	农田—裸地	1 478	0.55	97.42
53	水体湿地—农田	1 312	0.49	97.90

注：表中数据按解译矢量数据统计计算。

2008—2016 年，汾河流域共有面积 567 716hm² 发生了景观类型的转化，占总面积的 14.00%。其中，最大的转移类型是草地—森林景观的转移，转移面积为 203 941hm²，转移百分率为 35.92%；其次是农田—建设用地景观的转移，面积为 68 260hm²，转移百分率为 12.02%；第三是森林—草地景观的转移，面积为 65 918hm²，转移百分率为 11.61%；此外，草地—农田景观的转移，面积为 61 575hm²，转移百分率为 10.85%；农田—草地的转移，面积为 52 450hm²，转移百分率为 9.24%。这五种景观转移类型面积共占该时期流域总转化面积的近 80%，详见表 5-7。

表 5-7　2008—2016 年汾河流域主要景观类型转移排序表

转移地类代码	转移类型/hm²	转移面积/hm²	转移百分率/%	累计转移百分率/%
21	草地—森林	203 941	35.92	35.92
34	农田—建设用地	68 260	12.02	47.95
12	森林—草地	65 918	11.61	59.56
23	草地—农田	61 575	10.85	70.40
32	农田—草地	52 450	9.24	79.64
13	森林—农田	27 375	4.82	84.46
24	草地—建设用地	20 097	3.54	88.00
31	农田—森林	16 901	2.98	90.98
43	建设用地—农田	12 021	2.12	93.10
26	草地—裸地	6 371	1.12	94.22
53	水体湿地—农田	6 018	1.06	95.28

注：表中数据按解译矢量数据统计计算。

（四）空间分布

由附图 4 可见，研究期间流域景观类型之间的相互转化具有明显的空间异质性，总体而言，上游和中游的景观类型变化较下游更为活跃。2000—2008年，农田向草地景观的转移主要分布在上游下部的静乐、岚县、娄烦、古交和中游的太原市区西山、汾阳、孝义、灵石、霍州的丘陵山区；农田向森林景观的转移主要分布在上游静乐东北部、古交中部和中游的阳曲、介休、交口、汾西及灵石西部，下游的曲沃也有一些分布；农田向建设用地景观的转移则集中分布在流域中部盆地区各市（县）城区周围，主要有太原盆地西北侧的太原市区、交城、文水、汾阳、孝义和南部的介休一带，临汾盆地的洪洞、临汾，以及运城市的新绛、侯马、曲沃等地区。草地向森林景观的转移则主要分布在上游流域静乐、娄烦西部，中游流域交城中部、晋中盆地东南一侧，以及灵石-交口-汾西交界的山地丘陵地区。

2008—2016年，草地向森林景观的转移主要分布在上游东侧的静乐、娄烦、古交一带，中游西部交城、文水、汾阳、孝义、交口等县市西侧山区一带，东北部的阳曲、寿阳及东部的灵石、太谷等县市的山区地带；农田向建设用地景观的转移主要分布在太原市区东南部、榆次区东北部、古交市区周围，以及太原盆地、临汾盆地的各市（县）区；森林向草地景观的转移主要分布在中游太原盆地的北、东、西三面的丘陵山区，以及下游东部的古县、浮山地区；草地向农田的转移主要分布在上游北部宁武、西部岚县、静乐、娄烦一带，中游的汾阳、灵石等地区，下游的洪洞、临汾也有零星分布；农田向草地的转移主要分布在上游北部的宁武、静乐，太原盆地东西两缘的低山缓丘和下游东侧的古县、浮山地区。

二、各景观类型演变分析

（一）森林

研究期间，汾河流域森林景观面积呈逐渐递增的趋势，从2000年的1 026 583hm^{2}上升至2008年的1 090 661hm^2，平均每年增加8010hm^2，到2016年又继续上升至1 211 281hm^2，平均每年增加15 078hm^2，占流域总面积的比例也从25.32%增加至29.87%；从变化速度来看，森林景观2000—2008年的单一土地利用动态度为0.78%，2008—2016年的单一土地利用动态度为1.38%，后期较前期更为剧烈；就景观指数而言，森林景观的斑块个数和斑块密度先增后减，最大斑块指数越来越大，周长—面积分维数略增后又减少，平均最近距离下降，说明森林景观分布越集中，布局越紧凑，形状越规则，对流域景观生态的影响越来越重要，但受人类活动的影响也越大。

从转移类型来看，2000—2008年，森林景观共有7572hm^{2}流出，主要流向草地景观 4693hm²，占总流出量的 62%；其次是流向建设用地景观 1989hm²，占总流出量的 26%；同时，又有 71 650hm² 的其他地类景观流入，主要以农田和草地景观为主，80%是农田景观的流入，共流入 57 675hm²，18%是草地景观的流入，共流入 12 892hm²。2008—2016 年，森林景观共有 102 135hm² 流出，主要流向草地景观 65 918hm²，占总流出量的 65%；其次是流向农田景观 27 375hm²，占总流出量的 27%；同时，又有 222 755hm² 的其他地类景观流入，以草地为主，共有 203 941hm² 流入，占总流入量的 92%。详见表 5-8 和表 5-9。

表 5-8　2000—2008 年汾河流域景观类型转移矩阵　　单位：hm²

景观类型		2008 年						小计
		森林	草地	农田	建设用地	水体湿地	裸地	
2000 年	森林	1 019 011	4 693	81	1 989	188	621	1 026 583
	草地	12 892	1 116 967	778	1 736	662	460	1 133 495
	农田	57 675	159 336	1 454 544	18 133	3 382	1 478	1 694 548
	建设用地	0	9	82	167 017	11	811	167 930
	水体湿地	879	362	1 312	441	28 586	0	31 580
	裸地	204	0	13	18	0	247	482
小计		1 090 661	1 281 367	1 456 810	189 334	32 829	3 617	4 054 618

注：表中数据按解译矢量数据统计计算。

表 5-9　2008—2016 年汾河流域景观类型转移矩阵　　单位：hm²

景观类型		2016 年						小计
		森林	草地	农田	建设用地	水体湿地	裸地	
2008 年	森林	988 526	65 918	27 375	5 777	498	2 567	1 090 661
	草地	203 941	988 045	61 575	20 097	1 338	6 371	1 281 367
	农田	16 901	52 450	1 312 256	68 260	5 216	1 727	1 456 810
	建设用地	971	3 139	12 021	172 036	498	669	189 334
	水体湿地	845	1 122	6 018	1 529	23 302	13	32 829
	裸地	97	267	194	322	0	2 737	3 617
小计		1 211 281	1 110 941	1 419 439	268 021	30 852	14 084	4 054 618

注：表中数据按解译矢量数据统计计算。

（二）草地

研究期间，汾河流域草地景观面积呈先增后减的趋势，从 2000 年的

1 133 495hm² 上升至 2008 年的 1 281 367hm²，平均每年增加 18 484hm²，
到 2016 年又下降至 1 110 941hm²，平均每年减少 21 303hm²，占流域总面
积的比例也从 27.95% 增加至 31.60%，又降至 27.40%；从变化速度来看，
2000—2008 年的单一土地利用动态度为 1.63%，2008—2016 年的单一土地
利用动态度为 -1.66%，由此而见，前后两期的变化速度差异不大，但方向
截然不同；就景观指数而言，草地景观的斑块个数和斑块密度均逐渐减少，
最大斑块指数先增后减，周长—面积分维数逐渐减小，平均最近距离前期
略有上升后期基本不变，说明草地景观变化复杂，受人类活动的影响，形
状越发规则，在流域景观中的优势地位前期明显上升，但后期又有所下降。

从转移类型来看，2000—2008 年，草地景观共有 16 528hm² 流出，
以流向森林景观为主，共 12 892hm²，占总流出量的 78%；同时，又有
164 400hm² 的其他地类景观流入，绝大多数来自农田景观，共有 159 336hm²
流入，占总流入量的 97%。2008—2016 年，草地景观共有 293 322hm² 流出，
主要流向森林景观 203 941hm²，占总流出量的 70%；其次是流向农田景
观 61 575hm²，占总流出量的 21%；同时，又有 122 896hm² 的其他地类景
观流入，主要以森林和农田景观为主，54% 是森林景观的流入，共流入
65 918hm²，43% 是农田的流入，共流入 52 450hm²。

（三）农田

研究期间，农田是唯一一直呈现出逐渐递减趋势的景观类型，从 2000
年的 1 694 548hm² 减少至 2008 年的 1 456 810hm²，平均每年减少 29 717hm²，
到 2016 年又继续减少至 1 419 439hm²，平均每年减少 4671hm²，占流域总
面积的比例也从 41.80% 下降至 35.01%；从变化速度来看，农田 2000—2008
年的单一土地利用动态度为 -1.75%，2008—2016 年的单一土地利用动态度
为 -0.32%，由此可见前期的变化非常剧烈，是后期的 5 倍之多；就景观指
数而言，农田景观的斑块个数、斑块密度、最大斑块指数、周长—面积分维
数均是逐渐减小，平均最近距离前期明显增大，后期又略有下降，说明农田
景观受人类活动的影响大，斑块形状愈发规则，但其优势地位明显减弱。

从转移类型来看，2000—2008 年，农田景观共有 240 004hm² 流出，主
要是流向草地景观，共 159 336hm²，占总流出量的 66%；其次是流向森林
景观，面积为 57 675hm²，占总流出量的 24%；同时，又有 2266hm² 的其
他地类景观流入，主要是水体湿地景观和草地景观，分别流入 1312hm²
和 778hm²，占总流入量的 58% 和 34%。2008—2016 年，农田景观共有

144 554hm² 流出，以流向建设用地、草地和森林景观为主，流向建设用地景观 68 260hm²，占总流出量的 47%；流向草地景观 52 450hm²，占总流出量的 36%；流向森林景观 16 901hm²，占总流出量的 12%；同时，又有 107 183hm² 的其他地类景观流入，流入最多的是草地景观，面积为 61 575hm²，占总流入量的 57%，其次是森林景观，面积为 27 375hm²，占总流入量的 26%。

（四）建设用地

研究期间，汾河流域建设用地景观面积一直呈逐渐递增的趋势，从 2000 年的 167 930hm² 上升至 2008 年的 189 334hm²，平均每年增加 2676hm²，到 2016 年又继续上升至 268 021hm²，平均每年增加 9836hm²，占流域总面积的比例也从 4.14% 增加至 6.61%；从变化速度来看，2000—2008 年的单一土地利用动态度为 1.59%，2008—2016 年的单一土地利用动态度为 5.19%，后期较前期的变化更为剧烈，为前期的三倍之多；就景观指数而言，建设用地景观的斑块个数和斑块密度先增后减，最大斑块指数和周长—面积分维数逐渐增大，平均最近距离逐渐减小，说明受人类活动的影响，建设用地景观分布越集中，布局越紧凑，集聚效应越明显。

从转移类型来看，2000—2008 年，建设用地景观共有 913hm² 流出，绝大多数流向裸地景观，共 811hm²，占总流出量的 89%；同时，又有 22 317hm² 的其他地类景观流入，绝大多数来自农田景观，流入 18 133hm²，占总流入量的 81%。2008—2016 年，建设用地景观共有 17 298hm² 流出，主要是流向农田景观，流出面积为 12 021hm²，占总流出量的 69%；其次是流向草地景观，面积为 3139hm²，占总流出量的 18%；同时，又有 95 985hm² 的其他地类景观流入，流入最多的依然是农田景观，面积为 68 260hm²，占总流入量的 71%；其次是草地景观，流入 20 097hm²，占总流入量的 21%。

（五）水体湿地

研究期间，汾河流域水体湿地景观呈现出先增加后减少的变化趋势，从 2000 年的 31 580hm² 增加至 2008 年的 32 829hm²，平均每年增加 156hm²，到 2016 年又减少至 30 852hm²，平均每年减少 247hm²；从变化速度来看，2000—2008 年的单一土地利用动态度为 0.49%，2008—2016 年的单一土地利用动态度为 -0.75%，由此可见，前后两期变化方向不同，且后期较前期变化略为剧烈些；就景观指数而言，水体湿地景观的斑块个数和斑块密度逐渐增大，最大斑块指数后期明显增大，周长—面积分维数先增后减，平均最近距离逐渐减小，说明水体湿地景观斑块依然较为破碎，但布局上越来越集中，形状上较规则，受人类活动的影响越来越大。

从转移类型来看，2000—2008 年，水体湿地景观共有 2994hm² 流出，主要流向是农田景观，共 1312hm²，占总流出量的 44%；其次是森林景观，面积为 879hm²，占总流出量的 29%；同时，又有 4243hm² 的其他地类景观流入，绝大多数来自农田景观，流入 3382hm²，占总流入量的 80%。2008—2016 年，水体湿地景观共有 9527hm² 流出，依然主要流向农田景观，流出面积为 6018hm²，占总流出量的 63%；其次是建设用地景观和草地景观，流出量分别为 1529hm² 和 1122hm²，分别占总流出量的 16% 和 12%；同时，又有 7550hm² 的其他地类景观流入，流入最多的还是农田景观，面积为 5216hm²，占总流入量的 69%；其次是草地景观，流入 1338hm²，占总流入量的 18%。

（六）裸地

研究期间，汾河流域裸地景观呈逐渐增加的变化趋势，从 2000 年的 482hm² 增加至 2008 年的 3617hm²，平均每年增加 392hm²，到 2016 年增加至 14 084hm²，平均每年减少 1308hm²；从变化速度来看，2000—2008 年的单一土地利用动态度为 81.30%，2008—2016 年的单一土地利用动态度为 36.17%，由此可见，研究期间裸地景观的变化最为剧烈，前期较后期变化速度更大；就景观指数而言，裸地景观的斑块个数、斑块密度和最大斑块指数越来越大，周长—面积分维数和平均最近距离越来越小，说明裸地景观面积越来越大，形状越来越规则，布局越来越集中，受人类活动的影响越来越大。

从转移类型来看，2000—2008 年，裸地景观共有 235hm² 流出，绝大多数流向森林景观，流出面积 204hm²，占总流出量的 87%；同时，又有 3370hm² 的其他地类景观流入，主要为农田景观，流入面积为 1478hm²，占总流入量的 44%；其次是建设用地景观流入，流入面积为 811hm²，占总流入量的 24%。2008—2016 年，裸地景观共有 880hm² 流出，主要流向建设用地、草地和农田景观，分别流出 322hm²、267hm² 和 194hm²，占总流出量的 37%、30% 和 22%；同时，又有 11 347hm² 的其他地类景观流入，主要是草地景观，流入面积为 6371hm²，占总流入量的 56%；其次是森林景观，流入面积为 2567hm²，占总流入量的 23%。

第四节　景观空间地域分异

一、上游流域景观

（一）景观格局特征

2000 年（表 5-10 和图 5-9），汾河上游流域面积比例最大的景观类型是草地，达 265 468hm²，占总面积的 35.37%；其次是农田和森林景观，各占总面积的 31.53% 和 31.30%，面积分别为 236 610hm² 和 234 898hm²；水体湿地景观位居第四，面积 7653hm²，占 1.02%；建设用地景观面积为 5625hm²，占 0.75%；面积最少的是裸地景观，仅 252hm²。

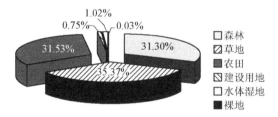

图 5-9　2000 年汾河上游流域景观类型结构图

2008 年（表 5-10 和图 5-10），汾河上游流域草地景观的比例进一步增大，达 43.52%，面积为 326 641hm²，优势景观的地位更加明显；其次是森林景观，面积 249 614hm²，占总面积的 33.26%；农田景观下降为第三，面积 157 654hm²，占总面积的 21.01%；水体湿地景观仍位居第四，面积为 8980hm²，占 1.20%；建设用地景观面积 6391hm²，占 0.85%；面积最少的裸地景观为 1226hm²。

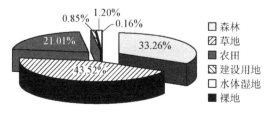

图 5-10　2008 年汾河上游流域景观类型结构图

2016年（表5-10和图5-11），汾河上游流域森林景观面积为303 594hm²，所占比例为40.45%，跃居第一，成为面积最大的景观类型；草地景观位居第二，面积为246 042hm²，占32.78%；第三仍然是农田景观，面积为170 856hm²，占22.77%；第四名为建设用地景观，面积为18 674hm²，占2.49%；水体湿地景观面积为7419hm²，占0.99%；面积最少的裸地景观为3921hm²。

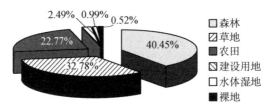

图 5-11 2016 年汾河上游流域景观类型结构图

相加不为 100%，但在允许的误差范围内

2000年、2008年和2016年，森林、草地和农田是汾河上游流域的主要景观类型。从斑块类型水平的景观指数看，森林景观面积不断增大，所占比例也越来越大；斑块个数和斑块密度先增后减，且后期的减少幅度大于前期；最大斑块指数前期略降，后期显著增大；周长-面积分维数后期有所减少；平均最近距离指数前期减小，后期略有增加。由此可见，森林景观在汾河上游流域的优势地位逐渐显现，布局更加紧凑密集，且受人类活动影响，斑块形状也越发规则。草地景观在2000—2008年和2008—2016年两期的变化明显不同，前期草地景观面积、所占百分比显著增加，斑块个数、斑块密度指数明显下降，最大斑块指数增大，周长-面积分维数减小，平均最近距离略增；而后期草地景观面积、所占百分比又明显下降，斑块个数、斑块密度依然递减，最大斑块指数大幅下降，周长-面积分维数、平均最近距离变化不明显。由此可见，研究前期，草地景观在汾河上游流域的优势地位迅速显现，而在后期，优势地位又明显下降。农田景观在研究前后两期的变化也有所不同，前期景观面积、所占百分比、斑块个数、斑块密度、最大斑块指数、周长-面积分维数，这些景观指数均明显减小，平均最近距离指数增大；后期景观面积、所占百分比略有增大，而斑块个数、斑块密度继续减小，最大斑块指数明显增大，周长-面积分维数和平均最近距离指数均略有增大。可见，研究前期农田景观在汾河上游流域的优势地位明显下降，后期略有回升，形状越发规则，布局越发紧凑。建设用地景观在整个上游流域所占比例很小，从各项景观指数来看，斑块面积、所占百分比、斑块个数、斑块密度、最大斑块指数、周长-面积分维数，这些指

数均有所增大，平均最近距离指数减小。由此可见，建设用地景观在整个研究期间呈一种增长的趋势。

表 5-10 2000 年、2008 年和 2016 年汾河上游流域景观类型指数统计

景观类型	类型面积/hm²	面积百分比/%	斑块个数/个	斑块密度/个 100ha⁻¹	最大斑块指数/%	周长-面积分维数	平均最近距离/m
2000 年							
森林	234 898	31.30	1 797	0.239 4	6.062 1	1.497 4	312.764 2
草地	265 468	35.37	2 287	0.304 7	6.039 9	1.620 5	212.434 4
农田	236 610	31.53	3 022	0.402 7	13.116 4	1.626 3	215.081 7
建设用地	5 625	0.75	599	0.079 8	0.068 1	1.334 5	1 272.166 9
水体湿地	7 653	1.02	559	0.074 5	0.134 0	1.674 5	414.548 8
裸地	252	0.03	6	0.000 8	0.024 0	—	18 983.844 2
2008 年							
森林	249 614	33.26	1 915	0.255 2	5.982 6	1.502 7	298.455 4
草地	326 641	43.52	1 794	0.239 0	10.687 3	1.557 7	221.397 7
农田	157 654	21.01	2 162	0.288 1	5.691 8	1.616 5	247.347 1
建设用地	6 391	0.85	622	0.082 9	0.067 6	1.346 1	1 231.634 4
水体湿地	8 980	1.20	576	0.076 8	0.307 2	1.660 2	391.124 7
裸地	1 226	0.16	18	0.002 4	0.123 4	1.383 3	4 270.500 8
2016 年							
森林	303 594	40.45	1 084	0.144 4	9.085 5	1.467 0	306.01
草地	246 042	32.78	1 701	0.226 7	4.159 0	1.545 7	221.47
农田	170 856	22.77	1 836	0.244 6	10.877 8	1.586 9	236.35
建设用地	18 674	2.49	1 053	0.140 3	0.331 7	1.417 4	850.35
水体湿地	7 419	0.99	852	0.113 5	0.344 8	1.644 8	307.81
裸地	3 921	0.52	137	0.018 3	0.138 4	1.417 7	1 243.23

注：表中数据按 90m 栅格数据统计计算；表中"—"软件输出为 N/A。

从景观水平上看（表 5-11），面积加权平均形状因子逐渐减小，散步与并列指数逐渐增大，香农多样性指数略降后上升，蔓延度指数增大后略减。说明汾河上游景观多样性略有提高，但没有特别突出的优势景观，仍是多种要素的密集格局；景观格局的变化受到自然条件和人类活动的双重影响，一方面，景观类型在一定程度上受到自然条件的制约而分布得更加邻近；另一方面，在人类活动的影响下，景观形状更趋于简单、规则。

表 5-11   2000 年、2008 年和 2016 年汾河上游流域整体景观指数特征

年份	面积加权平均形状因子	散步与并列指数/%	香农多样性指数	蔓延度指数/%
2000	26.4480	43.6061	1.1812	47.1189
2008	21.9819	48.2855	1.1600	49.6553
2016	19.3859	56.8543	1.2250	48.8416

注：表中数据按 90m 栅格数据统计计算。

（二）变化幅度

由表 5-12 和图 5-12 可见，森林、草地和农田是汾河上游的主要景观类型，在整个研究期间，不同景观类型表现出不同的变化趋势。森林景观在整个研究期间呈明显上升趋势，2000 年其面积为 234 873hm²，2008 年增加至 249 574hm²，平均每年增加 1838hm²，2016 年继续增加至 303 537hm²，平均每年增加 6745hm²；草地景观在前后两期表现出不同的变化趋势，2000—2008 年明显增加，而在 2008—2016 年又明显减少，2000 年草地景观面积为 265 469hm²，2008 年增加至 326 575hm²，平均每年增加 7638hm²，而到 2016 年又减少至 246 136hm²，平均每年减少 10 055hm²；农田景观在前后两期也表现出不同的变化趋势，2000—2008 年明显减少，而在 2008—2016 年又略有增加，2000 年农田景观面积 236 578hm²，2008 年减少至 157 700hm²，平均每年减少 9860hm²，到 2016 年又增加至 170 783hm²，平均每年增加 1635hm²；建设用地景观在整个研究期间呈不断上升趋势，2000 年面积为 5642hm²，2008 年增加至 6405hm²，平均每年增加 95hm²，2016 年继续增加至 18 683hm²，平均每年增加 1535hm²；水体湿地景观在整个研究期间变化幅度不大，前期略有增加，后期又略有减少，2000 年水体湿地景观面积为 7680hm²，2008 年增加至 9008hm²，平均每年增加 166hm²，到 2016 年又减少至 7438hm²，平均每年减少 196hm²；裸地景观在整个研究期间也呈不断上升趋势，2000 年面积仅为 251hm²，2008 年增加至 1231hm²，平均每年增加 123hm²，2016 年继续增加至 3916hm²，平均每年增加 336hm²。

表 5-12   2000—2008 年和 2008—2016 年汾河上游流域景观类型变化幅度

单位：hm²

景观类型	2000 年	2008 年	2016 年	2000—2008 年年变化量	2000—2008 年年均变化量	2008—2016 年年变化量	2008—2016 年年均变化量
森林	234 873	249 574	303 537	14 701	1 838	53 963	6 745
草地	265 469	326 575	246 136	61 106	7 638	−80 439	−10 055
农田	236 578	157 700	170 783	−78 878	−9 860	13 083	1 635

续表

景观类型	2000年	2008年	2016年	2000—2008年年变化量	2000—2008年年均变化量	2008—2016年年变化量	2008—2016年年均变化量
建设用地	5 642	6 405	18 683	763	95	12 278	1 535
水体湿地	7 680	9 008	7 438	1 328	166	−1 570	−196
裸地	251	1 231	3 916	980	123	2 685	336

注：表中数据按解译矢量数据统计计算。

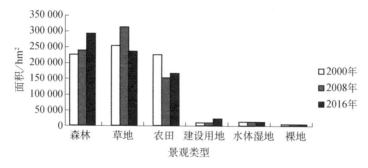

图 5-12　研究期间汾河上游流域各景观类型变化情况

（三）变化速度

由表 5-13 可见，汾河上游 2000—2008 年的综合土地利用动态度为 14.05%，2008—2016 年的综合土地利用动态度为 16.82%，由此可见，后期的变化速度较前期的略大。

表 5-13　汾河上游流域 2000—2008 年和 2008—2016 年景观类型变化速度

景观类型	2000年/hm²	2008年/hm²	2016年/hm²	2000—2008年动态度/%	2008—2016年动态度/%
森林	234 873	249 574	303 537	0.78	2.70
草地	265 469	326 575	246 136	2.88	−3.08
农田	236 578	157 700	170 783	−4.17	1.04
建设用地	5 642	6 405	18 683	1.69	23.96
水体湿地	7 680	9 008	7 438	2.16	−2.18
裸地	251	1 231	3 916	48.80	27.26
合计	750 493	750 493	750 493	14.05	16.82

注：表中数据按解译矢量数据统计计算。

就景观类型而言，2000—2008 年，变化最为剧烈的是裸地景观，单一土地利用动态度为 48.80%；农田景观次之，以 4.17%的年变化率逐渐下降；

第三是草地景观，以 2.88%的年变化率逐渐上升；水体湿地、建设用地和森林景观的单一土地利用动态度分别为 2.16%、1.69%和 0.78%。

2008—2016 年，裸地景观的单一土地利用动态度较前期有所下降，但依然是最大的，为 27.26%；建设用地景观也成为上游变化较为剧烈的景观类型，单一土地利用动态度为 23.96%，位居第二；草地、森林和水体湿地景观的单一土地利用动态度分别为-3.08%、2.70%和-2.18%；农田成为该区变化最慢的景观类型，单一土地利用动态度仅为 1.04%。

（四）景观类型相互转化

研究期间，汾河上游在自然和人为因素的双重影响下，各类景观的相互转化较为复杂，每种景观类型都存在着转移部分和新增部分，但在众多转移类型中又会凸显出一些主要的转移类型。

据统计，2000—2008 年，汾河上游共有面积 85 048hm² 发生了景观类型的转化，占总面积的 11.33%。位居第一的转移类型是农田—草地，面积达 63 105hm²，占总转化面积的 74.20%；农田—森林次之，面积为 13 489hm²，占 15.86%，这两种转移类型共占总转化面积的 90.06%，是该时期上游最为主要的景观转移类型，见表 5-14。

表 5-14　2000—2008 年汾河上游流域主要景观类型转移排序表

转移地类代码	转移类型	转移面积/hm²	转移百分率/%	累计转移百分率/%
32	农田—草地	63 105	74.20	74.20
31	农田—森林	13 489	15.86	90.06
21	草地—森林	3 079	3.62	93.68
12	森林—草地	1 508	1.77	95.45
35	农田—水体湿地	1 147	1.35	96.80
36	农田—裸地	719	0.85	97.65
34	农田—建设用地	595	0.70	98.35
24	草地—建设用地	223	0.26	98.61
16	森林—裸地	199	0.23	98.84
61	裸地—森林	182	0.21	99.05

注：表中数据按解译矢量数据统计计算。

2008—2016 年，汾河上游共有面积 178 274hm² 发生了景观类型的转化，占总面积的 23.75%。其中，面积最大的转移类型是草地—森林，转移面积为 71 269hm²，转移百分率为 39.98%；草地—农田次之，面积为

34 877hm², 转移百分率为 19.56%; 第三是农田—草地, 面积为 17 948hm², 转移百分率为 10.07%; 第四是森林—草地, 面积为 14 150hm², 转移百分率为 7.94%; 此外, 森林—农田景观也有明显的转移, 面积为 9979hm², 比例为 5.60%。这五种景观转移类型面积共占该时期上游总转化面积的 83.15%, 见表 5-15。

表 5-15　2008—2016 年汾河上游流域主要景观类型转移排序表

转移地类代码	转移类型/hm²	转移面积/hm²	转移百分率/%	累计转移百分率/%
21	草地—森林	71 269	39.98	39.98
23	草地—农田	34 877	19.56	59.54
32	农田—草地	17 948	10.07	69.61
12	森林—草地	14 150	7.94	77.55
13	森林—农田	9 979	5.60	83.15
31	农田—森林	8 483	4.76	87.91
34	农田—建设用地	6 737	3.78	91.69
24	草地—建设用地	5 303	2.97	94.66
53	水体湿地—农田	1 774	1.00	95.66
14	森林—建设用地	1 323	0.74	96.40

注: 表中数据按解译矢量数据统计计算。

(五) 空间分布

由附图 5 可见, 研究期间汾河上游流域景观类型之间的相互转化具有一定的空间差异性, 总体而言, 上游流域中下部景观类型的变化较上部更为活跃。2000—2008 年, 上游流域最主要的转移类型是农田—草地, 在中下部的静乐、岚县、娄烦、古交普遍分布; 农田—森林景观的转移主要分布在静乐县中部及东北部、岚县北部和古交市中部。

2008—2016 年, 最主要的转移类型是草地向森林景观的转移, 主要分布在上游流域东部一带, 包括宁武县东南部、静乐县东部、古交市东部及中部, 以及娄烦县; 草地—农田景观的转移, 主要分布在上游流域的西部一带, 包括岚县、娄烦、静乐县西部及宁武县中西部; 农田—草地分布则较为分散, 除岚县分布较少外, 其他县市均有一定程度的分布; 森林—草地主要分布在上游北部宁武和南部的娄烦、古交一带; 森林—农田则主要分布在上游中部的静乐和岚县中部地区。

二、中游流域景观

（一）景观格局特征

2000 年（图 5-13），汾河中游流域面积比例最大的景观类型是农田，达 792 992hm²，占总面积的 36.97%；其次是草地和森林景观，各占总面积的 31.49% 和 26.34%，面积分别为 675 183hm² 和 564 830hm²；建设用地景观位居第四，面积为 100 381hm²，占 4.68%；水体湿地景观面积为 10 855hm²，占 0.51%；面积最少的是裸地景观，仅 187hm²。

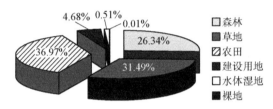

图 5-13　2000 年汾河中游流域景观类型结构图

2008 年（图 5-14），汾河中游流域草地景观比例明显增大，达 34.55%，面积为 740 861hm²，成为该流域本时期最大的景观类型；农田景观退居第二，面积为 668 871hm²，占总面积的 31.19%；第三仍为森林景观，面积为 605 452hm²，占总面积的 28.23%；建设用地景观仍位居第四，面积为 115 619hm²，占 5.39%；水体湿地景观面积为 11 313hm²，占 0.53%；面积最少的裸地景观为 2312hm²。

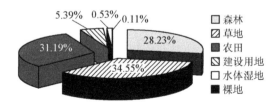

图 5-14　2008 年汾河中游流域景观类型结构图

2016 年（图 5-15），汾河中游流域农田、草地、森林景观呈现三足鼎立形式，所占比例相当，均在 30% 左右，其中森林景观面积最大，为 676 222hm²，比例为 31.52%；草地景观位居第二，面积为 643 952hm²，比例为 30.03%；农田景观退居第三，面积为 634 448hm²，比例为 29.59%；一直位居第四的建设用地景观，面积也有明显增加，为 169 740hm²，占 7.92%；水体湿地景观面积为 10 308hm²，占 0.48%；面积最少的裸地景观为 9758hm²。

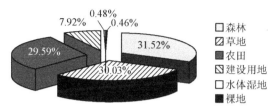

图 5-15　2016 年汾河中游流域景观类型结构图

2000 年、2008 年和 2016 年，森林、草地和农田是汾河中游流域的主要景观类型。从斑块类型水平的景观指数看，森林景观面积不断增大，所占比例也越来越大；斑块个数和斑块密度先增后减，且后期的减少幅度大于前期；最大斑块指数前期略降，后期显著增大；周长-面积分维数后期有所减少；平均最近距离指数前期减小，后期略有增加，由此可见，森林景观在汾河中游流域优势地位逐渐显现，布局更加紧凑密集，且受人类活动的影响，斑块形状也越发规则。草地景观前后两期变化明显不同，前期草地景观面积、所占百分比显著增加，斑块个数、斑块密度指数明显下降，最大斑块指数增大，周长-面积分维数减小，平均最近距离略增；而后期草地景观面积、所占百分比明显下降，斑块个数、斑块密度依然递减，最大斑块指数下降，周长-面积分维数和平均最近距离略减，由此可见，前期草地景观在汾河中游流域优势地位迅速显现，而后期又有所下降。农田景观面积不断减少，所占百分比也逐渐降低，斑块个数、斑块密度、最大斑块指数、周长-面积分维数，这些景观指数均逐渐减小，平均最近距离指数逐渐增大，可见，研究期间该流域的农田景观面积不断减少，形状越发规则，布局更加紧凑，优势地位明显下降。建设用地景观的斑块面积和所占百分比不断增加，尤其是后期增加幅度更大，斑块个数和斑块密度略增后又减小，最大斑块指数和周长-面积分维数逐渐增大，平均最近距离指数逐渐减小，由此可见，建设用地景观在整个研究期间呈现出一种初始的扩张趋势，见表 5-16。

表 5-16　2000 年、2008 年和 2016 年汾河中游流域景观类型指数统计

年份	景观类型	类型面积/hm²	面积百分比/%	斑块个数/个	斑块密度/个 100ha⁻¹	最大斑块指数/%	周长-面积分维数	平均最近距离/m
	森林	564 830	26.34	3 042	0.141 9	5.016 7	1.511 3	391.067 2
2000 年	草地	675 183	31.49	3 515	0.163 9	9.006 3	1.578 7	242.355 7
	农田	792 992	36.97	7 726	0.360 3	20.946 8	1.595 9	228.736

续表

年份	景观类型	类型面积/hm²	面积百分比/%	斑块个数/个	斑块密度/个 100ha⁻¹	最大斑块指数/%	周长-面积分维数	平均最近距离/m
2000 年	建设用地	100 381	4.68	3 357	0.156 5	0.981 1	1.268 3	752.429 8
	水体湿地	10 855	0.51	659	0.030 7	0.041	1.636 2	814.565 7
	裸地	187	0.01	26	0.001 2	0.000 8	1.596 8	7 611.438 8
2008 年	森林	605 452	28.23	3 819	0.178 1	5.002 7	1.517 9	344.462 5
	草地	740 861	34.55	3 101	0.144 6	10.605 5	1.550 6	252.361 3
	农田	668 871	31.19	6 108	0.284 8	19.110 6	1.579 3	253.828 4
	建设用地	115 619	5.39	3 495	0.163 0	1.061 0	1.298 6	717.222 6
	水体湿地	11 313	0.53	682	0.031 8	0.041 3	1.607 4	730.126 3
	裸地	2 312	0.11	82	0.003 8	0.013 8	1.476 1	2 845.751 7
2016 年	森林	676 222	31.52	2 478	0.115 6	7.053 4	1.466 6	350.732 5
	草地	643 952	30.03	2 855	0.133 1	7.202 8	1.526 5	252.463 6
	农田	634 448	29.59	5 084	0.237 1	17.400 8	1.560 1	259.217 3
	建设用地	169 740	7.92	3 129	0.145 9	1.361 2	1.330 2	711.522 7
	水体湿地	10 308	0.48	539	0.025 1	0.046 9	1.608 4	750.662 6
	裸地	9 758	0.46	176	0.008 2	0.023 6	1.400 0	2 256.865 8

注：表中数据按 90 m 栅格数据统计计算。

从景观水平上看（表 5-17），面积加权平均形状因子逐渐减小，散步与并列指数逐渐增大，香农多样性指数增大，蔓延度指数变化不大。说明汾河中游景观多样性有所提高，但没有特别突出的优势景观，仍是多种要素的密集格局；景观格局的变化受到自然条件和人类活动的双重影响，一方面，景观类型一定程度上受到自然条件的制约而分布得更为邻近；另一方面，在人类活动的影响下，景观形状更趋于简单、规则。

表 5-17　2000 年、2008 年和 2016 年汾河中游流域整体景观指数特征

年份	面积加权平均形状因子	散步与并列指数/%	香农多样性指数	蔓延度指数/%
2000	33.0761	49.2040	1.2540	48.8204
2008	31.9733	52.9215	1.2802	48.7042
2016	24.5442	57.1953	1.3194	48.9094

注：表中数据按 90m 栅格数据统计计算。

（二）变化幅度

由表 5-18 和图 5-16 可见，森林、草地和农田是汾河中游的主要景观类型，在整个研究期间不同景观类型表现出不同的变化趋势。森林景观在整个研究期间呈明显上升趋势，2000 年的面积为 564 935hm²，2008 年增加至 605 578hm²，平均每年增加 5080hm²，2016 年继续增加至 676 290hm²，平均每年增加 8839hm²。草地景观在前后两期表现出不同的变化趋势，2000—2008 年明显增加，而在 2008—2016 年又明显减少，2000 年草地景观的面积为 675 125hm²，2008 年增加至 740 793hm²，平均每年增加 8209hm²，而到 2016 年又减少至 643 937hm²，平均每年减少 12 107hm²。农田景观在整个研究期间呈逐渐减少趋势，且前期减少的幅度更为剧烈，2000 年农田景观面积为 792 896hm²，2008 年减少至 668 666hm²，平均每年减少 15 529hm²，到 2016 年又减少至 634 321hm²，平均每年减少 4293hm²。建设用地景观在整个研究期间呈不断上升趋势，且后期的上升幅度较前期更大，2000 年的面积为 100 415hm²，2008 年增加至 115 740hm²，平均每年增加 1916hm²，2016 年继续增加至 169 815hm²，平均每年增加 6759hm²。水体湿地景观在整个研究期间变化幅度不大，前期略有增加，后期又略有减少，2000 年水体湿地景观的面积为 10 854hm²，2008 年增加至 11 310hm²，平均每年增加 57hm²，到 2016 年又减少至 10 307hm²，平均每年减少 125hm²。裸地景观在整个研究期间也呈不断上升趋势，2000 年的面积仅为 189hm²，2008 年增加至 2327hm²，平均每年增加 267hm²，2016 年继续增加至 9744hm²，平均每年增加 927hm²。

表 5-18 2000—2008 年和 2008—2016 年汾河中游流域景观类型变化幅度

单位：hm²

景观类型	2000 年	2008 年	2016 年	2000—2008 年年变化量	2000—2008 年年均变化量	2008—2016 年年年变化量	2008—2016 年年均变化量
森林	564 935	605 578	676 290	40 643	5 080	70 712	8 839
草地	675 125	740 793	643 937	65 668	8 209	−96 856	−12 107
农田	792 896	668 666	634 321	−124 230	−15 529	−34 345	−4 293
建设用地	100 415	115 740	169 815	15 325	1 916	54 075	6 759
水体湿地	10 854	11 310	10 307	456	57	−1 003	−125
裸地	189	2 327	9 744	2 138	267	7 417	927

注：表中数据按解译矢量数据统计计算。

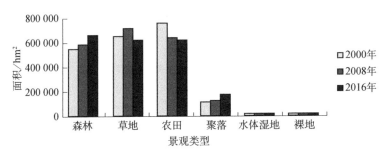

图 5-16　研究期间汾河中游流域各景观类型变化情况

（三）变化速度

由表 5-19 可见，汾河中游 2000—2008 年的综合土地利用动态度为 3.97%，2008—2016 年的综合土地利用动态度为 13.54%，由此可见，后期的变化速度更大，约为前期的三倍之多。

就景观类型而言，2000—2008 年，变化最为剧烈的是裸地景观，单一土地利用动态度达到 141.40%；其次是农田景观，以 1.96% 的年变化率逐渐下降；第三是建设用地景观，以 1.91% 的年变化率逐渐上升；草地和森林、水体湿地景观的单一土地利用动态度分别为 1.22%、0.90% 和 0.53%。

2008—2016 年，裸地景观仍然是该区变化得最为剧烈的景观类型，单一土地利用动态度为 39.84%；建设用地景观的单一土地利用动态度较前期更大，为 5.84%，位居第二；草地、森林和水体湿地景观的单一土地利用动态度分别为 -1.63%、1.46% 和 -1.11%；农田成为该区变化最慢的景观类型，单一土地利用动态度仅为 -0.64%。

表 5-19　汾河中域流域 2000—2008 年和 2008—2016 年景观类型变化速度

景观类型	2000 年/hm²	2008 年/hm²	2016 年/hm²	2000—2008 年土地利用动态度/%	2008—2016 年土地利用动态度/%
森林	564 935	605 578	676 290	0.90	1.46
草地	675 125	740 793	643 937	1.22	-1.63
农田	792 896	668 666	634 321	-1.96	-0.64
建设用地	100 415	115 740	169 815	1.91	5.84
水体湿地	10 854	11 310	10 307	0.53	-1.11
裸地	189	2 327	9 744	141.40	39.84
合计	2 144 414	2 144 414	2 144 414	3.97	13.54

注：表中数据按解译矢量数据统计计算。

（四）景观类型相互转化

研究期间，汾河中游在自然和人为因素的双重影响下，各类景观的相互转化较为复杂，每种景观类型都存在着转移部分和新增部分，但在众多转移类型中又会凸显出一些主要的转移类型。

经统计，2000—2008 年，汾河中游共有面积 141 179hm² 发生了景观类型的转化，占总面积的 6.58%。位居第一的转移类型是农田—草地，面积达 72 960hm²，占总转化面积的 51.68%；其次是农田—森林，面积为 37 210hm²，占 26.36%；第三是农田—建设用地，面积为 12 800hm²，占 9.07%；此外，草地—森林景观的面积为 8655hm²，转移百分率为 6.13%。这四种转移类型共占总转化面积的 93.24%，是该时期中游最为主要的景观转移类型，见表 5-20。

表 5-20　2000—2008 年汾河中游流域主要景观类型转移排序表

转移地类代码	转移类型	转移面积/hm²	转移百分率/%	累计转移百分率/%
32	农田—草地	72 960	51.68	51.68
31	农田—森林	37 210	26.36	78.04
34	农田—建设用地	12 800	9.07	87.11
21	草地—森林	8 655	6.13	93.24
12	森林—草地	2 981	2.11	95.35
14	森林—建设用地	1 782	1.26	96.61
24	草地—建设用地	1 139	0.81	97.42
35	农田—水体湿地	783	0.55	97.97
36	农田—裸地	759	0.54	98.51
46	建设用地—裸地	655	0.46	98.97

注：表中数据按解译矢量数据统计计算。

2008—2016 年，汾河中游共有面积 314 546hm² 发生了景观类型的转化，占总面积的 14.67%。其中，面积最大的转移类型是草地—森林，转移面积为 122 733hm²，转移百分率为 39.02%；其次是农田—建设用地，面积为 45 775hm²，转移百分率为 14.55%；第三是森林—草地，面积为 42 680hm²，转移百分率为 13.57%；第四是农田—草地，面积为 21 240hm²，转移百分率为 6.75%；此外，草地向农田景观也有明显的转移，面积为 21 073hm²，转移百分率为 6.70%。这五种景观转移类型面积共占该时期中游总转化面积的 80.59%，见表 5-21。

表 5-21　2008—2016 年汾河中游流域主要景观类型转移排序表

转移地类代码	转移类型	转移面积/hm²	转移百分率/%	累计转移百分率/%
21	草地—森林	122 733	39.02	39.02
34	农田—建设用地	45 775	14.55	53.57
12	森林—草地	42 680	13.57	67.14
32	农田—草地	21 240	6.75	73.89
23	草地—农田	21 073	6.70	80.59
24	草地—建设用地	14 022	4.46	85.05
13	森林—农田	11 668	3.71	88.76
43	建设用地—农田	7 593	2.41	91.17
31	农田—森林	7 190	2.29	93.46
26	草地—裸地	4 902	1.56	95.02

注：表中数据按解译矢量数据统计计算。

（五）空间分布

由附图 6 可见，研究期间汾河中游流域景观类型之间的相互转化具有明显的空间差异性，不同的空间地域上表现出不同的景观转移类型。2000—2008 年，中游流域最主要的转移类型是农田—草地，分布较为普遍，主要在晋中盆地西北侧的太原市区、交城、文水、汾阳及其南部的孝义、灵石、霍州西部等县市的低山丘陵地区；第二转移类型农田—森林，主要分布在中游北部的阳曲县，晋中盆地东南部的祁县、平遥、介休的太岳低山丘陵区，以及中游西南端的交口、灵石、汾西交界；第三转移类型农田—建设用地，则主要分布在晋中盆地北部的太原市区-榆次一带，西部及南部的清徐-交城-文水-汾阳-孝义-介休一带。

2008—2016 年，最主要的转移类型是草地—森林，主要分布在中游流域西部交城、文水、汾阳、孝义、交口西侧的吕梁山区一带，流域北部阳曲县北侧、太原市区西部和寿阳县东西两侧的丘陵山区，流域东南部的介休、灵石、沁源交界处的太岳山区；第二转移类型农田—建设用地，主要集中分布在流域中部的晋中盆地区，以太榆地区最为明显；森林—草地，主要分布在阳曲县北部及西北部、太原市区西部、交城县中西部、介休市中南部、太谷县东部等地区的低山丘陵地带；农田—草地，主要分布在晋中盆地东部的太谷、祁县、平遥、介休等向太岳山区过渡的丘陵地带，晋中盆地西南部的汾阳、孝义、交口、汾西等向吕梁山过渡的丘陵地带，以及中游北端阳曲县北部的丘陵山地区；草地—农田，主要分布在阳曲县东南部、太原市区东北部、汾阳市中部、灵石县西北部，以及太谷、榆次区交界处等这些地区的缓丘一带。

三、下游流域景观

（一）景观格局特征

2000 年（图 5-17），汾河下游流域面积比例最大的景观类型是农田，达 665 291hm²，占总面积的比例达一半以上，为 57.37%；其次是森林和草地景观，各占总面积的 19.55% 和 16.63%，面积分别为 226 721hm² 和 192 846hm²；建设用地景观位居第四，面积 61 744hm²，占 5.32%；水体湿地景观面积为 13 060hm²，占 1.13%；面积最小的是裸地景观，仅 41hm²。

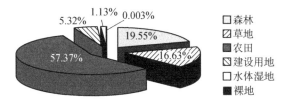

图 5-17　2000 年汾河下游流域景观类型结构图

2008 年（图 5-18），汾河下游流域农田景观比例有所下降，但仍然是下游最大的景观类型，比例为 54.38%，面积为 630 586hm²；第二和第三仍然是森林和草地景观，其比例均略有上升，分别为 20.30% 和 18.45%，面积分别为 235 474hm² 和 213 970hm²；建设用地景观仍位居第四，面积为 67 082hm²，占 5.78%；水体湿地景观面积为 12 532hm²，占 1.08%；面积最小的裸地景观为 59hm²。

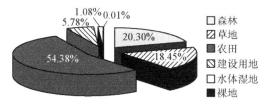

图 5-18　2008 年汾河下游流域景观类型结构图

2016 年（图 5-19），汾河下游流域农田景观的比例又略有下降，但仍位居第一，面积为 614 399hm²，占 52.97%；森林景观和草地景观比例接近，分别位居第二和第三，其中森林景观面积为 231 477hm²，比例为 19.96%；

草地景观面积为 220 759hm²，比例为 19.04%；一直位居第四的建设用地景观，面积也有所增加，为 79 512hm²，占 6.86%；水体湿地景观面积为 13 131hm²，占 1.13%；面积最小的裸地景观为 425hm²。

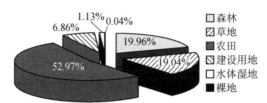

图 5-19　2016 年汾河下游流域景观类型结构图

相加不为 100%，但在允许的误差范围内

2000 年、2008 年和 2016 年，农田、森林和草地是汾河下游流域的主要景观类型，其中农田景观一直占有绝对优势。从斑块类型水平的景观指数看，森林景观面积变化不大，所占比例略上升后又略有下降；斑块个数和斑块密度先增后减，且后期的减少幅度大于前期；最大斑块指数一直呈上升趋势；周长-面积分维数逐渐下降；平均最近距离指数前期增加，后期略有减少，由此可见，森林景观在汾河下游流域一直是一种重要的景观类型，布局更加紧凑密集，且受人类活动的影响，斑块形状也越发规则。草地景观面积一直处于上升趋势，所占比例也不断加大；斑块个数和斑块密度都是前期略增大，后期又略有下降；最大斑块指数不断增大，周长-面积分维数不断减小，平均最近距离增大后又有所减小，这说明草地景观在汾河下游流域的地位有所上升，斑块形状也越发规则。农田景观面积不断减少，所占百分比也逐渐降低；斑块个数、斑块密度、最大斑块指数、周长-面积分维数，这些景观指数均逐渐减小；平均最近距离指数增大后又减小，由此可见，研究期间下游流域的农田景观面积不断减少，形状越发规则，布局更加紧凑，优势地位有所下降。该流域的建设用地景观，斑块面积和所占百分比不断增加，尤其是后期增加幅度更大；斑块个数前期变化不大后期有所减小，斑块密度略增后又减小；最大斑块指数和周长-面积分维数逐渐增大，平均最近距离指数逐渐减小，由此可见，建设用地景观在整个研究期间也呈现出一种初始的蔓延式扩张形态。见表 5-22。

表 5-22　2000 年、2008 年和 2016 年汾河下游流域景观类型指数统计

年份	景观类型	类型面积/hm²	面积百分比/%	斑块个数/个	斑块密度/个 100ha⁻¹	最大斑块指数/%	周长-面积分维数	平均最近距离/m
2000 年	森林	226 721	19.55	823	0.071 0	4.924 9	1.511 3	464.680 8
	草地	192 846	16.63	1 879	0.162 0	2.372 7	1.596 4	265.826 3

续表

年份	景观类型	类型面积/hm²	面积百分比/%	斑块个数/个	斑块密度/个100ha⁻¹	最大斑块指数/%	周长-面积分维数	平均最近距离/m
2000年	农田	665 291	57.37	1 796	0.154 9	51.504 6	1.482 0	253.509 6
	建设用地	61 744	5.32	2 550	0.219 9	0.259 8	1.268 5	653.328 3
	水体湿地	13 060	1.13	459	0.039 6	0.278 5	1.539 2	693.034 2
	裸地	41	0.00	6	0.000 5	0.001 2	—	11 206.677 2
2008年	森林	235 474	20.30	952	0.082 1	5.040 8	1.507 4	484.814 7
	草地	213 970	18.45	1 994	0.171 9	2.978 7	1.564 4	267.741 4
	农田	630 586	54.38	1 535	0.132 4	48.750 1	1.479 8	260.037 3
	建设用地	67 082	5.78	2 596	0.223 8	0.292 9	1.274 9	639.211 9
	水体湿地	12 532	1.08	466	0.040 2	0.275 6	1.561 2	710.130 4
	裸地	59	0.01	3	0.000 3	0.004 4	—	39 669.487
2016年	森林	231 477	19.96	536	0.046 2	5.053 9	1.486 1	470.409 1
	草地	220 759	19.04	1 868	0.161 1	3.104 7	1.552 9	261.593 8
	农田	614 399	52.97	1 296	0.111 8	47.403 5	1.476 3	253.024
	建设用地	79 512	6.86	2 451	0.211 3	0.347 1	1.283 0	617.617 5
	水体湿地	13 131	1.13	444	0.038 3	0.450 7	1.589 8	544.018 4
	裸地	425	0.04	10	0.000 9	0.005 4	1.401 4	8 477.821 1

注：表中数据按90m栅格数据统计计算；表中"—"软件输出为N/A。

从景观水平上看（表5-23），面积加权平均形状因子逐渐减小；散步与并列指数前期明显增大，后期略有下降；香农多样性指数增大；蔓延度指数略有下降。这说明汾河下游景观多样性有所提高，但优势景观地位有所下降，布局上，多种景观类型越密集分布，而形状越趋于简单、规则。

表5-23 2000年、2008年和2301年汾河下游流域整体景观指数特征

年份	面积加权平均形状因子	散步与并列指数/%	香农多样性指数	蔓延度指数/%
2000	46.1251	50.6833	1.1432	54.3619
2008	42.6282	53.9170	1.1817	53.2273
2016	39.7245	53.5101	1.2047	53.2083

注：表中数据按90m栅格数据统计计算。

（二）变化幅度

由表 5-24 和图 5-20 可见，农田是汾河下游流域最主要的景观类型，其次是森林和草地景观。农田景观在整个研究期间呈明显下降趋势，2000 年的面积为 665 075hm²，2008 年减少至 630 443hm²，平均每年减少 4329hm²，2016 年继续减少至 614 335hm²，平均每年减少 2014hm²；森林景观在前后两期表现出不同的变化趋势，2000—2008 年明显增加，而在 2008—2016 年又略有减少，2000 年森林景观的面积为 226 775hm²，2008 年增加至 235 509hm²，平均每年增加 1092hm²，而到 2016 年又减少至 231 453hm²，平均每年减少 507hm²；草地景观在整个研究期间呈逐渐增加趋势，且前期增加的幅度更为剧烈，2000 年草地景观的面积为 192 901hm²，2008 年增加至 213 999hm²，平均每年增加 2637hm²，到 2016 年又继续增加至 220 869hm²，平均每年增加 859hm²；建设用地景观在整个研究期间呈不断上升趋势，且后期的上升幅度较前期更大，2000 年的面积为 61 873hm²，2008 年增加至 67 190hm²，平均每年增加 665hm²，2016 年继续增加至 79 524hm²，平均每年增加 1542hm²；水体湿地景观在整个研究期间变化幅度不大，前期略有减少，后期又略有增加，2000 年水体湿地景观面积 13 046hm²，2008 年减少至 12 511hm²，平均每年减少 67hm²，到 2016 年又增加至 13 106hm²，平均每年增加 74hm²；裸地景观在整个研究期间也呈不断上升趋势，2000 年面积仅 41hm²，2008 年增加至 59hm²，平均每年增加 2hm²，2016 年继续增加至 424hm²，平均每年增加 46hm²。

表 5-24 2000—2008 年和 2008—2016 年汾河下游景观类型变化幅度

单位：hm²

景观类型	2000 年	2008 年	2016 年	2000—2008 年年变化量	2000—2008 年年均变化量	2008—2016 年年变化量	2008—2016 年年均变化量
森林	226 775	235 509	231 453	8 734	1 092	−4 056	−507
草地	192 901	213 999	220 869	21 098	2 637	6 870	859
农田	665 075	630 443	614 335	−34 632	−4 329	−16 108	−2 014
建设用地	61 873	67 190	79 524	5 317	665	12 334	1 542
水体湿地	13 046	12 511	13 106	−535	−67	595	74
裸地	41	59	424	18	2	365	46

注：表中数据按解译矢量数据统计计算。

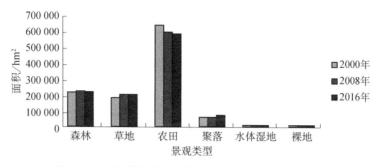

图 5-20　研究期间汾河下游流域各景观类型变化情况

（三）变化速度

由表 5-25 可见，2000—2008 年汾河下游的综合土地利用动态度为 13.97%，2008—2016 年的综合土地利用动态度为 18.75%，由此可见，后期的变化速度较前期稍大些。

表 5-25　汾河下游流域 2000—2008 年和 2008—2016 年景观类型变化速度

景观类型	2000 年/hm²	2008 年/hm²	2016 年/hm²	2000—2008 年土地利用动态度/%	2008—2016 年土地利用动态度/%
森林	226 775	235 509	231 453	0.48	−0.22
草地	192 901	213 999	220 869	1.37	0.40
农田	665 075	630 443	614 335	−0.65	−0.32
建设用地	61 873	67 190	79 524	1.07	2.29
水体湿地	13 046	12 511	13 106	−0.51	0.59
裸地	41	59	424	5.49	77.33
合计	1 159 711	1 159 711	1 159 711	13.97	18.75

注：表中数据按解译矢量数据统计计算。

就景观类型而言，2000—2008 年，变化最为剧烈的是裸地景观，单一土地利用动态度达到 5.49%；其次是草地景观和建设用地景观，分别以 1.37% 和 1.07% 的年变化率逐渐上升；农田、水体湿地和森林景观的单一土地利用动态度分别为−0.65%、−0.51% 和 0.48%。

2008—2016 年，裸地景观仍然是该区变化最为剧烈的景观类型，单一土地利用动态度达到 77.33%；建设用地景观的单一土地利用动态度较前期更大，为 2.29%，位居第二；水体湿地、草地、农田和森林景观的单一土地利用动态度都较小，分别为 0.59%、0.40%、−0.32% 和−0.22%。

（四）景观类型相互转化

研究期间，汾河下游在自然和人为因素的双重影响下，各类景观的相互转化较为复杂，每种景观类型都存在着转移部分和新增部分，但在众多转移类型中又会凸显出一些主要的转移类型。

经统计，2000—2008 年，汾河下游共有面积 42 018hm² 发生了景观类型的转化，占总面积的 3.62%。位居第一的转移类型是农田—草地，面积达 23 271hm²，占总转化面积的 55.38%；其次是农田—森林，面积为 6976hm²，占 16.60%；第三是农田—建设用地，面积为 4740hm²，占 11.28%。这三种转移类型共占总转化面积的 83.26%，是该时期下游流域最为主要的景观转移类型，见表 5-26。

表 5-26　2000—2008 年汾河下游流域主要景观类型转移排序表

转移地类代码	转移类型	转移面积/hm²	转移百分率/%	累计转移百分率/%
32	农田—草地	23 271	55.38	55.38
31	农田—森林	6 976	16.60	71.98
34	农田—建设用地	4 740	11.28	83.26
35	农田—水体湿地	1 452	3.46	86.72
21	草地—森林	1 158	2.76	89.48
53	水体湿地—农田	1 155	2.75	92.23
51	水体湿地—森林	864	2.06	94.29
23	草地—农田	628	1.49	95.78
25	草地—水体湿地	514	1.22	97.00
24	草地—建设用地	372	0.89	97.89

注：表中数据按解译矢量数据统计计算。

2008—2016 年，汾河下游共有面积 74 899hm² 发生了景观类型的转化，占总面积的 6.46%，转换类型较前期更多样化。其中，面积最大的转移类型是农田—建设用地，面积为 15 749hm²，转移百分率为 21.03%；其次是农田—草地，转移面积为 13 263hm²，转移百分率为 17.71%；第三是草地—森林，草地向森林景观转移面积为 9940hm²，转移百分率为 13.27%，森林向草地景观转移面积为 9088hm²，转移百分率为 12.13%；此外，还有森林和草地向农田的明显转移，森林向农田景观转移 5727hm²，草地向农田景观转移 5627hm²，转移百分率分别为 7.65%和 7.51%。这六种景观转移类型面积共占该时期下游流域总转化面积的 79.30%，见表 5-27。

表 5-27　2008—2016 年汾河下游流域主要景观类型转移排序表

转移地类代码	转移类型	转移面积/hm²	转移百分率/%	累计转移百分率/%
34	农田—建设用地	15 749	21.03	21.03
32	农田—草地	13 263	17.71	38.74
21	草地—森林	9 940	13.27	52.01
12	森林—草地	9 088	12.13	64.14
13	森林—农田	5 727	7.65	71.79
23	草地—农田	5 627	7.51	79.30
43	建设用地—农田	3 835	5.12	84.42
35	农田—水体湿地	3 700	4.94	89.36
53	水体湿地—农田	2 765	3.69	93.05
31	农田—森林	1 227	1.64	94.69

注：表中数据按解译矢量数据统计计算。

（五）空间分布

由附图 7 可见，研究期间汾河下游流域景观类型之间的相互转化具有明显的空间差异性，不同的空间地域上表现出不同的景观转移类型。2000—2008 年，下游流域最主要的转移类型是农田—草地，主要分布在该流域北部，尤其是东西两侧的吕梁山南段和太岳山的丘陵山区；第二转移类型为农田—森林，主要分布在该流域南部的中条山和王屋山一带，以及吕梁山脉南端的河津、稷山北部的山地区；第三转移类型为农田—建设用地，则集中分布在临汾盆地的平川沟谷地区。

2008—2016 年，第一转移类型是农田—建设用地，其分布较前期更为广泛、零散，几乎在整个流域均有分布；第二转移类型是农田—草地，集中分布在下游流域东北部太岳山区的古县和浮山县一带；再有就是草地和森林景观的相互转移，草地向森林景观的转移，集中分布在该流域东北角古县的山地区和南部的中条山区，西北部的吕梁山区也有一些分布，而森林向草地的转移则主要分布在该流域东北部的太岳山区。

四、汾河流域景观格局及过程空间特征

整体来看，汾河上游、中游和下游流域在景观类型、格局及其演变方面既有一定的相似性，又表现出明显的差异性。

（一）景观格局

就景观格局而言，上游和中游流域基本上呈现的是森林、草地和农田景观三足鼎立的形式，上游的林草景观略占优势，而下游流域则是农田景观占绝对优势，且占到一半以上。就格局变化而言，三个流域段基本相似，均表现出多样性增大，布局越紧密、形状越规则等特点。

（二）变化趋势

就各种景观的变化趋势而言，建设用地景观的变化在三段流域上完全一致，均呈现出一直上升的趋势，且都是后期较前期的增长幅度大；农田景观的变化在中游和下游流域均呈现出一直下降的趋势，在上游流域前期大幅度下降，后期又略有回升，但回升幅度很小；森林景观的变化在上游和中游流域一致，都是呈上升趋势，而在下游是前期上升、后期下降，上升幅度约为下降幅度的 2 倍；草地景观在上游和中游流域均表现出前期上升、后期下降的变化趋势，而在下游是一直上升的。

（三）变化速度

三个流域段在变化速度方面，均表现为后期较前期更加剧烈，中游流域尤其明显。从各景观类型变化速度看，裸地景观的土地利用动态度是最大的，且均表现为后期较前期的变化更为剧烈；建设用地景观也均表现为后期较前期的变化更为剧烈，而农田景观的表现则是前期较后期的变化更为剧烈。

（四）景观类型的相互转移

在前期（2000—2008 年），汾河上游、中游和下游流域最主要的转移类型都是农田向林草景观的转移，中游和下游流域还有明显的农田向建设用地景观的转移；在后期（2008—2016 年），三个流域段主要的转移类型有林草景观之间的相互转移、农田向草地景观的转移，中游和下游流域还有明显的农田向建设用地景观的转移，而上游流域则还有明显的草地向农田景观的转移。

（五）空间分布

三个流域段景观转移类型的空间分布均表现出与地形的密切相关性，农田向林草景观的转移、林草景观间的相互转移都是主要分布在山地丘陵地区，而农田向建设用地景观的转移则多数分布在地势较平的盆地、沟谷一带。

第六章
汾河流域景观格局变化过程驱动

区域景观格局变化是一个极其复杂的地理过程，其影响因素可以归结为两大类，即自然因素和社会经济因素，正是这些因素的变化推动着景观格局的变化。自然因素主要有气候条件、地形地貌、土壤分布、河流水系等，社会经济因素主要有人口增长、经济发展、科学技术、政策制度、传统文化等，这些因素有的相对稳定，有的较为易变，它们在不同的时空尺度上影响着景观格局的变化。一般情况下，社会、经济、政策等因素是短时间尺度上区域景观格局变化的主要原因，而自然因素又是景观类型分布的基础条件，在某种程度上具有一定的决定作用。因此，综合自然和社会经济两大要素来分析揭示景观格局变化的内在关系是十分必要的。

第一节　景观变化分析方法概述

景观变化过程的研究方法，从形式上可分为定性分析和定量分析两种。定性分析，主要是凭分析者的直觉、经验，对研究对象过去和现在的延续状况及最新信息资料进行逻辑分析，对研究对象的性质、特点、发展变化规律及驱动原因以文字的形式描述和揭示的一种分析方法;定量分析,是依据统计数据,建立数学模型,并用数学模型计算出各项指标及其数值,以此来作为判断和揭示研究对象内在机制的一种分析方法。^①定性分析法是地理学的传统研究方法,但是在计量化研究迅猛发展的今天,因为其"数学"含量低,主观随意性强而逐渐受到冷落。相比而言,定量方法应用高深的数学知识,分析结果更加科学、客观,目前受到众多研究者的青睐,但是由于定量分析过分依赖数学方法和统计资料,在实际案例研究中,计算结果往往会出现偏差,对地物的内在机制不能很好地解释,甚至根本无法理解。事实上,现代定性分析方法同样要采用数学工具进行计算,而定量分析则必须建立在定性预测的基础上,二者相辅相成,定性是定量的依据,定量是定性的具体化,二者结合起来灵活运用才能取得最佳效果。

因此,本书采用了定性分析和定量诊断相结合的方法,将两种方法有机结合起来,实现优势互补,科学分析汾河流域景观格局变化的驱动过程。首先根据汾河流域地区的自然生态和社会经济状况,以及存在的景观类型及变化特征,对景观格局变化的驱动过程进行定性的分析和评价,然后在此基础上,利用各种数理统计模型与 GIS 空间分析方法对各驱动因素、驱动因子与景观类型及变化进行定量模拟和综合评价,以此揭示景观格局变化的内在机制。

目前,国内外已有众多学者从 LUCC 的角度研究景观格局变化及驱动过程,建立了若干不同空间和时间尺度的不同内容的定量分析模型,从视角上,可以分为数量模型和空间模型。

一、数量模型

数量模型,注重以各景观类型数量变化过程及其相互关系为依据,建立用以模拟总量变化的模型,其缺点是无法反映各地类在空间上的分布和位置,常见的数量变化模型有回归分析模型、灰色预测模型、系统动力学模型、马尔柯夫链模型及人工神经网络方法等,不同的模型有各自的适用范围、优越性和局限性。

1. 回归分析模型

回归分析模型,作为经济增长预测的经典模型,在景观格局变化及驱

---

① 崔岩:《统计分析中的定量与定性研究》,《现代经济信息》2011 年第 11 期,第 106 页。

动力研究时被广泛应用。众多学者①从不同区域、不同规模尺度、不同时间尺度建立了单一或多重景观类型及变化与各种驱动因子的回归方程，并分析其影响因素。在回归预测模型中，其结构和参数必须人为主观确定，但如果结构和参数选取不合适，则可能不会有效地拟合数据本身的内在规律。

2. 灰色预测模型

灰色系统理论以"部分信息已知、部分信息未知"的"小数据""贫信息"不确定性系统为研究对象，主要通过对"部分"已知信息的挖掘，提取有价值的信息，实现对系统运行行为、演化规律的正确描述和有效监控。②灰色预测模型，是基于灰色建模理论的灰色预测法，按照预测问题的特征，可分为序列预测、灾变预测、季节灾变预测、拓扑预测和系统预测五种基本类型。③该模型依照客观事物的历史和现状发展规律，运用科学的方法对其发展方向与趋势进行科学的判读，建模信息少、运算较方便且精度相对较高，尤其在短期预测和小样本预测中有着广泛的应用，是研究最活跃、应用最广泛的定量模型之一。

3. 系统动力学模型

系统动力学模型（system dynamics，SD），是建立在控制论、系统论和信息论的基础上，以研究反馈系统的结构、功能和动态行为为特征的一类动力学模型。该模型能够从宏观上反映土地景观系统的复杂行为④，但是在反映土地利用空间格局特征方面还存在明显的不足。

4. 马尔可夫链模型

马尔可夫链模型，作为描述随机过程的经典方法，在城市土地利用变

---

① 谭雪兰、钟艳英、段建南，等：《快速城市化进程中农村居民点用地变化及驱动力研究——以长株潭城市群为例》，《地理科学》2014 年第 3 期，第 309-315 页；唐利、邵景安、郭跃，等：《社区水平森林景观格局动态特征与驱动因素》，《生态学报》2017 年第 6 期，第 2101-2117 页；李洪、宫兆宁、赵文吉，等：《基于 Logistic 回归模型的北京市水库湿地演变驱动力分析》，《地理学报》2012 年第 3 期，第 357-367 页。
② 刘思峰、杨英杰：《灰色系统研究进展（2004—2014）》，《南京航空航天大学学报》2015 年第 1 期，第 2 页。
③ 邓聚龙：《灰色系统基本方法》（第 2 版），武汉：华中科技大学出版社，2005 年，第 10 页。
④ 陈功勋：《基于 CLUE_S 模型和 GIS 的土地利用变化模拟研究——以苏州市吴中区为例》，南京大学硕士学位论文，2012 年，第 3 页。

化、景观变化的研究中得到了广泛的应用。^①其主要思想是，在事件的发展过程中，每次状态的转移都只与前一时刻的状态有关，而与过去的状态无关，或者说状态转移过程是无后效性的。许多地理实践发生过程的转移是具有无后效性的，对于这样一些实践发生过程，就可以用马尔科夫过程来描述。^②因此，可以利用过去某段时期的土地利用景观数据，计算各景观类型相互转变的比例，并将其作为转变率，推测不同阶段的景观状况。但是，该预测模型一般要求景观类型数据的变化具有平稳性，而土地景观类型在演变过程中会受到各种自然、社会经济因素的影响，景观类型变化数据具有很大的波动性，在实际应用中，该模型具有一定的局限性。

5. 人工神经网络法

人工神经网络方法的自组织性和自学习性，很适合用于寻找数据规律，具有高度的非线性映射能力，在现代地理学中，特别适用于地理模式识别、地理过程模拟与预测、复杂地理系统的优化计算等问题的研究，在环境保护、生态建设、城市规划等领域的模拟、评价和预测中的应用日益广泛。^③但是，人工神经网络方法的中间过程属于黑箱操作，各种影响因子与因变量的关系不是很明确。

二、空间模型

空间模型，用于模拟各景观类型空间格局的分布变化，有时需要与数量变化模拟模型结合使用，常见的空间格局模型有元胞自动机（cellular automata）模型、IMAGE（integrated model to assess the greenhouse effect）模型、Geomod 模型、Century 模型、GTR（generalized thunen-rincardian）模型、CLUE（the conversion of land use and its effects）和 CLUE_S 模型等。

---

① 宁龙梅、王学雷、胡望斌：《利用马尔科夫过程模拟和预测武汉市湿地景观的动态演变》，《华中师范大学学报（自然科学版）》2004 年第 2 期，第 255-258 页；李黔湘、王华斌：《基于马尔柯夫模型的涨渡湖流域土地利用变化预测》，《资源科学》2008 年第 10 期，第 1541-1546 页；杜际增、王根绪、李元寿：《基于马尔科夫链模型的长江源区土地覆盖格局变化特征》，《生态学杂志》2015 年第 1 期，第 195-203 页。
② 徐建华编著：《现代地理学中的数学方法（第三版）》，北京：高等教育出版社，2017 年，第 122 页。
③ 孙会国、徐建华：《城市边缘区景观生态规划的人工神经网络模型》，《生态科学》2002 年第 2 期，第 97-103 页；张利权、甄彧：《上海市景观格局的人工神经网络（ANN）模型》，《生态学报》2005 年第 5 期，第 958-964 页；李丽、张海涛：《基于 BP 人工神经网络的小城镇生态环境质量评价模型》，《应用生态学报》2008 年第 12 期，第 2693-2698 页。

1. 元胞自动机模型

元胞自动机模型是 20 世纪 40 年代由 S. Ulan 首先提出的，后来 J. von Neumann 在研究自组织的演变过程中使用了该模型。它是一种时间、空间、状态都离散，空间相互作用和时间因果关系都为局部的网格动力学模型，具有模拟复杂系统时空演化过程的能力。[①]元胞自动机模型的主要组成部分是单元、状态、规则和领域，其中的状态是有限的，每个单元具有其中的一个状态，根据元胞自动机模型定义的转换规则，单元的状态需要同步更新，某一时刻的单元状态依赖于其前一时刻的自身和邻域[②]，能对具有自组织特征系统的时空动态行为和过程进行有效的模拟。其最大的优点是：通过定义局部的元胞临近关系，以及使用比较简单的作用于元胞邻域上的局部的转换规则，就可以模拟和表示整个系统中复杂现象的时空动态变化，而不需要求解复杂的微分方程，尤其适用于模拟和显示具有自组织特征系统的时空动态行为和过程。因此，从 20 世纪 90 年代开始已被广泛应用到地理学诸多领域，尤其在城市扩张和土地利用类型演化的模拟方面研究得最为深入。[③]元胞自动机模型的不足之处在于，邻域函数和转换规则的制定，或者是基于用户的专家知识，或者是基于土地景观类型与其驱动因素的经验关系，无法模拟类型间的竞争，也无法揭示引发景观类型空间变化的系统原因，从而使模拟结果受主观因素影响较大。

2. IMAGE 模型

IMAGE 模型，是一个全球综合系统，能相对准确地模拟土地利用变化。该模型的核心是一个土地利用变化模块，该模块由农产品需求变化驱动。该模型的总体目标是在全球能源和农业系统中，以一种明确的地理关系形式将人类活动与气候及生物圈的变化联系起来，试图为构造全球变化模型提供一个框架，该框架包含农产品需求、植被变化、土地利用变化和温室气体交换等方面。[④]通过此模型，Zuidema 和 van den Born 对在自然、经济

---

① 赵莉、杨俊、李闯，等：《地理元胞自动机模型研究进展》，《地理科学》2016 年第 8 期，第 1190 页。
② 蔡玉梅、刘彦随、宇振荣，等：《土地利用变化空间模拟的进展——CLUE_S 模型及其应用》，《地理科学进展》2004 年第 4 期，第 64 页。
③ 何春阳、陈晋、史培军，等：《基于 CA 的城市空间动态模型研究》，《地球科学进展》2002 年第 2 期，第 189-190 页。
④ 摆万奇、赵士洞：《土地利用和土地覆盖变化研究模型综述》，《自然资源学报》1997 年第 2 期，第 172 页。

社会影响情景下的全球土地利用变化进行了模拟和预测。①

3. Geomod 模型

Geomod 模型，是一个基于网格的土地利用和覆盖变化模拟模型，最初由美国马里兰大学和纽约州立大学联合开发，之后通过在原来的基础上不断修改完善，先后出现了 Geomod 1 和 Geomod 2 两个版本。该模型假设人类活动观造成了土地景观类型的演变，同时假设这些演变遵循以下原则：最大功率原则（maximum power principle）、相邻开发原则（adjacency development principle）、扩散原则（dispersal principle）和均速变化原则（principle of equal relative rate of change）等基本原则。②虽然该模型可以模拟各土地景观类型的转化，但主要用来预测"耕地"与"非耕地"之间的转换，如对未利用土地进行复垦，开发成耕地等。③

4. Century 模型

Century 模型，是由美国科罗拉多州立大学的 Parton 等建立，该模型作为著名的生物地球化学模型之一，在国际上产生了深远影响，它以"月"为时间步长，最初是在美国大平原 Colorado 草地生态系统基础上建立的土壤碳、氮、磷、硫元素的模拟模型，在草地生态系统中，模拟效果良好。后来对其加以改进，发展为可以模拟森林、农田草地、热带草原生态系统等不同生态系统的碳蓄积，不同的生态系统运用该模型时，需要输入不同参数。④由于可以将土地利用输入 Century 的农业生态系统模型中，模拟农业土地利用的生态过程，从而能联系引起土地利用变化的社会和生态过程。Parton 和 Scurlock 通过 Century 模型对半干旱地区草地的空间格局变化情况进行了有效模拟。⑤

5. GTR 模型

GTR 模型，是由传统杜能模型发展而来的，研究对象主要是城市土地。

① Zuidema G.van den Born G J. *Simulation of Global Land Cover Changes as Affeeted by Economic Factors and Climate*. Dordrecht：Kluwer Academic Publishers，1994.
② 史培军、宫鹏、李晓兵，等：《土地利用/覆盖变化研究的方法与实践》，北京：科学出版社，2000 年，第 102 页。
③ 吕妍、张树文、杨久春：《吉林西部开垦初期的 LUCC 类型空间分布重建——基于 GEOMOD 模型》，《安徽农业科学》2015 年第 13 期，第 305 页。
④ 张仟雨、李萍、宗毓铮，等：《CENTURY 模型在不同生态系统中的研究与应用》，《山西农业科学》2015 年第 11 期，第 1563-1564 页。
⑤ Parton W J，Scurlock J M O. Observations and modeling of biomass and soil organic matter dynamics for the grassland biome worldwide. *Global Biogeochemical Cycles*，1993（4）：785-809.

它将城市化作为土地利用变化的主要驱动因子，同时该模型也考虑了研究区域的自然条件，自然条件与城市化水平一并成为模型的两个解释成分。其中，Thunen 成分表示研究区域的城市化水平，它包括城市中心人口分别到城镇与村庄的距离；Ricardian 成分表示自然影响因子，它包括研究区域的海拔和高程。后来又有一些专家学者根据具体的研究区域对 GTR 模型进行了一定的修订。该模型的出发点是以获得最大的经济效益回报作为土地利用的最高目标，偏重于经典的经济分析，而忽视了土地景观类型变化时复杂的内在机制，具有一定的局限性。[①]

6. CLUE 和 CLUE_S 模型

CLUE 模型，由荷兰瓦格宁根（Wageningen）大学环境科学系的 Veldkamp 和 Fresco 科学家组成的"土地利用变化和影响"研究小组于 1996 年提出，用以经验地定量模拟土地利用/土地覆被空间分布与驱动因素因子之间关系的模型。[②]CLUE 模型由四个模块构成，即需求模块、人口模块、产量模块和空间分配模块。需求模块用于根据相关因素计算国家农产品需求，人口模块将根据历史人口统计数据预测人口变化的趋势，产量模块通过空间表达方式来计算产量变化，空间分配模块是 CLUE 模型的核心模块，该模块受需求和人口模块的影响。[③]与大部分经验模型相比，它的优势在于能够模拟多种同时发生的土地利用方式变化。CLUE 模型由于空间尺度上较大，模型的分辨率不高，每个网格内的土地利用类型是由其相对比例表示的，而在面对较小尺度的 LUCC 研究中，由于分辨率变得更加精细，CLUE 模型不能直接应用于区域尺度上。因此，在原有模型的基础上，Verburg 等进行了改进，提出了适用于区域尺度 LUCC 研究的 CLUE_S 模型，并以欧洲大陆为研究区域，通过 CLUE_S 模型对未来 30 年间的土地利用空间分布格局变化进行了四种情景模拟。[④]

CLUE_S 模型，为适应中小尺度规模地区土地利用/覆被变化的空间模拟而创建，与其他模型相比，CLUE_S 模型兼顾了土地利用系统中的社会经济和生物物理驱动因子，并在空间上反映了土地利用变化的过程和结果，

① 龙花楼、李秀彬：《长江沿线样带土地利用变化时空模拟及其对策》，《地理研究》2001 年第 6 期，第 660-668 页。

② Veldkamp A，Fresco L O. CLUE-CR: An integrated multi-scale model to simulate land use change scenarios in Costa Rica. *Ecological Modelling*，1996，91（1-3）：231-248.

③ 蔡玉梅、刘彦随、宇振荣，等：《土地利用变化空间模拟的进展——CLUE_S 模型及其应用》，《地理科学进展》2004 年第 4 期，第 65 页。

④ Verburg P H，Eickhout B，van Meijl H. A multi-scale, multi-model approach for analyzing the future dynamics of European land use. *The Annals of Regional Science*，2008，42（1）：57-77.

对于土地利用变化的模拟具有良好的空间表达性，具有更高的可信度和更强的解释能力，是一种比较完善和理想的土地利用/覆被变化模型，主要包括需求分析模块、统计分析模块和空间分配模块三部分。该模型一经推出，随即在国际 LUCC 学界引起广大学者的关注，并在区域尺度上获得了比较成功的应用。[①]通过大量的案例与实证研究，目前 CLUE_S 模型已经基本成熟，并已经开发出相对独立的软件直接加以使用。

第二节 回归方法与尺度选择

一、Logistic 驱动分析法

在众多土地利用变化与影响因素的定量分析方法中，最常用的是传统的回归分析方法。回归分析中，因变量 Y 可能有两种情形：①Y 是一个定量的变量，这时就用通常的 regress 函数对 Y 进行回归，即传统的回归分析，也称经典回归分析；②Y 是一个定性的变量，如 $Y=0$ 或 1，这时就不能用通常的 regress 函数对 Y 进行回归，而是使用所谓的 Logistic 回归。

虽然经典的回归分析方法能在一定程度上揭示景观类型变化及其影响因素间的关系，但由于景观类型作为因变量，是一种非常典型的二分类定性变量，经典回归分析方法对其变化结果两种可能性的刻画略显不足，而且由于经典回归中所用的数据基本上是以行政单元统计得到的，行政单元内部的空间差异无法表达，另外，从较小尺度刻画景观变化与各影响因素间关系的可靠性欠佳，因此，这里采用 Logistic 回归分析方法对景观类型变化时空差异及其影响因素进行定量分析。

Logistic 回归为概率型非线性回归模型，是研究分类观察结果 Y 与一些影响因素 X 之间关系的一种多变量分析方法，很好地解释了当因变量是一个分类变量而不是连续变量时，经典回归的不适用性。Logistic 回归方法基于数据抽样，能为每个自变量产生回归系数，这些系数通过一定的权重运算法则被解释为生成特定景观变化类型的发生概率。[②]

① 王丽艳、张学儒、张华，等：《CLUE_S 模型原理与结构及其应用进展》，《地理与地理信息科学》2010 年第 3 期，第 73-77 页。
② 斯科特·梅纳德：《应用 Logistic 回归分析（第二版）》，李俊秀译，上海：格致出版社、上海人民出版社，2016 年。

　　Logistic 回归与一般回归模型的主要区别在于，因变量类型的不同。采用 Logistic 回归，可以预测一个分类变量的每一分类所发生的概率，因变量为分类变量，自变量可以为区间变量，也可以为分类变量，还可以是区间与分类变量的混合。根据因变量取值类别的不同，又可以分为 Binary Logistic 回归分析和 Multinomial Logistic 回归，Multinomial Logistic 回归模型中因变量可以取多个值，而 Binary Logistic 回归模型中因变量为二元值。具体描述如下。

　　设因变量 Y 是一个二分类变量，其取值为 $Y=1$ 或 $Y=0$。影响 Y 取值的 n 个自变量分别为 X_1，X_2，$\cdots X_n$。在 n 个自变量（即影响因素）作用下，事件发生的条件概率为 $P=P(Y=1|X_1, X_2, \cdots X_n)$，则 Logistic 回归模型可表示为

$$P = \frac{\exp(\beta_0 + \beta_1 X_1 + \beta_2 X_2 + \cdots + \beta_n X_n)}{1 + \exp(\beta_0 + \beta_1 X_1 + \beta_2 X_2 + \cdots + \beta_n X_n)}$$

式中，β_0 为常数项；β_i（$i=1$，2，$\cdots n$）为偏回归系数。

　　设 $Z = \beta_0 + \beta_1 X_1 + \beta_2 X_2 + \cdots + \beta_n X_n$，则 Z 与 P 之间的关系的 Logistic 曲线，如图 6-1 所示。

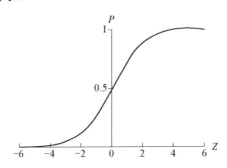

图 6-1　Binary Logistic 函数图形

由此可见，当 Z 趋于 $+\infty$ 时，P 值接近 1；当 Z 趋于 $-\infty$ 时，P 值接近 0；P 值在 0～1，并且以点（0，0.5）为中心随 Z 值的变化成对称的 S 形变化。

　　对 P 进行对数变换，可以将 Logistic 回归模型表示成如下的线性形式：

$$\text{Log}\left(\frac{P}{1-P}\right) = \beta_0 + \beta_1 X_1 + \beta_2 X_2 + \cdots + \beta_n X_n$$

式中，常数项 β_0 表示当各种影响因素为 0 时，事件发生与不发生概率之比的自然对数值。偏回归系数 β_i（$i=1$，2，$\cdots$，n）表示在其他自变量固定的条件下，第 i 个自变量每改变一个单位，Logit（P）的变化量。它与发生比

（优势比）OR（odds ratio）有对应关系。发生比用来对各种自变量（如连续变量、二分变量、分类变量）的 Logistic 回归系数进行解释，从某种意义上讲，发生比率是衡量解释变量对目标变量影响程度的重要指标。

因为 Binary Logistic 回归的因变量为二级计分或二类评定的回归分析，可以引入景观类型变化预测与驱动机制分析等研究实践中，用来表示一种利用决策、一种变化结果的两种可能性。Binary Logistic 回归克服了线性回归的许多限制条件。因变量不必呈正态分布，对于每一个自变量水平，因变量不必是等方差，即 Binary Logistic 回归没有方差齐性的假定；Logistic 回归也必不假定残差项服从正态分布。Binary Logistic 回归不像一般的线性回归，它不要求因变量与自变量之间呈线性关系，但是 Binary Logistic 回归需要根据实际意义编码，通常将因变量 Y 编码为 0 和 1 来表示两类互斥的事件。本书应用 Binary Logistic 回归对不同景观变化类型与其自然人文影响因子进行定量分析，每一种景观变化类型对应于 12 个影响因子，通过 Binary Logistic 逐步回归的方法可以筛选出对景观变化影响较为显著的因子。

本书研究的 Binary Logistic 回归通过 SPSS 统计软件完成，模型的预测能力通过获得最大似然估计的表格评价，包括回归系数、回归系数估计的标准误差、回归系数估计的 Wald 统计量和回归系数估计的显著性水平。回归系数为正值时，表示解释变量每增加一个单位值发生比会相应的增加；相反，回归系数为负值时，说明增加一个单位值发生比会相应减少。Wald 统计量表示模型中各解释变量的相对权重，用来评价每个解释变量对事件预测的贡献率。

建立的 Logistic 回归模型一般会采用 Pontius 提出的 ROC（relative operating characteristics）方法检验，该方法来源于若干二值可能性表，每个可能性表对应一种未来景观变化类型的不同的假设。检验指标 ROC 值介于 0.5—1，随着 ROC 值的增加，Logistic 回归方程对土地利用分布格局的拟合优度逐渐上升；ROC 值为 0.5，表示回归方程的拟合优度最差，与随机判别效果相当；ROC 值为 1，表示拟合优度最好，可以完全确定土地利用的空间分布。一般可以认为当 ROC≥0.75 时，方程的拟合优度较高；反之，则相对较低。

二、分析尺度选择

Logistic 回归分析模型的计算是以栅格数据为其数据源的，其计算结果也会随着栅格尺度的不同而发生变化，一些学者专门对栅格尺度选择的问题进行过研究①，也发现分析结果会随着尺度大小的不同呈现出一定的差异性，但栅格尺度的选择依赖于研究目标、数据源、研究区域的大小及复杂程度、研究方法等因素，因此目前栅格尺度的选择还未形成普遍适用的规律性。Logistic 回归分析前，针对具体目标、数据来源和区域特征，对栅格尺度的选择进行了一定的探讨。

首先，利用 ArcGIS 软件分别对原始 30×30m 的数据进行 3×3、4×4、5×5、6×6、8×8、10×10、14×14、18×18、24×24、30×30 的尺度聚合，聚合时采用平均值聚合法，生成 90m、120m、150m、180m、240m、300m、420m、540m、720m 和 900m 十个不同尺度的栅格数据；其次，根据第五章选取研究期间具有代表性的六种景观转移类型，分别是 2000—2008 年的农田向草地景观的转移、农田向森林景观的转移、农田向建设用地景观的转移和 2008—2016 年草地向森林景观的转移、森林向草地景观的转移、草地向农田景观的转移，将其矢量数据转换为对应的栅格尺度数据进行 Binary Logistic 回归分析，得到研究区十个尺度的分析结果；最后，对每一结果进行 ROC 检验，检验结果如图 6-2 所示。

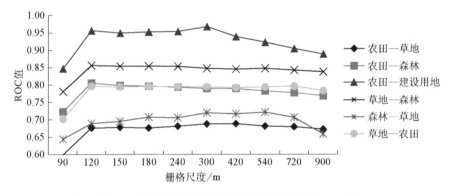

图 6-2　汾河流域不同景观转移类型多尺度 ROC 值

由图 6-2 可以看出，各类景观转移类型在十个空间尺度上所表现出来的 ROC 值大小具有一定的差异性，表明研究区景观类型变化与其影响因子之间的关系存在一定尺度的相关性。总体上，六种景观转移类型均表现出随着栅格尺度的增大，ROC 值先增大后减小的趋势。具体而言，农田向草地景观转移的 ROC 值在 420m 尺度值最大，ROC 值为 0.688，其次是 300m

① 杨存建、张增祥：《矢量数据在多尺度栅格化中的精度损失模型探讨》，《地理研究》2001 年第 4 期，第 416-422 页；左伟、张桂兰、万必文，等：《中尺度生态评价研究中格网空间尺度的选择与确定》，《测绘学报》2003 年第 3 期，第 267-271 页；崔步礼、常学礼、左登华，等：《沙地景观中矢量数据栅格化方法及尺度效应》，《生态学报》2009 年第 5 期，第 2463-2472 页；李强：《基于 GIS 的黄土高原南部地区土地资源利用与优化配置研究》，陕西师范大学博士学位论文，2012 年，第 140-144 页。

尺度，ROC 值为 0.687；农田向森林景观转移的 ROC 值在 120m 尺度值最大，ROC 值为 0.805，之后逐渐减小，420m 之前下降幅度较小，之后下降幅度较大；农田向建设用地景观转移的 ROC 曲线 300m 尺度值最大，ROC 值为 0.967，之前总体上升，之后又明显下降；草地向森林景观转移的 ROC 曲线在 120m 尺度值最大，ROC 值为 0.856，之后逐渐下降，但在 540m 尺度值之前变化不大；森林向草地景观转移的 ROC 值也是先增后减，在 540m 尺度值最大，ROC 值为 0.721，其次是 300m 尺度，为 0.719；草地向农田景观转移的 ROC 值在 120—720m 尺度上差异不大，ROC 值在 0.794 左右。综合考虑各类景观转移类型在不同栅格尺度上的 ROC 值变化情况，最终选取了 300m 尺度作为本次研究区 Binary Logistic 回归模型构建的特征尺度。

第三节　Binary Logistic 回归模型模拟

一、驱动因子选取及量化

（一）驱动因子的选取原则

区域景观格局变化是一个综合性非常强、动态变化的巨型时空演变系统，涉及的影响因素众多，需要搜集和处理大量的相关数据，且各因素间又存在着复杂的多重影响关系，显然选择所有影响因子进行分析是不现实的，那么就必须从复杂的因素中选取一部分，而影响因子的选取是否合理，直接关系到分析结果的科学性和可靠性。本书研究在选取对汾河流域景观格局变化产生驱动作用的影响因子时，为保证所选取的因子能够在很大程度上真实地反映研究区的实际情况，遵循了以下几点原则。

1. 完整性

区域景观格局变化是一个综合过程，影响其变化的因素很多，因此，在选取驱动因子时，首先应当尽可能地将驱动因子选取的范围辐射到方方面面，既要囊括影响景观格局变化的自然地理因素，又要充分涉及其他人为社会性因素，只有这样综合全面的选择，所选取的驱动因子才能够更精确、更真实地反映研究区的景观格局状况及其变化驱动。

2. 主导性

景观格局变化本身就是一个较为复杂的动态过程，影响区域景观格局的因素也非常多，这给驱动因子的选取造成了较大难度，一方面，我们很难对某些因素的影响力进行空间量化；另一方面，选取过多的因素也会让我们的前期准备工作及后面的模型模拟工作量大大增加。因此，在对区域的驱动因子进行选取时，各因子对区域景观格局及其变化的影响程度，是一个不可忽视的考虑因素，应该选择影响范围大、影响程度深，对区域景观格局及变化起主导作用的因素因子。

3. 地域分异性

各地理要素或社会经济因子对景观格局的作用具有地域差异性，表现为一定程度的地域分异特性。因此，在选取驱动因子时，也必须要考虑该因子是否在区域空间上对景观格局的影响表现出不同程度的地域差异特性。

4. 时空一致性

选取的因子，其量化数据要能在时空上表现出一定的一致性，即地理坐标、社会经济调查资料应基于同样的空间范围与时间阶段。只有这样选取的因子，其结果才具有实际意义和可比性。

5. 可定量描述

本书驱动分析研究的是定量分析，要基于具有一定的数学运算模型，所有被选取为驱动因素的因子，都能通过空间化进行定量表达。因此，在选取驱动因子时，需要考虑该影响因素是否便于空间化和定量处理。

（二）驱动因子选择及来源

根据以上选取原则，结合汾河流域的实际情况，并借鉴了相关的前人研究经验①，最终选取了 12 个驱动因子（表 6-1），并将这些驱动因子统一

---

① 盛晟、刘茂松、徐驰：《CLUE_S 模型在南京市土地利用变化研究中的应用》，《生态学杂志》2008 年第 2 期，第 235-239 页；吴桂平、曾永年、冯学智，等：《CLUE_S 模型的改进与土地利用变化动态模拟——以张家界市永定区为例》，《地理研究》2010 年第 3 期，第 460-470 页；刘菁华、李伟峰、周伟奇，等：《京津冀城市群景观格局变化机制与预测》，《生态学报》2017 年第 16 期，第 5324-5333 页。

为与前期研究的区域景观类型数据相同的坐标系统,建立驱动因素因子库,进行流域景观格局变化与影响因素因子的 Logistic 回归分析。

表 6-1 景观格局变化影响因素及来源

类型	因素	指标	选取原因	数据来源
自然因素	气象因素	年均温度/℃、年均降水量/mm	对景观格局变化形成具有一定的限制作用	国家气象科学数据共享服务平台
	地形地貌因素	海拔高度/m、坡度/°、坡向/°	对景观格局变化的发生具有重要的控制作用	汾河流域 30mDEM 数据(ASTER GDEM V2)NASA 网站
	土壤因素	土壤有机质含量/%	是景观格局变化分布的影响因素之一	1:200 万山西省土壤有机质含量分布图
人为因素	可达性因素	距道路距离、距水系距离、距市县距离、距乡村距离/m	影响景观格局变化最为活跃的人为因素	基于遥感影像并参照汾河流域交通图、水系图和行政区划图提取,经在 ArcGIS 中处理后生成
	人口因素	人口密度/（人·km²）	对景观格局变化有一定程度的扰动	汾河流域地区各地统计年鉴
	经济因素	二三产业从业人员比例/%	对景观格局变化有一定程度的扰动	汾河流域地区各地统计年鉴

（三）驱动因子定量化

1. 气象因素

气温和降水因子的量化,是对汾河流域地区各个气象站点数据进行空间插值形成的。本书用的是 Spline 样条函数内插法。见附图 8（1）、附图 8（2）。

2. 地形地貌因素

地形数据是根据研究区 30mDEM 计算而得到的,并经过重采样转换为 300m 栅格图,然后再利用 ArcGIS 软件生成坡度图和坡向图。见附图 8（3）、附图 8（4）、附图 8（5）。

3. 土壤因素

直接从 1:200 万山西省土壤有机质含量分布图中矢量化地提取为 Shape 格式,然后再转为 300m 栅格图。见附图 8（6）。

4. 可达性因素

首先从遥感影像中提取主要公路、铁路、河流、水库,以及市、县、乡、村各级居民点等要素，再利用 ArcGIS 软件中的 Distance 工具进行欧几里得距离分析，生成水系、道路、市县和乡村的可达性因素因子图。见附图 8（7）、附图 8（8）、附图 8（9）、附图 8（10）。

5. 人口因素和经济因素

人口密度和二三产业比例数据，是以研究区的行政区划图为底图的乡镇级统计数据 Shape 图，再转为 300m 栅格图。见附图 8（11）、附图 8（12）。

二、因变量数据生成

根据第五章的研究成果，在前期（2000—2008 年）和后期（2008—2016 年），流域的景观格局均发生了一定的变化，不同的景观类型之间存在复杂的相互转移情况，但不同时期都表现出几个主要的转移类型。其中，前期主要的景观转移类型有农田—草地、农田—森林、农田—建设用地和草地—森林，这四种转移类型占总转移率的 90% 以上；后期主要的景观转移类型有草地—森林、农田—建设用地、森林—草地、草地—农田和农田—草地，这五种转移类型占总转移率的近 80%。在此，将两个时期的共 9 个主要转移类型与 12 个驱动因子进行 Binary Logistic 回归评价分析。

首先，从前后两期转移类型图层中分别提取主要的转移类型，生成单一景观转移空间分布图；其次，按照 300×300m 的尺度转为栅格图并赋值，若该栅格单元是该目标景观转移类型，则赋值为"1"，否则，赋值为"0"，详见附图 9；最后，利用 ArcGIS 软件将栅格图转为 ASCII 码文件。

三、Binary Logistic 回归

利用 Binary Logistic 回归模型，判断选取的自然、社会、经济等 12 个驱动因子对每个栅格单元出现某种景观转移类型的概率，以解释景观转移类型与其驱动因子之间的关系。

首先，利用 Convert.exe 工具将单一景观转移类型和驱动因子文件的 ASCII 码文件一并转为 SPSS 软件可以读取的.txt 文件；然后，在 SPSS 软件中对每种景观转移类型和驱动因子进行 Binary Logistic 回归分析。

　　Logistic 回归模型的分析结果是 Logistic 系数的指数，这个指数代表一个事件的发生比率，也可以称作指数 B（Exp（B）），它表示一个事件发生概率与不发生概率的比值。一个预测值的发生比率表示当解释变量（驱动因子）的值每增加一个单位时，此景观转换类型发生比的变化情况，Exp（B）>1 表示发生概率增加，Exp（B）=1 表示发生概率不变，Exp（B）<1 表示发生概率降低。[①]

四、回归结果检验

　　对汾河流域研究期间主要景观转移类型进行 Logistic 回归分析后，得到的分析结果与实际情况是否具有较高的一致性，仍采用 ROC 曲线方法对其进行一致性检验。在 0.05 的置信水平下，300m 特征尺度的不同景观转移类型的 ROC 统计曲线检验结果如图 6-3 和图 6-4 所示。

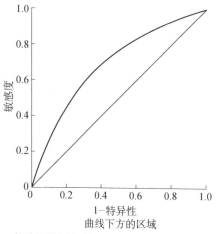

检验结果变量:预测概率

区域	标准误差[1]	渐近显著性[2]	渐近95%置信区间	
			下限	上限
0.687	0.002	0.000	0.683	0.691

1) 按非参数假定
2) 原假设：真区域=0.5

（a）农田向草地转移类型ROC曲线

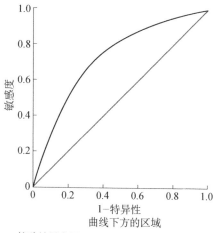

检验结果变量:预测概率

区域	标准误差[1]	渐近显著性[2]	渐近95%置信区间	
			下限	上限
0.789	0.003	0.000	0.784	0.794

1) 按非参数假定
2) 原假设：真区域=0.5

（b）农田向森林转移类型ROC曲线

图 6-3　2000—2008 年主要景观转移类型 Logistic 回归分析 ROC 曲线

---

① 张永民、赵士洞、Verburg P H：《CLUE_S 模型及其在奈曼旗土地利用时空动态变化模拟中的应用》，《自然资源学报》2003 年第 3 期，第 314 页。

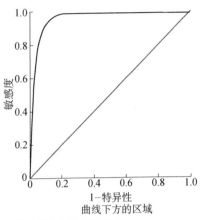

曲线下方的区域

检验结果变量：预测概率

区域	标准误差[1]	渐近显著性[2]	渐近95%置信区间	
			下限	上限
0.967	0.001	0.000	0.965	0.969

1) 按非参数假定
2) 原假设：真区域=0.5

（c）农田向建设用地转移类型ROC曲线

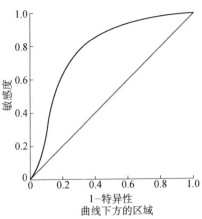

曲线下方的区域

检验结果变量：预测概率

区域	标准误差[1]	渐近显著性[2]	渐近95%置信区间	
			下限	上限
0.815	0.006	0.000	0.804	0.826

1) 按非参数假定
2) 原假设：真区域=0.5

（d）草地向森林转移类型ROC曲线

图6-3 2000—2008年主要景观转移类型 Logistic 回归分析 ROC 曲线（续）

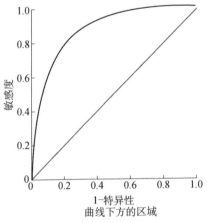

曲线下方的区域

检验结果变量：预测概率

区域	标准误差[1]	渐近显著性[2]	渐近95%置信区间	
			下限	上限
0.847	0.002	0.000	0.843	0.851

1) 按非参数假定
2) 原假设：真区域=0.5

（a）草地向森林转移类型ROC曲线

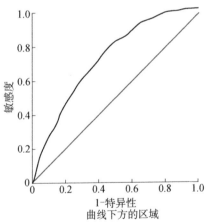

曲线下方的区域

检验结果变量：预测概率

区域	标准误差[1]	渐近显著性[2]	渐近95%置信区间	
			下限	上限
0.719	0.003	0.000	0.714	0.724

1) 按非参数假定
2) 原假设：真区域=0.5

（b）森林向草地转移类型ROC曲线

图6-4 2008—2016年主要景观转移类型 Logistic 回归分析 ROC 曲线

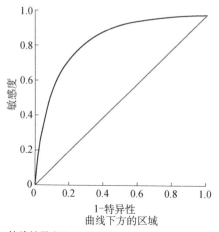

检验结果变量：预测概率

区域	标准误差[1]	渐近显著性[2]	渐近95%置信区间	
			下限	上限
0.845	0.002	0.000	0.841	0.849

1）按非参数假定
2）原假设：真区域=0.5

（c）农田向建设用地转移类型ROC曲线

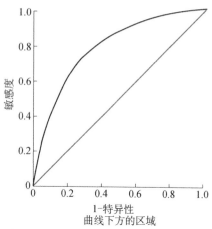

检验结果变量：预测概率

区域	标准误差[1]	渐近显著性[2]	渐近95%置信区间	
			下限	上限
0.794	0.003	0.000	0.789	0.799

1）按非参数假定
2）原假设：真区域=0.5

（d）草地向农田转移类型ROC曲线

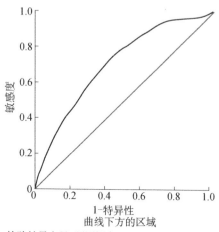

检验结果变量：预测概率

区域	标准误差[1]	渐近显著性[2]	渐近95%置信区间	
			下限	上限
0.708	0.003	0.000	0.702	0.714

1）按非参数假定
2）原假设：真区域=0.5

（e）农田向草地转移类型ROC曲线

图 6-4　2008—2016 年主要景观转移类型 Logistic 回归分析 ROC 曲线（续）

ROC 检验结果显示，各景观转移类型的拟合度分别如下：2000—2008 年，农田向草地转移类型为 0.687，农田向森林转移类型为 0.789，农田向建设用地转移类型为 0.967，草地向森林转移类型为 0.815；2008—2016 年，草地向森林转移类型为 0.847，森林向草地转移类型为 0.719，农田向建设用地转移类型为 0.845，草地向农田转移类型为 0.794，农田向草地转移类型为 0.708。由检验结果可知，分析的 9 个转移类型中，有 6 个转移类型的 ROC 值在 0.75 以上，拟合度较好，其中农田向建设用地转移类型的拟合度最高，说明研究期 Binary Logistic 回归模型对于农田向建设用地景观转移及其影响因子关系的定量分析效果最好；而农田向草地转移类型和森林向草地转移类型的拟合度相对较低，说明草地景观具有较强的随机性和动态性。

第四节　景观格局变化驱动分析

一、2000—2008 年主要景观转移类型驱动分析

（一）农田向草地景观转移驱动分析

通过 Logistic 驱动回归分析，选择的 12 个因子全部参与此回归方程的构建，说明它们对农田向草地景观转移类型的发生概率均起了一定的作用，但作用方向不一，贡献程度不同。由表 6-2 可知，高程、坡度、距水系距离、距市县距离、人口密度和二三产业从业人员比例 6 个解译因子的 OR 值均大于 1，即与因变量呈正相关，而气温、降水量、坡向、土壤有机质含量、距道路距离、距乡村距离 6 个因子的 OR 值均小于 1，与因变量呈负相关；从 Wald 统计看，高程、坡度、土壤有机质含量、气温、降水量、人口密度、距乡村距离等因子对该景观转移类型的贡献率较大，即气温越低、降水越少、海拔越高、坡度越大、土壤有机质含量越低、人口密度越大、距乡村距离越近，越容易发生农田向草地景观的转移。

由此可见，作为 2000—2008 年汾河流域最为重要的景观转移类型的农田—草地，其驱动因素是复杂的，既有自然因素的影响，又受人为因素的驱动。1999 年，中国启动了退耕还林还草试点工程，2002 年确定全面启动，这是政策性强、投资量大、涉及面广、群众参与度最高的一项生态建设工

程。在气温较低、降水较少、海拔较高、坡度较大、土壤较贫瘠等自然条件相对较差的地区，农田大多为中低产田，产量低，且对生态环境造成一定程度的影响，这些地区正是我国退耕还林还草的重要地区，因此发生了大量农田向草地景观的转移。

表 6-2 2000—2008 年汾河流域农田向草地景观转移类型 Logistic 统计特征值及统计量

驱动因子	方程系数	标准差	Wald 统计	自由度	拟合优度检验	发生比率
气温	−0.164 135	0.006 248	690.031 626	1.00	0.000 000	0.848 628
降水量	−0.003 711	0.000 149	620.699 242	1.00	0.000 000	0.996 296
高程	0.000 398	0.000 026	2 226.545 916	1.00	0.000 000	1.000 398
坡度	0.016 289	0.000 328	958.930 634	1.00	0.000 000	1.016 423
坡向	−0.000 031	0.000 003	82.156 050	1.00	0.000 000	0.999 969
土壤有机质含量	−0.192 131	0.007 023	748.331 704	1.00	0.000 000	0.825 199
距道路距离	−0.000 049	0.000 004	172.800 982	1.00	0.000 000	0.999 951
距水系距离	0.000 018	0.000 001	234.279 824	1.00	0.000 000	1.000 018
距市县距离	0.000 025	0.000 004	36.112 975	1.00	0.000 000	1.000 025
距乡村距离	−0.001 179	0.000 038	553.683 378	1.00	0.000 000	0.998 822
人口密度	0.018 311	0.000 434	778.425 857	1.00	0.000 000	1.018 479
二三产业从业人员比例	0.846 115	0.108 824	60.451 930	1.00	0.000 000	2.330 576
常量	−2.176 050	0.035 168	3 828.560 021	1.00	0.000 000	0.113 489

（二）农田向森林景观转移驱动分析

在农田向森林景观转移的 Logistic 回归分析中，10 个因子参与了回归方程的构建，说明它们对该种景观转移类型的发生概率均起到较为明显的作用，但也表现出不同的作用方向和贡献程度。由表 6-3 可知，气温、降水量、高程和距乡村距离 4 个因子的 OR 值大于 1，与因变量呈正相关；而坡度、坡向、土壤有机质含量、距道路距离、人口密度和二三产业从业人员比例 6 个因子的 OR 值小于 1，与因变量呈负相关。从 Wald 统计看，高程对该种景观转移类型的贡献率最大，其次，土壤有机质含量、二三产业从业人员比例、人口密度、距乡村距离等因子也具有较大的贡献率，说明海拔高的地区，尤其是土壤有机质含量较低、距离乡村较远、人口密度较低、二三产业从业人员比例较低的地区，容易发生农田向森林景观类型的转移。

表 6-3 2000—2008 年汾河流域农田向森林景观转移类型 Logistic 统计特征值及统计量

驱动因子	方程系数	标准差	Wald 统计	自由度	拟合优度检验	发生比率
气温	0.068 463	0.009 656	50.270 992	1.00	0.000 000	1.070 861
降水量	0.001 459	0.000 233	39.052 370	1.00	0.000 000	1.001 460
高程	0.001 281	0.000 037	1 177.753 754	1.00	0.000 000	1.001 281
坡度	−0.009 006	0.001 761	26.161 101	1.00	0.000 000	0.991 034
坡向	−0.000 262	0.000 122	4.640 413	1.00	0.031 227	0.999 738
土壤有机质含量	−0.204 697	0.011 640	309.277 626	1.00	0.000 000	0.814 894
距道路距离	−0.000 013	0.000 005	5.990 175	1.00	0.014 386	0.999 987
距乡村距离	0.000 080	0.000 007	128.018 854	1.00	0.000 000	1.000 080
人口密度	−0.001 203	0.000 068	312.861 629	1.00	0.000 000	0.998 798
二三产业从业人员比例	−0.014 645	0.000 707	428.510 742	1.00	0.000 000	0.985 462
常量	−6.818 904	0.160 153	1 812.837 214	1.00	0.000 000	0.001 093

由此可见,作为 2000—2008 年汾河流域的第二大景观转移类型的农田—森林景观的转移,其驱动因素是以自然因素为主的,在海拔高、土壤有机质含量低、距离乡村远的自然条件较为恶劣的区域,而且这些区域人口密度低、二三产业从业人员比例低,经济发展较为落后,是流域重要的生态功能区,较容易发生农田向森林景观的转移。

(三)农田向建设用地景观转移驱动分析

在农田向建设用地景观转移的 Logistic 驱动分析中,除土壤有机质含量以外,其余 11 个因子全部参与了回归方程的构建,说明它们对该种景观转移类型的发生均起了一定的作用,但具有不同的作用方向和贡献程度。由表 6-4 可知,气温、降水量、高程、坡度、距道路距离、距水系距离、距市县距离和距乡村距离 8 个因子的 OR 值小于 1,与自变量呈负相关;而坡向、人口密度和二三产业从业人员比例 3 个因子的 OR 值大于 1,与自变量呈正相关。从 Wald 统计看,对该类景观转移类型发生贡献率最大的是距乡村距离,说明距离乡村越近,就越容易发生农田向建设用地景观的转移。此外,海拔越低、降水较少,距离道路、水系、市县距离越近的地区,较容易发生农田向建设用地景观的转移。

表 6-4 2000—2008 年汾河流域农田向建设用地景观转移类型
Logistic 统计特征值及统计量

驱动因子	方程系数	标准差	Wald 统计	自由度	拟合优度检验	发生比率
气温	-0.101 288	0.023 090	9.242 547	1.00	0.000 012	0.903 673
降水量	-0.002 436	0.000 410	35.217 843	1.00	0.000 000	0.997 567
高程	-0.000 873	0.000 097	81.776 845	1.00	0.000 000	0.999 127
坡度	-0.018 371	0.003 952	21.605 743	1.00	0.000 003	0.981 796
坡向	0.000 552	0.000 222	6.206 021	1.00	0.012 732	1.000 552
距道路距离	-0.000 064	0.000 011	33.897 205	1.00	0.000 000	0.999 936
距水系距离	-0.000 173	0.000 025	50.004 721	1.00	0.000 000	0.999 827
距市县距离	-0.000 029	0.000 005	33.427 786	1.00	0.000 000	0.999 971
距乡村距离	-0.006 604	0.000 141	2 186.697 487	1.00	0.000 000	0.993 418
人口密度	0.000 016	0.000 005	59.868 625	1.00	0.001 681	1.000 016
二三产业从业人员比例	0.005 604	0.001 080	26.902 866	1.00	0.000 000	1.005 620
常量	0.764 821	0.351 834	4.725 452	1.00	0.029 719	2.148 609

由此可见，作为 2000—2008 年汾河流域第三大景观转移类型农田—建设用地，其转移驱动还是较为明显的。从自然方面看，降水较少、海拔越低、坡度越小的流域中部盆地区易发生农田向建设用地景观的转移；从人为方面看，距离道路、水系、市县、乡村等这些人类生存的基础设施条件越近的地区，越易发生农田向建设用地景观的转移；另外，人口密度高，二三产业从业人员比例高，对建设用地需求大的经济较发达地区也较容易发生农田向建设用地景观的转移。

（四）草地向森林景观转移驱动分析

在草地向森林景观转移的 Logistic 回归分析中，坡度、坡向、距道路距离和二三产业从业人员比例 4 个因子没有进入方程，说明这些因子对此景观转移类型的驱动效果不明显，其余 8 个因子均进入回归方程，对景观转移类型的发生概率起到了一定的作用。由表 6-5 可知，气温、高程、土壤有机质含量、距市县距离、乡村距离 5 个因子的 OR 值大于 1，与自变量呈正相关；而降水量、距水系距离、人口密度 3 个因子的 OR 值小于 1，与自变量呈负相关。从 Wald 统计看，高程和人口密度两个因子对该种景观转移发生的贡献率较大，即高程越高、人口密度越低的地区越容易发生草地向森林景观的转移。此外，有机质含量较高、距离水系较近、乡村较远的地区也较容易发生草地向森林景观的转移。

表 6-5 2000—2008 年汾河流域草地向森林景观转移类型 Logistic 统计特征值及统计量

驱动因子	方程系数	标准差	Wald 统计	自由度	拟合优度检验	发生比率
气温	0.107 959	0.020 289	28.313 454	1.00	0.000 000	1.114 002
降水量	−0.001 838	0.000 549	11.197 949	1.00	0.000 819	0.998 164
高程	0.000 769	0.000 069	124.933 774	1.00	0.000 000	1.000 770
土壤有机质含量	0.111 838	0.017 547	40.625 185	1.00	0.000 000	1.118 332
距水系距离	−0.000 081	0.000 012	42.953 754	1.00	0.000 000	0.999 919
距市县距离	0.000 011	0.000 003	9.763 533	1.00	0.001 780	1.000 011
距乡村距离	0.000 090	0.000 011	62.287 280	1.00	0.000 000	1.000 090
人口密度	−0.002 873	0.000 242	141.437 292	1.00	0.000 000	0.997 132
常量	−6.917 708	0.347 449	396.408 196	1.00	0.000 000	0.000 990

由此可见，作为 2000—2008 年汾河流域第四大景观转移类型—草地向森林景观的转移，主要是受自然因素的影响，多发生在海拔较高、距离乡村较远、人口密度较低的流域两侧山地丘陵区，尤其是土壤、水分条件较好的区域。

二、2008—2016 年主要景观转移类型驱动分析

（一）草地和森林景观的相互转移驱动分析

2008—2016 年，草地向森林景观的转移和森林向草地景观的转移是汾河流域两种主要的景观转移类型。在草地向森林景观转移的 Logistic 回归分析中，除坡向因子外，其余的 11 个因子均参与了回归模型的构建，其中高程、土壤有机质含量、距道路距离、距市县距离、距乡村距离、二三产业从业人员比例 6 个因子的 OR 值大于 1，与自变量呈正向相关；而气温、降水量、坡度、距水系距离、人口密度 5 个因子的 OR 值小于 1，与自变量呈负向相关。从 Wald 统计看，各因子均对该种景观转移类型的发生具有不同的贡献程度，其中距市县距离、距乡村距离、距道路距离、高程、人口密度、土壤有机质含量等因子的贡献率较大（表 6-6），说明距离市县越远、距离乡村越远、距离道路越远、海拔越高、人口密度越低、土壤有机质含量越高的地区，越容易发生草地向森林景观的转移。

表6-6　2008—2016年汾河流域草地向森林景观转移类型Logistic统计特征值及统计量

驱动因子	方程系数	标准差	Wald统计	自由度	拟合优度检验	发生比率
气温	−0.031 159	0.005 712	29.755 718	1.00	0.000 000	0.969 321
降水量	−0.002 099	0.000 145	209.904 760	1.00	0.000 000	0.997 903
高程	0.000 614	0.000 022	753.032 736	1.00	0.000 000	1.000 615
坡度	−0.017 637	0.001 046	284.503 656	1.00	0.000 000	0.982 518
土壤有机质含量	0.106 862	0.004 735	509.429 971	1.00	0.000 000	1.112 781
距道路距离	0.000 075	0.000 002	926.272 322	1.00	0.000 000	1.000 075
距水系距离	−0.000 052	0.000 003	296.997 987	1.00	0.000 000	0.999 948
距市县距离	0.000 046	0.000 001	2 752.757 930	1.00	0.000 000	1.000 046
距乡村距离	0.000 112	0.000 003	1 453.896 872	1.00	0.000 000	1.000 112
人口密度	−0.001 130	0.000 050	513.892 369	1.00	0.000 000	0.998 871
二三产业从业人员比例	0.008 188	0.000 411	396.354 031	1.00	0.000 000	1.008 221
常量	−3.824 880	0.100 307	1 454.034 468	1.00	0.000 000	0.021 821

　　在森林向草地景观转移的Logistic驱动回归分析中，只有7个因子参与了回归方程的构建，其中气温、降水量、高程和人口密度4个因子的OR值小于1，与因变量呈负相关，而距道路距离、距市县距离和二三产业从业人员比例3个因子的OR值大于1，与因变量呈正相关；从Wald统计看，气温、距市县距离、二三产业从业人员比例、降水量、高程对该种景观转移类型发生的贡献率较大（表6-7），说明气温越低、降水量越少、高程越低、距市县距离越远、二三产业从业人员比例越高，越容易发生森林向草地景观的转移。

表6-7　2008—2016年汾河流域森林向草地景观转移类型Logistic统计特征值及统计量

驱动因子	方程系数	标准差	Wald统计	自由度	拟合优度检验	发生比率
气温	−0.366 046	0.009 634	1 443.578 058	1.00	0.000 000	0.693 471
降水量	−0.003 985	0.000 238	279.735 418	1.00	0.000 000	0.996 023
高程	−0.000 483	0.000 033	216.000 598	1.00	0.000 000	0.999 517
距道路距离	0.000 028	0.000 005	35.983 573	1.00	0.000 000	1.000 028
距市县距离	0.000 032	0.000 001	511.183 573	1.00	0.000 000	1.000 032
人口密度	−0.000 799	0.000 067	143.832 972	1.00	0.000 000	0.999 201
二三产业从业人员比例	0.013 074	0.000 675	375.624 651	1.00	0.000 000	1.013 160
常量	0.702 763	0.164 727	18.200 603	1.00	0.000 020	2.019 324

由此可见，2008—2016 年，汾河流域草地向森林景观和森林向草地景观，这两种景观转移类型的发生主要是受自然因素的影响，在距离市县较远的、道路较远的、人口密度较低的、农业劳动力不足的、经济较为落后的流域两侧山地丘陵地区，较容易发生草地和森林景观的相互转移；而高程越高、有机质含量越大、距离水系越近的地区，更容易发生草地向森林景观的转移。

（二）农田向建设用地景观转移驱动分析

2008—2016 年，农田向建设用地的景观转移是汾河流域第二大转移类型，在 Logistic 回归分析中，除土壤有机质含量和坡度两个因子外，其余10 个因子均进入回归方程，对该种景观转移类型的发生概率起到一定的作用，但作用方向和贡献程度不同。由表 6-8 可知，气温、坡向、人口密度和二三产业从业人员比例 4 个因子的 OR 值大于 1，与因变量呈正相关，而降水量、高程、距道路距离、距水系距离、距市县距离、距乡村距离 6个因子的 OR 值小于 1，与因变量呈负相关；从 Wald 统计看，距乡村距离、距市县距离、距水系距离和降水量等因子对该种景观转移类型发生的贡献率较大，即距离乡村越近、距市县越近、距水系越近、降水量越小的地区，越容易发生农田向建设用地景观的转移。

表 6-8　2008—2016 年汾河流域农田向建设用地景观转移类型
Logistic 统计特征值及统计量

驱动因子	方程系数	标准差	Wald 统计	自由度	拟合优度检验	发生比率
气温	0.033 634	0.010 075	11.145 336	1.00	0.000 842	1.034 206
降水量	−0.006 990	0.000 217	1 038.286 854	1.00	0.000 000	0.993 035
高程	−0.000 535	0.000 038	193.478 079	1.00	0.000 000	0.999 465
坡向	0.000 295	0.000 113	6.879 936	1.00	0.008 717	1.000 295
距道路距离	−0.000 034	0.000 005	47.087 527	1.00	0.000 000	0.999 966
距水系距离	−0.000 429	0.000 014	998.807 462	1.00	0.000 000	0.999 571
距市县距离	−0.000 058	0.000 002	618.316 074	1.00	0.000 000	0.999 942
距乡村距离	−0.000 603	0.000 017	1 194.572 968	1.00	0.000 000	0.999 397
人口密度	0.000 009	0.000 004	5.822 815	1.00	0.015 820	1.000 009
二三产业从业人员比例	0.007 390	0.000 559	174.688 909	1.00	0.000 000	1.007 418
常量	0.960 501	0.165 396	33.724 550	1.00	0.000 000	2.613 005

由此可见，2008—2016 年，汾河流域农田向建设用地景观的转移明显
受到自然因素和人文因素的双重驱动。在气温较高、降水较少、海拔越低
的流域中南部盆地区，这些地区的人口密度高，土地需求大，二三产业从
业人员比例高，经济较发达，尤其在距离乡村、水系、市县、道路等人
类生存所需基础设施条件越近的地区，越容易发生农田向建设用地景观
的转移。

（三）草地和农田景观的相互转移驱动分析

2008—2016 年，草地和农田景观的相互转移是汾河流域的两种主要景
观转移类型。由表 6-9 可知，12 个因子全部参与了草地向农田景观转移
的 Logistic 回归模型的建立，其中高程、坡向和二三产业从业人员比例 3
个因子的 OR 值大于 1，与因变量呈正相关，而其余 9 个因子的 OR 值均
小于 1，与因变量呈负相关；从 Wald 统计看，气温、土壤有机质含量、
人口密度、高程、距水系距离、距市县距离、距乡村距离和二三产业从业
人员比例等因子对该种景观转移类型的贡献率较大，说明气温越低、海拔
越高、有机质含量越少、距离水系越近、距市县越近、距乡村越近、人口
密度越低、二三产业从业人员比例越高的地区，越容易发生草地向农田景
观的转移。

表 6-9　2008—2016 年汾河流域草地向农田景观转移类型 Logistic 统计特征值及统计量

驱动因子	方程系数	标准差	Wald 统计	自由度	拟合优度检验	发生比率
气温	−0.377 517	0.009 943	1 441.450 081	1.00	0.000 000	0.685 562
降水量	−0.002 111	0.000 263	64.553 048	1.00	0.000 000	0.997 891
高程	0.000 536	0.000 039	189.666 531	1.00	0.000 000	1.000 536
坡度	−0.010 917	0.001 824	35.836 310	1.00	0.000 000	0.989 142
坡向	0.000 283	0.000 119	5.658 846	1.00	0.017 368	1.000 283
土壤有机质含量	−0.299 364	0.011 571	669.403 460	1.00	0.000 000	0.741 290
距道路距离	−0.000 048	0.000 006	54.936 099	1.00	0.000 000	0.999 952
距水系距离	−0.000 118	0.000 008	201.133 820	1.00	0.000 000	0.999 882
距市县距离	−0.000 026	0.000 002	172.611 224	1.00	0.000 000	0.999 974
距乡村距离	−0.000 099	0.000 007	177.823 764	1.00	0.000 000	0.999 901
人口密度	−0.001 783	0.000 082	470.428 582	1.00	0.000 000	0.998 219
二三产业从业人员比例	0.009 216	0.000 722	162.822 376	1.00	0.000 000	1.009 259
常量	1.098 053	0.178 962	37.646 632	1.00	0.000 000	2.998 322

由表 6-10 可知，12 个因子也全部参与了农田向草地景观转移的 Logistic 回归模型的建立，其中气温、土壤有机质含量、距道路距离、人口密度 4 个因子的 OR 值小于 1，与因变量呈负相关，而其余 8 个因子的 OR 值均大于 1，与因变量呈正相关；从 Wald 统计看，气温、土壤有机质含量、距水系距离、二三产业从业人员比例、高程、人口密度对该种景观转移类型的贡献率较大。也就是说，气温越低、高程越高、土壤有机质含量越少、距离水系越远、人口密度越低、二三产业从业人员比例越高的地区，越容易发生农田向草地景观的转移。

表 6-10 2008—2016 年汾河流域农田向草地景观转移类型 Logistic 统计特征值及统计量

驱动因子	方程系数	标准差	Wald 统计	自由度	拟合优度检验	发生比率
气温	-0.210 161	0.010 556	396.375 629	1.00	0.000 000	0.810 454
降水量	0.002 032	0.000 256	63.051 486	1.00	0.000 000	1.002 034
高程	0.000 550	0.000 042	172.246 103	1.00	0.000 000	1.000 550
坡度	0.004 238	0.001 833	5.342 401	1.00	0.020 813	1.004 247
坡向	0.000 423	0.000 128	10.884 822	1.00	0.000 970	1.000 424
土壤有机质含量	-0.196 355	0.010 744	334.001 629	1.00	0.000 000	0.821 721
距道路距离	-0.000 060	0.000 006	87.133 985	1.00	0.000 000	0.999 940
距水系距离	0.000 082	0.000 005	329.677 356	1.00	0.000 000	1.000 082
距市县距离	0.000 007	0.000 002	14.564 327	1.00	0.000 135	1.000 007
距乡村距离	0.000 047	0.000 005	73.610 945	1.00	0.000 000	1.000 047
人口密度	-0.001 194	0.000 088	182.700 400	1.00	0.000 000	0.998 807
二三产业从业人员比例	0.013 900	0.000 775	321.970 413	1.00	0.000 000	1.013 997
常量	-4.380 993	0.179 404	596.319 237	1.00	0.000 000	0.012 513

由此可见，2008—2016 年，汾河流域草地向农田景观和农田向草地景观，这两种景观转移类型的驱动因素较为复杂，自然因素和人为因素都不容忽视。总之，在气温低、海拔高、土壤有机质含量低、人口密度低、二三产业从业人员比例高的地区，这些地区自然条件相对较差，绝大多数农田为中低产田，受边际效益影响，稳定性较差，人口密度低但二三产业从业人员比例高，大部分农民外出打工，农业劳动力不足，较容易发生农田和草地的相互转化。另外，坡度越小、距离水系越近、距市县越近、距乡村越近这些耕作条件相对较好的地区，更容易发生草地向农田景观的转移；反之，则更容易发生农田向草地景观的转移。

三、汾河流域景观格局变化驱动

研究期间，气候、地形、土壤、河流等自然因素，以及道路、人口密度、二三产业GDP等社会经济因素，都对汾河流域的主要景观转移具有不同程度、不同方式的驱动作用。

2000—2008年，农田向草地景观的转移、农田向森林景观的转移、农田向建设用地景观的转移和草地向森林景观的转移是该研究期流域的主要转移类型。首先，在退耕还林还草政策的影响下，发生了大面积的农田向草地、森林景观的转移。从自然条件上看，主要发生在海拔高、土壤有机质含量低等自然条件较差的地区，气温低、降水量少的流域北部更容易发生农田向草地景观的转移，而气温高、降水量多的流域南部更容易发生农田向森林景观的转移。其次，较为明显的是农田向建设用地景观的转移，海拔越低、坡度越小的流域中南部盆地区，距离道路、水系、市县、乡村等人类生存的基础设施条件越近的地区，以及人口密度较高、经济较发达、对建设用地需求大的地区，更容易发生农田向建设用地景观的转移。最后，草地向森林景观的转移主要发生在海拔较高、距离乡村较远、人口密度较低，尤其是土壤、水分条件较好的流域两侧山地丘陵区。

2008—2016年，草地和森林景观的相互转移、农田向建设用地景观的转移、农田和草地景观的相互转移是该研究期流域的主要转移类型。首先，草地和森林景观的相互转移，较容易发生在距离市县较远的、距离道路较远的、人口密度较低的、农业劳动力不足的、经济较为落后的流域两侧山地丘陵地区，且高程越高、有机质含量越大、距离水系越近的地区，更容易发生草地向森林景观的转移。其次，是农田向建设用地景观的转移，仍然主要发生在温度较高、降水较少、海拔越低的流域中南部盆地区，其人口密度高、经济较发达、土地需求大，尤其是距道路距离、距水系距离、距市县距离等人类生存的基础设施条件优越的地区更容易发生。最后，农田和草地景观的相互转移，这两种景观转移类型的驱动因素较为复杂，总体上，在气温低、海拔高、土壤有机质含量低、人口密度低、二三产业从业人员比例高的地区，这些地区自然条件相对较差，较容易发生农田和草地的相互转化；且坡度越小、距水系越近、距市县越近、距乡村越近，耕作条件相对较好的地区更容易发生草地向农田景观的转移；反之，则更容易发生农田向草地景观的转移。

总之，自然条件对流域的景观格局变化具有决定性和基础作用的影响，但同时人类活动又对其具有明显的催化和干扰，因此，汾河流域景观格局的变化受到自然和社会经济因素的双重驱动。

第七章
汾河流域生态系统服务价值评估

生态系统服务，是指通过生态系统的结构、过程和功能直接或间接得到的生命支持产品和服务，其价值评估是生态环境保护、生态功能区划、环境经济核算和生态补偿决策等的重要依据和基础。①

第一节 生态系统服务功能概述

一、生态系统服务功能含义

1970 年，生态系统服务功能的概念首次由联合国大学（United Nations University）发表的关键环境问题报告（Study of Critical Environmental Problems，SCEP）——《人类对全球环境的影响报告》（*Man's Impact on the Global Environment*）明确提出，该报告列举了生态系统对人类所提供的

① 谢高地、张彩霞、张雷明，等：《基于单位面积价值当量因子的生态系统服务价值化方法改进》，《自然资源学报》2015 年第 8 期，第 1243 页。

环境服务功能，拉开了生态系统服务功能研究的序幕。[1]其后 Holder 和 Ehrlich[2]、Westman[3] 及 Odum[4]等进行了早期较有影响的研究，初步形成了生态系统服务的概念。之后，众多生态学家对生态系统服务进行了不同的定义，代表性的有 Daily[5]和 Costanza 等[6]的定义。Daily 认为，生态系统服务是指生态系统及其物种提供的能满足和维持人类生存需要的条件和过程；Costanza 等则认为生态系统服务是对人类生存和生活质量有贡献的生态系统产品和生态系统功能，生态系统服务是生态系统产品和生态系统功能的统一，而生态系统的开放性是生态系统服务的基础和前提。2005 年，联合国《千年生态系统评估报告》（Millennium Ecosystem Assessment，MA）[7]在以上定义的基础上，认为生态系统服务功能是指人类直接或间接地从生态系统获得的效益，生态系统服务功能的来源既包括自然生态系统，也包括人工生态系统。

综上所述，生态系统服务功能又称生态系统服务（ecosystem service），是指通过生态系统的结构、过程和功能直接或间接地产生能够满足人类生存和发展需要的产品和服务，这些产品和服务包括两大方面，即有形的和无形的。有形的产品和服务包括自然界为人类提供的淡水、食物、木材、矿产等原产品，无形的产品和服务则包括生态系统对废弃物的降解、水质净化、营养物循环、生物多样性维持、气候调节、甚至是精神文化愉悦等过程提供的服务。生态系统服务是在生态系统功能的基础上产生的，因此，生态系统功能是抽象的、不可测的，而生态系统服务是具体的、可估测的。一种生态系统功能可以提供多种服务，而生态系统服务也可由一种或多种生态系统功能共同产生。生态系统服务功能作为区域生态环境系统的根本属性，与区域生态环境要素紧密关联，其实质是区域生态环境因子在固定

① SCEP（Study of Critical Environmental Problems）. *Man's Impact on the Global Environment：Assessment and Recommendations for Action*. Cambridge：MIT Press，1970.
② Holder J P，Ehrlich P R. Human population and global environment. *American Scientist*，1974，62（3）：282-297.
③ Westman W E. How much are nature's services worth? *Science*，1977，197（4307）：960-964.
④ Odum H T. Emergy in ecosystems. *In* Polunin N. *Environmental Monographs and Symposia*. NewYork：John Wiley，1986.
⑤ Daily G C. *Nature's Service：Societal Dependence on Natural Ecosystems*. Washington D C：Island Press，1997.
⑥ Costanza R，D Arge R，Groot R，et al. The value of the world's ecosystem services and natural capital. *Nature*，1997，38（7）：253-260.
⑦ Millennium Ecosystem Assessment. *Biodiversity Synthesis Report*. Washington DC：World Resources Institute，2005.

的景观格局与物质能量循环模式的支撑下，而呈现的实体功能，对反映区域生态环境的质量具有指标意义。

二、生态系统服务功能特征

生态系统服务功能的特征主要包括以下几个方面。

1. 客观性

生态系统服务功能与生态系统过程密不可分，它是伴随着生态系统在能量流、物质流的生态过程中产生的。例如，绿色植物在进行光合作用的过程中，就有了调节气体、改善环境、提供食物及原材料产品等多种生态系统服务功能。生态系统服务功能依赖于生态系统而存在，其来源与存在都具有客观性。

2. 动态性

动态性是生态系统的基本特征，生态系统服务功能也并非一成不变，正常情况下，生态系统服务功能会随着生态系统的结构和功能自然演替而缓慢地发展变化，当受到自然或人为的强烈干扰时，会产生显著的变化；对生态系统进行不合理的开发和利用时，则会导致生态系统服务功能的退化甚至消失。例如，因过度放牧造成了草原生态系统生产优质牧草的功能退化等。

3. 难以分割性

生态系统的用途多样，其服务功能也是多样化的。很多生态系统服务是由多种生态系统功能提供的，某种生态系统功能也可以提供多种服务，并且服务的群体和范围难以明确地划定。例如，环境的保护行为通过很多间接的方式改善环境商品或者生态系统，最终在时空上获得大面积的环境和经济收益，不仅投资区域受益，很多投资区域外的地区也通过各种来源受到很大影响。但要区分某个收益的来源到底是来自这次的环保活动，还是其他地方的环保活动，以及分割多种环境投资的形成的几何效应都是很困难和不现实的。[①]

---

① 刘向华：《生态系统服务功能价值评估方法研究：基于三江平原七星河湿地价值评估实证分析》，北京：中国农业出版社，2009 年，第 52-53 页。

4. 空间差异性

由于自然条件和社会经济条件的差异，不同地区的生态系统类型不同、结构和功能有所差异，生态系统服务功能的种类、数量和重要性也会有所不同。例如，干旱地区的水文调节功能比湿润地区更重要，荒漠化地区的保持土壤功能更重要，城市生态系统中林地的休闲娱乐功能更重要。

5. 正负效应

生态系统服务功能具有正负两个方面的双重效应。自然生态系统为人类提供的绝大部分为正效应，也有自然灾害等造成的负效应；人工、半人工生态系统，由于人类片面追求某种生态系统服务而可能造成一定的负效应。例如，片面追求农田生态系统的食物生产功能造成的土壤质量下降、环境污染等问题。

6. 公共物品性

生态系统多为公共物品，这决定了生态系统服务功能的非竞争性和非排他性。除了食物及原材料生产等少数产品能够作为私人物品在市场上交易外，绝大多数生态系统服务属于公共物品，如清洁的空气、水和野生动物等，这些物品的产权不明，是无法进入市场流通交易的。另外，这些公共物品是每个人都可以享受的，也就是一个人的消费不能妨碍或减少另外一个人的消费，在消费量上是不具有竞争性的。

三、生态系统服务功能分类

由生态系统服务的概念可知，生态系统可为人类提供各种类型的服务，不同的生态系统所能提供的服务类型不同。生态系统服务功能的分类是进行价值评估的基础，直接影响价值评估的结果，分类过细易导致重复计算，从而造成评估结果过高，分类宽泛又会造成评估对象不够精确，从而导致评估结果不够准确。

生态系统服务功能分类方法众多。有代表性的分类有 Costanza 等[①]在进行全球生态系统服务价值评估时，将生态系统服务功能分为气候调节、

[①] Costanza R，D，Arge R，Groot R，et al. The value of the world's ecosystem services and natural capital. *Nature*，1997，38（7）：253-260.

气体调节、干扰调节、水调节、水资源保持、侵蚀与沉积物滞留控制、土壤形成、营养元素循环、食物生产、原材料生产、废物处理、授粉、基因资源、生物控制、栖息地、休闲和文化 17 个类型。《千年生态系统评估报告》[①]，则依据人类获得利益的关系将生态系统服务功能分为供给服务、调节服务、文化服务和支持服务四大类，并进一步细分为食物生产、原料生产、水资源供给、气体调节、气候调节、净化环境、水文调节、土壤保持、维持养分循环、生物多样性和美学景观 11 种服务功能，这一分类得到了目前许多学者的认可。

国内最具代表性的则是谢高地等的分类方法。谢高地等[②]根据中国民众和决策者对生态服务的理解状况，将原先 Costanza 等的 17 类生态服务功能重新划分为食物生产、原材料生产、景观愉悦、气体调节、气候调节、水源涵养、土壤形成与保护、废物处理、生物多样性维持 9 项。其中气候调节功能的价值中包括了 Costanza 体系中的干扰调节，土壤形成与保护包括 Costanza 体系中的土壤形成、营养循环、侵蚀控制 3 项功能，生物多样性维持中包括了 Costanza 体系中的授粉、生物控制、栖息地、基因资源 4 项功能。2015 年，谢高地等[③]参考 MA 的方法将生态系统服务的一级类型概括为供给功能、调节功能、支持功能和文化功能（表 7-1）等四大类型，在之前将二级类型划分为 9 种的研究基础上，进一步划分为 11 种生态系统服务类型。在供给服务中，除了原有的食物生产、原材料生产之外，还考虑到我国水资源较为贫乏的现状，水资源供给服务相对更为重要，因此，将其单独列入二级分类；在支持服务中，除了土壤保持和生物多样性维持之外，还进一步考虑了生态系统对养分循环的维持服务。

表 7-1 基于谢高地等的生态系统服务功能分类体系（2015 年）

一级类型	二级类型	与 Costanza 分类的对照	生态服务的定义
供给服务	食物生产 原材料生产 水资源供给	食物生产 原材料生产 供水	将太阳能转化为能食用的植物和动物产品 将太阳能转化为生物能，给人类作建筑物或其他用途 为居民生活、农业（灌溉）、工业过程等使用提供的水资源

① Millennium Ecosystem Assessment. *Biodiversity Synthesis Report*. Washington DC：World Resources Institute，2005.
② 谢高地、鲁春霞、冷允法，等：《青藏高原生态资产的价值评估》，《自然资源学报》2003 年第 2 期，第 190 页。
③ 谢高地、张彩霞、张雷明，等：《基于单位面积价值当量因子的生态系统服务价值化方法改进》，《自然资源学报》2015 年第 8 期，第 1244-1245 页。

续表

一级类型	二级类型	与 Costanza 分类的对照	生态服务的定义
调节服务	气体调节 气候调节 净化环境 水文调节	气体调节 气候调节、干扰调节 废物处理 水调节	生态系统维持大气化学组分平衡，吸收 SO_2、吸收氟化物、吸收氮氧化物 对区域气候的调节作用，如增加降水、降低气温 植被和生物去除和降解多余养分和化合物，滞留灰尘、除污等，包括净化水质和空气等 生态系统截留、吸收和贮存降水，调节径流，调蓄洪水、降低旱涝灾害
支持服务	土壤保持 维持养分循环 维持生物多样性	侵蚀控制可保持沉积物、土壤形成营养循环 授粉、生物控制、栖息地、基因资源	有机质积累及植被根物质和生物在土壤保持中的作用，养分循环和累积 对 N、P 等元素与养分的储存、内部循环、处理和获取 野生动植物基因来源和进化、野生植物和动物栖息地
文化服务	美学景观	休闲娱乐、文化	具有（潜在）娱乐用途、文化和艺术价值的景观

资料来源：谢高地、甄霖、鲁春霞，等：《一个基于专家知识的生态系统服务价值化方法》，《自然资源学报》2008 年第 5 期，第 913 页；谢高地、张彩霞、张雷明，等：《基于单位面积价值当量因子的生态系统服务价值化方法改进》，《自然资源学报》2015 年第 8 期，第 1244-1245 页。

第二节　生态系统服务价值评估方法

　　虽然，国内外就生态系统服务价值的评估方法开展了大量的研究工作，但尚未形成一套统一的评估体系。目前，生态系统服务价值核算可以大致分为两类①，即基于单位服务功能价格的方法（功能价值法）和基于单位面积价值当量因子的方法（当量因子法）。前者基于生态系统服务功能量的多少和功能量的单位价格得到总价值；后者是在区分不同种类生态系统服务功能的基础上，基于可量化的标准，构建不同类型生态系统各种服务功能的价值当量，然后结合生态系统的分布面积进行评估。功能价值法，一般通过建立单一服务功能与局部生态环境变量之间的生产方程来模拟小区域的生态系统服务功能。该方法的输入参数较多、计算过程较为复杂，更重要的是对每种服务价值的评价方法和参数标准也难以统一。相较而言，当量因子法较为直观易用、数据需求少，特别适用于区域和全球尺度生态系统服务价值的评估。本书采用了当量因子法。

---

① 谢高地、张彩霞、张雷明，等：《基于单位面积价值当量因子的生态系统服务价值化方法改进》，《自然资源学报》2015 年第 8 期，第 1243-1244 页。

一、生态服务价值当量因子表的构建

当量因子表的构建是采用当量因子法进行生态系统服务功能价值评估的前提条件。Costanza 等在其代表作中得到了全球生态系统单位面积生态服务价值当量因子表，该表定义 1hm² 的农田食物生产的生态服务价值当量为 1，并以此为参照，根据相对重要性确定其他生态系统各类生态服务价值的当量因子，即依据每年从农田食物生产功能所获取的价值，表征和量化不同类型生态系统对生态服务功能的潜在贡献能力。通过该表，可以计算出每种生态系统所提供的单位面积生态服务价值量的大小。但是，该表所得到的单价是基于欧美发达国家的经济发展水平，与中国自身国情不相匹配。因此，谢高地等通过意愿调查评估法，分别在 2002 年和 2006 年先后对中国共 700 位具有生态学背景的专业人员进行问卷调查，对 Costanza 等的评估结果进行修正，得到了中国生态系统单位面积生态服务价值当量因子表（表 7-2）。其结果得到了众多专家的广泛认同，并在生态服务的各项领域中得到了大量的应用。

表 7-2　基于谢高地等的中国生态系统单位面积生态服务价值当量（2007 年）

一级类型	二级类型	森林	草地	农田	湿地	河流/湖泊	荒漠
供给服务	食物生产	0.33	0.43	1.00	0.36	0.53	0.02
	原材料生产	2.98	0.36	0.39	0.24	0.35	0.04
调节服务	气体调节	4.32	1.50	0.72	2.41	0.51	0.06
	气候调节	4.07	1.56	0.97	13.55	2.06	0.13
	水文调节	4.09	1.52	0.77	13.44	18.77	0.07
	废物处理	1.72	1.32	1.39	14.40	14.85	0.26
支持服务	保持土壤	4.02	2.24	1.47	1.99	0.41	0.17
	维持生物多样性	4.51	1.87	1.02	3.69	3.43	0.40
文化服务	美学景观	2.08	0.87	0.17	4.69	4.44	0.24
	合计	28.12	11.67	7.90	54.77	45.35	1.39

资料来源：谢高地、甄霖、鲁春霞，等：《一个基于专家知识的生态系统服务价值化方法》，《自然资源学报》2008 年第 5 期，第 914 页。

2015 年，谢高地等又以此生态服务价值当量为基础，基于各类文献资料调研、专家知识、统计资料和遥感监测等数据源，对生态系统服务价值当量因子表进行修订和补充，制定了对全国 14 种生态系统类型及其 11 类生态服务功能价值当量因子表（表 7-3）。

表 7-3　基于谢高地等的中国生态系统单位面积生态服务价值当量（2015 年）

一级类型		农田		森林				草地			湿地	荒漠		水域	
	二级类型	旱地	水田	针叶	针阔混交	阔叶	灌木	草原	灌草丛	草甸		荒漠	裸地	水系	冰川积雪
供给服务	食物生产	0.85	1.36	0.22	0.31	0.29	0.19	0.10	0.38	0.22	0.51	0.01	0.00	0.80	0.00
	原材料生产	0.40	0.09	0.52	0.71	0.66	0.43	0.14	0.56	0.33	0.50	0.03	0.00	0.23	0.00
	水资源供给	0.02	-2.63	0.27	0.37	0.34	0.22	0.08	0.31	0.18	2.59	0.02	0.00	8.29	2.16
调节服务	气体调节	0.67	1.11	1.70	2.35	2.17	1.41	0.51	1.97	1.14	1.90	0.11	0.02	0.77	0.18
	气候调节	0.36	0.57	5.07	7.03	6.50	4.23	1.34	5.21	3.02	3.60	0.10	0.00	2.29	0.54
	净化环境	0.10	0.17	1.49	1.99	1.93	1.28	0.44	1.72	1.00	3.60	0.31	0.10	5.55	0.16
	水文调节	0.27	2.72	3.34	3.51	4.74	3.35	0.98	3.82	2.21	24.23	0.21	0.03	102.24	7.13
支持服务	土壤保持	1.03	0.01	2.06	2.86	2.65	1.72	0.62	2.40	1.39	2.31	0.13	0.02	0.93	0.00
	维持养分循环	0.12	0.19	0.16	0.22	0.20	0.13	0.05	0.18	0.11	0.18	0.01	0.00	0.07	0.00
	生物多样性	0.13	0.21	1.88	2.60	2.41	1.57	0.56	2.18	1.27	7.87	0.12	0.02	2.55	0.01
文化服务	美学景观	0.06	0.09	0.82	1.14	1.06	0.69	0.25	0.96	0.56	4.73	0.05	0.01	1.89	0.09
合计		4.01	3.89	17.53	23.09	22.95	15.22	5.07	19.69	11.43	52.02	1.10	0.20	125.61	10.27

资料来源：谢高地、张彩霞、张雷明、等：《基于单位面积价值当量因子的生态系统服务价值化方法改进》，《自然资源学报》2015年第8期，第1245页。

　　本章基于谢高地等 2015 年的生态系统生态服务价值当量表，在前文的景观分类基础上，依据土地部门和林业部门的统计资料，并结合实地调查，建立了适合研究区的单位面积生态服务价值当量因子表（表 7-4）。前文将区域景观类型共划分为农田、森林、草地、建设用地、水体湿地和裸地六大景观类型。其中，农田景观绝大多数为旱地，只有零星的几片水田，根据 2015 年山西省各县土地利用变更数据[①]，研究区 99%以上的农田是旱地（含水浇地），因此，这里农田景观的生态服务价值当量直接采用旱地的；森林景观包括针叶林、针阔混交林、阔叶林和灌木，根据山西省植被类型图[②]，研究区内这四种森林景观的面积比例约为 10：1：7：82，采用面积加权法计算得出森林景观的各种生态服务价值当量；草地景观包括草原、灌草丛和草甸，根据山西省植被类型图，研究区没有草原，灌草丛和草甸的面积比例约为 8：2，采用面积加权法计算得出草地景观的各种生态服务价值当量；建设用地景观不考虑其生态服务价值，或认为其值为零；水体湿地景观包括湿地（含内陆滩涂和沼泽地）和水体（含河流水面、湖泊水面、水库水面、坑塘水面等），根据 2015 年山西省各县土地利用变更的数据，研究区湿地和水体的面积比例约为 3：17，采用面积加权法计算得出水体湿地景观的各种生态服务价值当量；裸地景观的生态服务价值对应表 7-3 中荒漠的二级景观类型"裸地"。

表 7-4　汾河流域生态系统单位面积生态服务价值当量

一级类型	二级类型	森林	草地	农田	水体湿地	裸地
供给服务	食物生产	0.20	0.35	0.85	0.76	0.00
	原材料生产	0.46	0.51	0.40	0.27	0.00
	水资源供给	0.23	0.28	0.02	7.44	0.00
调节服务	气体调节	1.50	1.80	0.67	0.94	0.02
	气候调节	4.50	4.77	0.36	2.49	0.00
	净化环境	1.35	1.58	0.10	5.26	0.10
	水文调节	3.45	3.50	0.27	90.54	0.03
支持服务	土壤保持	1.83	2.20	1.03	1.14	0.02
	维持养分循环	0.14	0.17	0.12	0.09	0.00
	生物多样性	1.67	2.00	0.13	3.35	0.02
文化服务	美学景观	0.73	0.88	0.06	2.32	0.01
合计		16.06	18.04	4.01	114.60	0.20

① 山西省国土资源局：《山西省农村土地利用现状二级分类面积汇总表》，2015 年。
② 山西省地图集编纂委员会：《山西省自然地图集》，上海：上海中华印刷厂，1984 年，第 96-97 页。

二、1 个标准当量因子的价值量

1 个标准单位生态系统生态服务价值当量因子（以下简称标准当量），是指 1hm² 平均产量的农田提供的自然粮食产量的经济价值。[①]在实际应用中，特别是在区域尺度上，几乎无法在完全消除人为因素干扰的条件下，准确衡量农田生态系统自然条件下能够提供的粮食产量的经济价值。本章参考谢高地等分析的区域 1 个生态系统服务价值当量因子的经济价值量为区域粮食的平均单产与粮食收购价格乘积的 1/7，以及汾河流域农田生态系统的粮食产量价值主要依据小麦和玉米两大粮食主产物计算。其计算公式如下：

$$D = \frac{1}{7}(P_w \times A_w \times S_w + P_c \times A_c \times S_c) \tag{7-1}$$

式中，D 为 1 个标准当量因子的生态系统服务价值量（元/hm²）；P_w 和 P_c 分别为 2000—2016 年流域小麦和玉米的平均单产（元/hm²），依据各年《全国农产品成本收益资料汇编》[②]中山西省的小麦和玉米平均单产计算，P_w 和 P_c 分别为 4375.24kg/hm² 和 7527.49kg/hm²；A_w 和 A_c 分别为 2000—2016 年流域小麦和玉米的平均收购价格（元/hm²），依据各年《全国农产品成本收益资料汇编》中山西省的小麦和玉米收购价格计算，A_w 和 A_c 分别为 1.91 元/kg 和 1.60 元/kg；S_w 和 S_c 分别为流域 2000—2016 年小麦和玉米的平均播种面积百分比（%），依据各年的《山西统计年鉴》获取[③]，由于汾河流域不是行政单元，因此一些县域是不完全属于流域的，这种情况下采用面积加权法计算流域内的播种面积，经统计计算，S_w=33.78%，S_c=66.22%。根据式（7-1）计算后，汾河流域 D 值为 1542.63 元/hm²。

三、生态服务价值核算

根据前文计算的汾河流域生态系统单位面积生态服务价值当量表（表 7-4）和 1 个标准单位生态系统生态服务价值当量因子（1542.63 元/hm²），

[①] 谢高地、鲁春霞、冷允法，等：《青藏高原生态资产的价值评估》，《自然资源学报》2003 年第 2 期，第 190 页。

[②] 国家发展和改革委员会价格司编：《全国农产品成本收益资料汇编》，北京：中国统计出版社，2004-2017 年；国家发展和改革委员会价格司编：《全国农产品成本收益资料汇编》，北京：中国物价出版社，2001-2003 年。

[③] 山西统计年鉴委员会编：《山西统计年鉴》，北京：中国统计出版社，2001-2017 年。

测算各种景观类型单位面积年度生态系统服务功能价值 P_i，见表 7-5。

表 7-5　汾河流域生态系统单位面积生态服务价值系数表　单位：元/hm^{-2}a^{-1}

一级类型	二级类型	森林	草地	农田	水体湿地	裸地
供给服务	食物生产	308.53	539.92	1 311.24	1 172.40	0.00
	原材料生产	709.61	786.74	617.05	416.51	0.00
	水资源供给	354.80	431.94	30.85	11 477.17	0.00
调节服务	气体调节	2 313.95	2 776.73	1 033.56	1 450.07	30.85
	气候调节	6 941.84	7 358.35	555.35	3 841.15	0.00
	净化环境	2 082.55	2 437.36	154.26	8 114.23	154.26
	水文调节	5 322.07	5 399.21	416.51	139 669.72	46.28
支持服务	土壤保持	2 823.01	3 393.79	1 588.91	1 758.60	30.85
	维持养分循环	215.97	262.25	185.12	138.84	0.00
	生物多样性	2 576.19	3 085.26	200.54	5 167.81	30.85
文化服务	美学景观	1 126.12	1 357.51	92.56	3 578.90	15.43
合计		24 774.64	27 829.26	6 185.95	176 785.40	308.52

生态系统服务价值的计算公式为

$$\text{ESV} = \sum_{i=1}^{5} P_i \times L_i \tag{7-2}$$

$$\text{ESV}_f = \sum_{i=1}^{5} P_{if} \times L_i \tag{7-3}$$

式中，ESV 为研究区生态系统服务总价值（元/年）；P_i 为单位面积景观类型 i 的生态系统服务价值（元/hm^{-2}a^{-1}）；L_i 为研究区景观类型 i 的面积（hm^2）。ESV$_f$ 为研究区生态系统单项服务总价值（元/年）；P_{if} 为单位面积景观类型 i 的生态系统单项服务价值（元/hm^{-2}a^{-1}）。计算结果见表 7-6。

表 7-6　2000 年、2008 年和 2016 年汾河流域生态系统生态服务价值核算表

单位：亿元/年

年份	一级类型	二级类型	森林	草地	农田	水体湿地	裸地	合计
2000 年	供给服务	食物生产	3.17	6.12	22.22	0.37	0.00	31.88
		原材料生产	7.28	8.92	10.46	0.13	0.00	26.79
		水资源供给	3.64	4.90	0.52	3.62	0.00	12.68
	调节服务	气体调节	23.75	31.47	17.51	0.46	0.00	73.19
		气候调节	71.26	83.41	9.41	1.21	0.00	165.29
		净化环境	21.38	27.63	2.61	2.56	0.00	54.18
		水文调节	54.64	61.20	7.06	44.11	0.00	167.01

续表

年份	一级类型	二级类型	森林	草地	农田	水体湿地	裸地	合计
	支持服务	土壤保持	28.98	38.47	26.92	0.56	0.00	94.93
		维持养分循环	2.22	2.97	3.14	0.04	0.00	8.37
2000年		生物多样性	26.45	34.97	3.40	1.63	0.00	66.45
	文化服务	美学景观	11.56	15.39	1.57	1.13	0.00	29.65
	合计		254.33	315.45	104.82	55.82	0.00	730.42

年份	一级类型	二级类型	森林	草地	农田	水体湿地	裸地	合计
		食物生产	3.37	6.92	19.10	0.38	0.00	29.77
	供给服务	原材料生产	7.74	10.08	8.99	0.14	0.00	26.95
		水资源供给	3.87	5.53	0.45	3.77	0.00	13.62
		气体调节	25.24	35.58	15.06	0.48	0.00	76.36
	调节服务	气候调节	75.71	94.29	8.09	1.26	0.00	179.15
		净化环境	22.71	31.23	2.25	2.66	0.01	58.86
2008年		水文调节	58.05	69.18	6.07	45.85	0.00	179.15
		土壤保持	30.79	43.49	23.15	0.58	0.00	98.01
	支持服务	维持养分循环	2.36	3.36	2.70	0.05	0.00	8.47
		生物多样性	28.10	39.53	2.92	1.70	0.00	72.25
	文化服务	美学景观	12.28	17.39	1.35	1.17	0.00	32.19
	合计		270.22	356.58	90.13	58.04	0.01	774.98

年份	一级类型	二级类型	森林	草地	农田	水体湿地	裸地	合计
		食物生产	3.74	6.00	18.61	0.36	0.00	28.71
	供给服务	原材料生产	8.60	8.74	8.76	0.13	0.00	26.23
		水资源供给	4.30	4.80	0.44	3.54	0.00	13.08
		气体调节	28.03	30.85	14.67	0.45	0.00	74.00
	调节服务	气候调节	84.09	81.75	7.88	1.19	0.00	174.91
		净化环境	25.23	27.08	2.19	2.50	0.02	57.02
2016年		水文调节	64.47	59.98	5.91	43.09	0.01	173.46
		土壤保持	34.19	37.70	22.55	0.54	0.00	94.98
	支持服务	维持养分循环	2.62	2.92	2.63	0.04	0.00	8.20
		生物多样性	31.20	34.28	2.85	1.59	0.00	69.92
	文化服务	美学景观	13.64	15.08	1.31	1.10	0.00	31.13
	合计		300.11	309.17	87.80	54.53	0.03	751.64

第三节　生态系统服务价值变化分析

一、流域生态系统服务价值时间变化分析

（一）总生态系统服务价值分析

由表 7-6 可知，2000 年汾河流域生态系统生态服务价值为 730.42 亿元/年，2008 年增加至 774.98 亿元/年，共增加了 44.56 亿元/年，价值变化率为 6.10%；到 2016 年又下降至 751.64 亿元/年，共下降了 23.34 亿元/年，价值变化率为-3.01%。由此可见，2000—2008 年汾河流域生态服务价值呈上升趋势，2008—2016 年又有所下降，但前期的上升幅度较大。

从各景观生态系统来看，流域生态服务价值从高到低一直都是草地＞森林＞农田＞水体湿地＞裸地。从变化趋势上看，各景观生态系统服务价值的变化有所不同。如图 7-1 所示，森林景观的生态服务价值在整个研究期间都一直呈增加趋势，共增加了 45.78 亿元/年，且后期的增加幅度较前期更大；草地景观生态服务价值的变化是先增后减，前期增加了 41.13 亿元/年，后期又减少了 47.41 亿元/年，减少的幅度略大；农田景观的生态服务价值则一直呈减少趋势，共减少了 17.02 亿元/年，前期减少幅度明显，后期略有减少；水体湿地景观的生态服务价值先增后减，前期增加了 2.22 亿元/年，后期又减少了 3.51 亿元/年；裸地景观的生态服务价值从 0.00 亿元/年增加到 0.03 亿元/年。

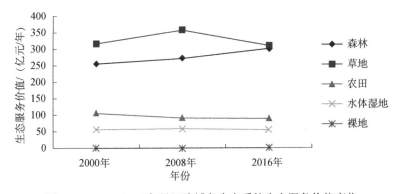

图 7-1　2000—2016 年汾河流域各生态系统生态服务价值变化

（二）单项生态系统服务价值分析

就各单项生态系统服务价值而言，研究期间流域生态系统各单项生态服务价值组成结构基本稳定，调节服务功能价值最大，占总价值的 60% 以上；支持服务功能价值次之，约占总价值的 20%；第三是供给服务功能价值，占总价值的不到 10%；第四是文化服务功能价值，占总价值的不到 5%。如图 7-2 所示。

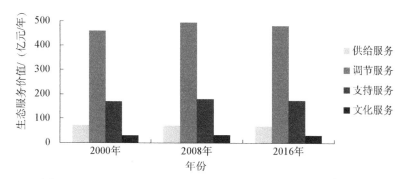

图 7-2　2000—2016 年汾河流域生态系统单项生态服务价值变化

就变化而言，供给服务功能价值在整个研究期间都是呈减少趋势的，减少幅度不大，16 年间共减少了 3.33 亿元/年，从二级类型来看，主要是食物生产功能价值的减少；调节服务、支持服务和文化服务功能价值的变化趋势相同，都是前期增加，后期减少，均表现出增加幅度大于减少幅度，且二级类型的变化趋势也基本与此相同。

二、流域生态系统服务价值空间差异分析

以县域为评价单元，根据式（7-2）和式（7-3）计算流域各县（市、区）的 2000 年、2008 年和 2016 年的生态系统服务价值，用 3 年的平均值代表研究期间该评价单元的生态服务价值状况。为消除评价单元面积大小的影响，用生态系统服务单位面积价值（万元/km²）反映流域生态服务价值的空间差异。

如图 7-3 所示，2000—2016 年汾河流域生态系统服务价值的空间分布差异明显。生态系统服务单位面积价值高的地区（>230 万元/km²），主要分布在上游的宁武县、娄烦县，中游东侧的昔阳县、和顺县、榆社县、武乡县、沁源县和安泽县等太行山一带的县域；生态系统服务单位面积价值

次高区（180 万—230 万元/km²），主要分布在上游的岚县、静乐县、古交市，中游北部的交城县、阳曲县和寿阳县，南部的孝义市、灵石县、交口县、汾西县，以及下游的古县、乡宁县、绛县、沁水县等低山丘陵区为主的县域；生态系统服务单位面积价值中等区（130 万—180 万元/km²），主要分布在中游的太原市区、榆次区、太谷县、祁县、平遥县、介休市、文水县、汾阳市和下游的洪洞县、尧都区、浮山县、翼城县、万荣县、河津市等地形较为平缓的县域；生态系统服务单位面积价值低的地区（<130 万元/km²），除清徐县是中游外，其他全部为下游区，包括襄汾县、稷山县、新绛县、侯马市、曲沃县、闻喜县等县域。总体而言，汾河流域生态系统生态服务价值呈现出"上游高、下游低、中游中等，山地高、盆地低、丘陵地区中等"的空间分布形态。

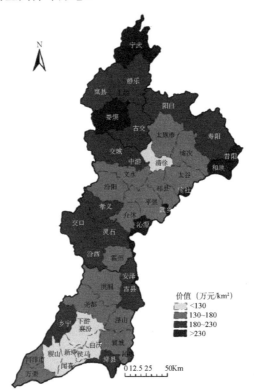

图 7-3　汾河流域县域生态系统服务单位面积价值空间分布图

　　研究期间，汾河流域县域生态系统服务价值空间分布的基本格局比较稳定，但随着时间的推移，一些地区仍然发生了一定程度的变化。如图 7-4 所示，2000—2008 年，除流域南端的万荣县、侯马市、襄汾县、河津市、新绛县 5 个县域外，其余县域的单位面积生态系统服务价值是呈增加的变化趋势，增加最多的是娄烦县，增加了 44.74 万元/km²，其次是沁源县，增加了 35.17 万元/km²，灵石县、古交市、静乐县、昔阳县、岚县和孝义市的增加幅度也较大，均在 20 万元/km² 以上；在减少的 5 个县域中，河津市减少的幅度最大，达 16.32 万元/km²，其余 4 县域减少的幅度均不到 5 万元/km²。总之，研究前期，流域各县域的生态系统服务单位面积价值的变化以增加为主，空间上主要分布在上游、中游南部等以丘陵山区为主的县域，主要是由于大量生态服务价值较小的农田向生态服务价值较大的森林、草地景观转移。

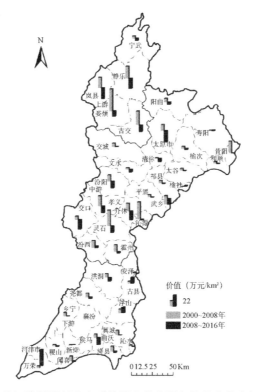

图 7-4　汾河流域县域生态系统服务单位面积价值变化空间分布图

2008—2016 年，汾河流域的县域单位面积生态系统服务价值是普遍减少的，减少的县域大约占 3/4，上、中、下游均有分布，减幅大的县域有上游的岚县、静乐县，中游的太原市区、交口县、介休市，下游的河津市，这些县域减少的单位面积生态系统服务价值在 15 万元/km² 以上。上游和中游县域生态系统服务价值减少主要是由于草地景观生态服务价值的减少，而下游县域生态系统服务价值减少主要是由于水体湿地景观生态服务价值的减少。另外，研究后期有 11 个县域单位面积生态系统服务价值是增加的，增幅最大的是万荣县，达 32.80 万元/km²，主要是由于水体湿地景观生态服务价值的大幅增加；其次有古县、武乡县、浮山县，增幅在 10 万元/km² 以上；汾西县、寿阳县、榆社县，增幅在 1 万元/km² 以上。空间分布上主要是在流域东部的太行山、太岳山一带，多是由于这些县域有农田向草地、草地向森林等生态服务价值低的向生态服务价值高的景观类型转移。

第四节　县域生态经济协调度分析

环境是社会经济发展规模和速度的刚性约束，生态环境容量是有极限的，因此，社会经济的可持续发展必然受到环境容量的制约，而区域环境容量正是区域生态系统所提供生物资源与生态服务功能的客观量度，生态系统服务功能对区域可持续发展是一个具有约束性的重要因子。经济高速发展，对区域环境容量的要求会更高，必须要有相应的生态系统服务来支持，使区域生态经济处于协调发展状态。

一、经济生态协调发展评价方法

目前，经济与环境的协调发展没有统一的标准，二者间的协调度是一个相对指标，不少学者，如乔标和方创琳[1]、苏飞和张平宇[2]、王振波等[3]、魏伟等[4]在构建环境与经济协调度时，利用了生态系统服务价值与 GDP 的比值。这里采用魏伟等的年度经济环境协调度指数（year of economy-environmental harmonize，YEEH）和经济环境协调度变化指数（economy-environmental harmonize change，EEHC）来分析生态环境与经济的协调发展。YEEH 是指研究时段节点上单位面积生态系统服务价值（ESV_{ea}）与单位面积 GDP（GDP_{ea}）之比。该比值是一个参考值，用以表征当年经济发

① 乔标、方创琳：《城市化与生态环境协调发展的动态耦合模型及其在干旱区的应用》，《生态学报》2005年第 11 期，第 3003-3009 页。
② 苏飞、张平宇：《基于生态系统服务价值变化的环境与经济协调发展评价——以大庆市为例》，《地理科学进展》2009 年第 3 期，第 471-477 页。
③ 王振波、方创琳、王婧：《1991 年以来长三角快速城市化地区生态经济系统协调度评价及其空间演化模式》，《地理学报》2011 年第 12 期，第 1657-1668 页。
④ 魏伟、石培基、魏晓旭，等：《中国陆地经济与生态环境协调发展的空间演变》，《生态学报》2018 年第 8 期，第 2636-2648 页。

展与固有环境之间的协调关系。EEHC 是指研究期内单位面积生态系统服务价值的变化率（ESV_{pr}）与单位面积 GDP（GDP_{pr}）变化率之比。该比值关系能更好地反映环境变化与经济发展过程中二者相互影响、相互制约或推动的程度。YEEH 和 EEHC 相关公式为

$$YEEH = ESV_{ea} / GDP_{ea} \qquad (7\text{-}4)$$

$$EEHC = ESV_{pr} / GDP_{pr} \qquad (7\text{-}5)$$

$$ESV_{pr} = \left(ESV_{pj} - ESV_{pi}\right) / ESV_{pi} \qquad (7\text{-}6)$$

$$GDP_{pr} = \left(GDP_{pj} - GDP_{pi}\right) / GDP_{pi} \qquad (7\text{-}7)$$

式中，ESV_{ea} 和 GDP_{ea} 分别为研究时间点上单位面积生态系统服务价值（万元/hm^2）和单位面积 GDP（元/hm^2）；ESV_{pi}、ESV_{pj} 分别为不同时段始、末年份生态系统服务价值（万元/hm^2）；GDP_{pi}、GDP_{pj} 分别为不同时段始、末年份的单位面积 GDP（元/hm^2）。

EEHC 存在以下 4 种可能的情况：①如果 $ESV_{pr}>0$ 且 $GDP_{pr}>0$，则 YEEH>0，经济—生态环境系统处于协调状态，这说明环境与经济达到了可持续发展，并朝良性方向发展；②如果 $ESV_{pr}>0$ 且 $GDP_{pr}<0$，则 YEEH<0，生态经济系统处于非协调状态，由于某些区域自然植被长势良好或人为干预，生态环境不断好转，但这些区域经济发展缓慢，制约了生态环境的自我修复、自我改善能力；③如果 $ESV_{pr}<0$ 且 $GDP_{pr}>0$，则 YEEH<0，生态经济系统处于非协调状态，某些区域一味地追求 GDP 增长，进而忽视生态环境保护和建设，导致经济发展快速而生态环境严重恶化；④如果 $ESV_{pr}<0$ 且 $GDP_{pr}<0$，则 YEEH>0，说明区域经济衰退、环境恶化，生态经济恶性循环，走向崩溃灭亡。因此对 EEHC 值的分析如下。

1）当 EEHC$\geqslant1$ 时，有两种情况：①$ESV_{pr}\geqslant GDP_{pr}>0$，表示研究期内生态系统服务价值和经济发展均呈增长趋势，且生态系统服务价值的增长不低于 GDP 的增长速度，此时区域生态环境与经济发展协调性非常好，为高度协调水平。②$ESV_{pr}\leqslant GDP_{pr}<0$，表示研究期内生态系统服务价值和经济水平均呈负增长趋势，且生态系统服务价值的负增长不低于经济的负增长速度，此时区域自然生态环境恶劣、经济发展衰退，生态环境与经济发展极度混乱，处于恶性循环状态。

2）当 $0\leqslant$ EEHC<1 时，有两种情况：①$GDP_{pr}>ESV_{pr}\geqslant0$，表示研究期内生态系统服务价值和经济发展均呈增长趋势，且 GDP 的增长速度高于生态系统服务价值的增长速度，经济与生态环境仍处于协调状态，但经济增长可能正在承受越来越大的生态环境压力，EEHC 值越接近于 0，则表示

环境经济协调水平越低。②$GDP_{pr} < ESV_{pr} \le 0$，表示研究期内生态系统服务价值和经济发展均呈负增长趋势，处于一种负协调状态，且 GDP 的负增长速度高于生态系统服务价值的负增长速度，区域出现了经济的衰退，而且环境也开始恶化。

3）当$-1 \le EEHC < 0$时，有两种情况：①$GDP_{pr} > 0 > ESV_{pr}$且$|GDP_{pr}| > |ESV_{pr}|$，经济发展呈增长趋势，但是生态环境呈负增长趋势，说明经济发展已经对生态环境产生负面影响，生态经济关系进入了不协调状态，经济发展与生态环境保护产生冲突。②$ESV_{pr} > 0 > GDP_{pr}$且$|GDP_{pr}| > |ESV_{pr}|$，生态环境呈增长趋势，但是经济发展呈负增长趋势，且负增长的速度较大，生态环境也处于极不协调状态，生态环境的保护明显制约了经济的发展。

4）当 $EEHC < -1$ 时，有两种情况：①$GDP_{pr} > 0 > ESV_{pr}$且$|ESV_{pr}| > |GDP_{pr}|$，经济发展呈增长趋势，但是生态环境呈负增长趋势，而且生态环境的负增长速度高于经济的增长速度，说明区域研究期内生态系统服务价值显著降低，生态环境明显恶化，经济发展与生态环境保护高度冲突，生态经济发展极不协调，区域发展不可持续。②$ESV_{pr} > 0 > GDP_{pr}$且$|ESV_{pr}| > |GDP_{pr}|$，生态环境呈增长趋势，但是经济发展呈负增长趋势、经济衰退，或者是经济发展已经严重破坏了生态环境，为提高区域生态系统的支撑能力，不得不进行生态保育，提高生态系统的服务功能，此时，经济发展也受制于生态环境的约束，生态经济也处于不协调的状态。

二、经济生态协调发展评价结果分析

根据上述评价方法，以县域为单元对汾河流域 2000—2008 年和 2008—2016 年的生态经济协调度进行评价。2000 年、2008 年和 2016 年研究区内各县域的单位面积生态服务价值已在前文计算。GDP 值从《山西统计年鉴》获取，但为了剔除年际间价格变动的影响，将 2008 年、2016 年的 GDP 按照 2000 年的价格进行换算。

（一）研究时段年度经济与生态环境协调度变化特征

根据式（7-4），计算出研究年度经济发展与生态环境协调度 YEEH，它能体现单位面积 ESV 和 GDP 的配比情况，值越大，表明该经济状况下生态环境的承载力或容量越大；反之，越小。计算结果如下：2000 年全流域 $YEEH_{00}$ 为 1.05，2008 年 $YEEH_{08}$ 为 0.53，2016 年 $YEEH_{16}$ 为 0.60。由此可见，研究初期，流域的生态经济配比值较高，环境负荷率较低，环境容量潜力较大，但随着经济的快速发展，YEEH 值逐渐减小，到 2008 年降低至 0.53，2016 年又略有回升，YEEH 值为 0.60。这说明研究期间，汾河流域经济发展迅速，但生态环境负荷率也随之增大，在经济增长的同时可能正在承受越来越大的生态环境压力，后期随着环境保护意识的增加，略有改善，但经济发展对流域生态环境的压力仍然较大。

就县域 YEEH 而言，2000 年，共有 14 个县域的 YEEH 小于 1，其中 YEEH 值为 0.5 以下的县域有 7 个，分别是太原市区、侯马市、清徐县、介休市、曲沃县、尧都区和河津市，最小的是太原市区，YEEH 值仅为 0.08；30 个县（市、区）的 YEEH 值均大于 1，最大的是岚县，YEEH 值为 16.44，其次是静乐县，YEEH 值为 16.10。2008 年，共有 20 个县域的 YEEH 小于 1，其中 YEEH 值为 0.5 以下的县域有 14 个，分别是太原市区、侯马市、河津市、清徐县、介休市、孝义市、曲沃县、尧都区、襄汾县、新绛县、闻喜县、榆次区、洪洞县和稷山县，最小的依然是太原市，YEEH 值仅为 0.05；24 个县域的 YEEH 值均大于 1，最大的是静乐县，YEEH 值为 10.60，其次是榆社县，YEEH 值为 9.33。2016 年，也是共有 20 个县域的 YEEH 小于 1，其中 YEEH 值为 0.5 以下的县域有 12 个，分别是太原市区、侯马市、曲沃县、孝义市、河津市、清徐县、介休市、尧都区、新绛县、榆次区、襄汾县和稷山县，最小的还是太原市区，YEEH 值下降为 0.04；24 个县域的 YEEH 值均大于 1，最大的是静乐县，YEEH 值为 7.78，其次是娄烦县，YEEH 值为 7.47。为了更好地反映县域生态经济协调程度，对 YEEH 值求取对数，结果如图 7-5 所示。由此可见，在 2000—2008 年，几乎全部县域的 YEEH 值是呈降低的趋势，生态环境容量的负荷率越来越高，而且越来越多的县域 YEEH 值小于 1 即 LN（YEEH）<0，也就是说，单位面积的 GDP 值超出了单位面积的生态服务价值，说明经济增长正在承受着越来越严峻的生态环境压力；2008—2016 年，YEEH 值降低的趋势有所缓解，也有部分县域的 YEEH 值开始回升，但幅度很小，总之，YEEH 值在研究后期变化不大。

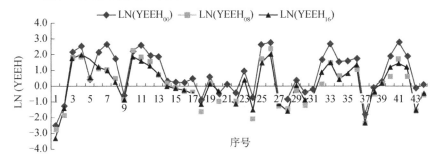

图 7-5　汾河流域 2000 年、2008 年和 2016 年的年度生态经济环境协调度对数图

研究期间流域县域年度生态经济环境协调度 YEEH 在空间分布上存在明显的差异性。总体上，上游的宁武、静乐、岚县、娄烦等和中游东部太行山区的和顺、榆社、武乡、沁源、安泽一带，YEEH 值最大，经济发展对生态环境的负荷率最低，生态环境容量最大；其次是中游西部吕梁山区的交城、交口、汾西、乡宁和下游东部的古县、浮山、沁水等地区，这些地区目前的生态环境容量较经济发展具有一定的潜力，经济的适度发展不会对生态环境造成过大的负荷；再次是中游南部的文水、汾阳、孝义、灵石、霍州和下游南部的翼城、绛县、万荣、稷山等地区，这些地区的经济发展正在承受越来越大的生态环境压力，生态环境负荷接近上限，存在一定的潜在危机；最后是中游的太原市区、清徐、介休、尧都区、侯马等地区，YEEH 值最小，这些地区经济发展已经超出生态环境的负荷能力，对生态环境产生负面影响，经济发展与生态环境保护产生冲突，生态经济关系进入不协调状态。

（二）EEHC 时空演变分析

经济环境协调度变化指数（EEHC）表现为研究时段内经济发展与生态环境的演变态势，因此，为进一步研究汾河流域 GDP 和 ESV 同时发展变化过程中的协调度情况，根据式（7-5）、式（7-6）、式（7-7），计算出研究区 2000—2008 年和 2008—2016 年两个时段的 EEHC。计算结果如下：2000—2008 年，全流域的 GDP_{pr} 为 1.08 元/hm²，ESV_{pr} 为 0.0546 元/hm²，EHHC 值为 0.05；2008—2016 年，全流域的 GDP_{pr} 为 -1961.23 元/hm²，ESV_{pr} 为 -190.47 元/hm²，EHHC 值为 0.10。

由此可见，研究前期，汾河流域的 GDP 为增长趋势，ESV 也是增长趋势，但是 GDP 的增长速度明显高于 ESV，EHHC 仍为正值，但接近于 0，说明流域此阶段的生态经济仍处于协调状态，但协调水平低，经济增长承受着越来越大的生态环境压力；研究后期，流域的 GDP 和 ESV 均呈现出负增长趋势，且 GDP 的负增长速度高于生态系统服务价值的负增长速度，EHHC 值为 0.10，说明流域此阶段经济发展与生态环境处于一种负协调状态，经济发展受到了生态环境的严重限制，区域经济有一定的衰退现象。

为了进一步分析生态经济协调度在空间上的差异性，以县域为单元，计算两个时段的 $EEHC_{2000-2008}$ 和 $EEHC_{2008-2016}$，并参考他人的相关研究成果划分协调等级区。划分结果为持续恶化区（EHHC<-1 或者 GDP$_{pr}$<0 且 EHHC>1）、初始恶化区（-1<EHHC<0 或者 GDP$_{pr}$<0 且 0.6≤EHHC<1）、协调调整区（0≤EHHC<0.6 或 GDP$_{pr}$≥0 且 EHHC≥1.2）、初始协调区（GDP$_{pr}$≥0 且 0.6≤EHHC<1）和持续协调区（GDP$_{pr}$≥0 且 1≤EHHC<1.2）五个区。特别要说明的是，生态经济协调，是指两者步调一致且是沿着正向方向发展，才是可持续性的协调发展，如果两者都是逆向发展，那么即使步调一致，也不认为是协调的，这时系统是走向崩溃的。

汾河流域所有的 44 个县域均没有进入持续协调区，初始协调区也只有万荣县在后期达到。2000—2008 年，绝大部分县域为协调调整区，共有 39 个县域；只有 5 个县域是初始恶化区，分别是万荣县、河津市、侯马市、新绛县和襄汾县，主要集中分布在流域的西南端。2008—2016 年，21 个县域为协调调整区，主要分布在流域的中部和南部；16 个县域为初始恶化区，包括上游流域的宁武县，中游流域的太原市区、榆次区、太谷县、祁县、寿阳县、昔阳县、和顺县、交城县、文水县、沁源县、灵石县和汾西县，下游流域的古县、稷山县和翼城县，空间上主要分布在中游流域北部、中下游流域的交界处及下游流域南部个别县域；有 6 个县域为持续恶化区，分别为流域北部的阳曲县、娄烦县、静乐县、岚县，中部武乡县和南部曲沃县。总体上，研究期间大部分县域的经济—生态环境系统的协调性是趋于恶化的，经济的发展和生态环境保护的冲突愈发凸显。因此，汾河流域在发展经济的同时必须注重生态的保持与修复，经济发展与生态环境建设的可持续发展依然任重而道远。

三、汾河流域生态服务价值及生态经济协调度特征

综上所述，研究期间，汾河流域生态服务价值及其生态经济协调度具有明显的区域特征，主要表现如下。

2000—2008 年流域生态服务价值呈上升趋势，2008—2016 年又有所下降，但前期的上升幅度较大。就各景观类型生态系统而言，生态服务价值从高到低一直都是草地、森林、农田、水体湿地、裸地；就各单项生态服务价值而言，调节服务功能价值>支持服务功能价值>供给服务功能价值>文化服务功能价值。

汾河流域生态服务价值空间分布差异明显，总体上呈现出"上游高、下游低、中游中等，山地高、盆地低、丘陵地区中等"的空间分布形态。研究期间，流域县域生态服务价值空间分布的基本格局比较稳定，但随着

时间的推移，一些地区仍然发生了一定程度的变化；2000—2008 年，流域各县域的生态系统服务单位面积价值的变化以增加为主，多为分布在上游、中游南部等以丘陵山区为主的县域；2008—2016 年，流域各县域单位面积生态服务价值普遍是减少的，减少的县域占 3/4，上、中、下游均有分布，11 个县域单位面积生态服务价值是增加的，主要分布在流域东部的太行山、太岳山一带。

从生态经济协调度上看，研究期间汾河流域经济发展迅速，但生态环境负荷率也随之增大，在经济增长的同时，可能正在承受越来越大的生态环境压力，后期随着环境保护意识的增加，略有改善，但经济发展对流域生态环境的压力仍然较大。空间分布上，上游地区和中游东部太行山区经济发展对生态环境的负荷率最低，生态环境容量最大；中游盆地区的部分县市经济发展已经超出生态环境的负荷能力，经济发展与生态环境保护产生冲突，生态经济关系不协调状态显现。总体上，研究期间大部分县域的经济—生态环境系统的协调性是趋于恶化的，经济的发展和生态环境保护的冲突愈发明显。

第八章
汾河流域生态环境的质量评价

　　生态环境质量是指生态环境的优劣程度，它以生态学理论等为基础，在特定的时间和空间范围内，从生态系统层次上，反映生态环境对人类生存及社会经济持续发展的适宜程度，是根据人类的具体要求对生态环境的性质及变化状态的结果进行评定。[①]生态环境质量对人类生存的质量有着直接的影响，已经成为制约社会经济发展的主要问题，是区域可持续发展的保证。

　　随着社会经济的不断发展、科学技术的不断进步，人类的生产活动、生活方式对生态系统和资源环境的影响不断加大。从某种意义上而言，经济水平的提高和物质资源的增加，在很大程度上是以牺牲环境和消耗资源为代价的，并由此产生了各种生态环境污染问题。生态环境问题，是指当自然和人类活动的干扰造成生态系统破坏，超出了生态系统自我调节能力，导致生态平衡遭到破坏，生态系统的结构和功能严重失调，进而对人类的生存发展构成威胁。目前，生态环境问题几乎涉及人类生活的整个领域，已经严重威胁某些区域和生物的生态安全，对人类未来社会的可持续发展造成严重危机。目前，生态系统退化、各种资源危机、自然灾害频发、土地退化、污染问题严重等生态环境问题逐渐加剧。

---

① 中国环境监测总站：《中国生态环境质量评价研究》，北京：中国环境科学出版社，2004 年，第 5 页。

区域生态环境质量评价，就是根据特定的目的，选择具有代表性、可比性、可操作性的评价指标和方法，对生态环境质量的优劣程度进行定性或定量的分析和判别。①这是对生态环境状态和演变的辨识过程，有助于发现主要生态环境的问题和矛盾，在解决生态环境问题方面起到至关重要的作用。

第一节　生态环境质量评价的原则与方法

一、评价依据和原则

（一）评价依据

生态环境质量评价，需要根据特定的目的，选择科学、合理、实用、有效的评价指标和方法，对生态环境质量的优劣程度进行定性或定量的分析和判别，因此，生态环境质量评价必须了解区域生态环境的基本情况，以及环境压力、环境暴露水平，需要使用大量自然条件、社会经济水平、生态系统结构、环境要素状况等的数据进行综合研究，涉及面广、难度大。生态环境质量评价是一项综合性、系统性的研究，其涉及的领域丰富，自然学、人文学、生态学、环境科学等理论都有着重要的指导作用。

1. 生态学理论

生态学是研究生物及环境间相互关系的科学。"生态学"作为一个学科名词，是德国生物学家赫克尔（Haeckel）于 1866 年在其著作《普通生物形态学》（*Generelle Morphologie Der Organismen*）一书中首次提出的。②传统生态学理论作为生态学理论的重要组成部分，其研究的最低层次是有机体，随着人类活动范围的扩大与多样化，其研究范围已扩大到包括人类社会在内的多种生态系统，现代生态学研究的侧重点在于人类与环境之间的关系。人类生产生活的不断扩大和发展，使人类与环境的矛盾越来越突出，出现了资源消耗过大、人口数量过多、生态环境破坏严重等问题。生态环境

---

① 中国环境监测总站：《中国生态环境质量评价研究》，北京：中国环境科学出版社，2004 年，第 5 页。
② 李博主编，杨持、林鹏副主编：《生态学》，北京：高等教育出版社，2000 年，第 3 页。

质量的改变是多种因素相互作用的结果，自然因素是基础，而人类活动是其导火索或催化剂，生态学毫无疑问是生态环境质量评价的理论基础和依据。

2. 可持续发展理论

1987 年，在世界环境与发展委员会发表的《我们共同的未来》的报告中，将可持续发展定义如下：既能满足当代人的需要，又不损害后代人满足其需要的能力的发展。可持续发展理论是随着人类科学意识的增强而产生的理论，人类的生活目标不仅仅局限于追求经济的发展，可持续发展理论也是人类对未来命运的反省。可持续发展是要合理地协调社会、经济与资源环境的发展，在保护好人类生存环境与资源的前提下达到经济发展的目的。可持续发展概念的提出，打破了增长等于发展的传统观念，真正的发展是需要实现经济、社会、环境三个方面的和谐进步与发展的。随着经济全球化、科技信息化的进步，人类将进入可持续发展综合能力激烈竞争的时代，实现可持续发展成为当代社会所有区域追求的目标之一。

3. 生态经济学理论

20 世纪 60 年代末期，美国经济学家肯尼斯·鲍尔丁（Kenneth Boulding）发表了《一门科学——生态经济学》的论文，首先提出了把生态与经济两个学科结合起来的生态经济学观点，这标志着生态经济学的诞生。生态经济学以人类经济活动为中心，改变了传统经济学的研究思路，将生态和经济作为一个不可分割的有机整体，其主要是从生态学、经济学角度来研究生态经济的功能、结构、生产力、生态经济效益，致力于在生态稳定、协调发展的前提下，促进经济的高效化发展，研究其相互作用过程中发生的各种问题，探索人类实现资源、生态、经济与社会的协调发展与保持平衡的途径。其研究结果可为解决环境资源问题、制定正确的发展战略和经济政策提供理论依据。[①]

4. 区域经济学理论

区域经济学是由经济地理学演化而来的，区域经济学研究一定空间范围内的要素有效配置及其空间结构问题。[②]人类的任何活动都是在一定的区

---

① 梁山、姜志德主编：《生态经济学》，北京：中国农业出版社，2008 年。
② 郝寿义：《区域经济学原理（第二版）》，上海：格致出版社、上海三联书店、上海人民出版社，2016 年，第 4 页。

域范围内展开的，在资源条件固定或者有限的情况下，如何灵活地运用区域的优势条件进行合理的资源分配以达到最高效的区域经济发展模式，成为区域经济学研究的主要内容。区域经济理论以区域发展为落脚点，主要运用经济学思想掌握人类空间活动的分布规则，以用于解释各种区域经济现象，对经济活动有更精准的把握。

5. 系统控制理论

20 世纪 50 年代，现代控制理论兴起，首先应用于工程系统和自然系统领域，随着科技的发展与研究的深入，控制理论逐渐应用到社会和经济系统中。自然、社会、经济、环境多方面资源构成了区域生态环境系统，它们之间互相影响，形成了一个统一的整体。控制理论的思维方式引发了学者思考，并广泛应用到区域发展过程中，形成了新型区域发展系统。区域发展是一个动态过程，在其发展过程中，区域内的人口、自然、社会和环境系统之间相互影响、不断更新，信息是发展过程中最基本的要素，在发展中必须合理掌握信息，通过不同的信息来控制和协调区域发展。

（二）评价原则

生态环境质量评价，是通过选取一定的评价因子构建生态环境质量评价指标体系，运用合适的方法对某一区域生态环境质量进行综合评价。生态环境具有明显的区域特性，不同区域的生态环境具有明显的差异性，因此，生态环境质量评价是在区域独特的自然地理条件、生态特性、经济发展和文化认同模式下进行的。生态环境质量评价的方法和数据的选取必须科学、实用，才能确保评价结果的准确、有效。区域生态系统进行质量评价时需要遵循以下几个原则。

1. 科学性原则

人们在改造客观物质世界的同时，要以遵守自然界的客观规律为基础，只有明确人类在生态环境中所处的位置，才能建立符合生态和谐的发展机制。人类发展到不同的历史阶段，都需要以继续发展为前提，以平衡各种关系，与自然依存。在此过程中，科学是协调生态中各种矛盾的准则。评价生态环境质量是一个复杂的过程，该系统的多元化决定了构建指标体系和建立模型的过程一定要科学规范，才能保证评价结果的真实可靠。

2. 系统性原则

生态环境本身是一个复杂的系统，由多个层次组成。生态环境质量评价因子众多且内在联系密切——生态环境受土壤、植被、气候、水文及人类生产生活一系列因素的影响。因此，选取指标时要尽可能系统、全面、客观、准确，既要考虑自然环境因素，也要考虑人为作用因素，反映生态环境的系统性和综合性特征。

3. 时空性原则

生态环境评价具有时空尺度特征。由于不同区域的自然气候、生态系统结构、社会经济情况等各不相同，也必然表现出不同的生态环境状况；同时，生态环境又受自身演替规律和外部环境变化的影响，进而表现为不同的生态环境质量特征。因此，对某一区域生态环境质量进行评价时，往往要针对特定的时空尺度。

4. 主导性原则

生态环境质量及其演变是地质、地貌、水文、土壤、植被、气候及人为活动等多种因素相互作用的结果，各种因子的作用过程及作用方式不同，一一概全既不可能又不现实，因此，评价时要抓住其中起到决定作用的因子，应该选择具有代表性的、能直接反映区域生态环境质量主要特征的主导性指标，才能对研究区域的生态环境质量做出客观、准确的评价和预测。

5. 实用性原则

在生态环境质量评价制定评价指标体系及构建评价模式时，不可能面面俱到，应当遵循简洁、方便、有效、实用的原则，既要通过相关学科理论进行概括，抽取对生态环境质量影响较大又易于获取的观测资料，又要选择有利于生产及管理部门掌握的因子及模式，立足于现有可搜集、可统计，易于计算、衡量的资料数据，使理论与实践得到良好的结合。

二、评价方法

在各类沉重的生态环境问题面前，生态环境质量评价早已成为人们关注的热点，国内外学者围绕生态环境质量评价构建了一系列模型方法。国外研究主要从理论出发，构建各种模型和环境指数。例如，经济合作与发展组织与联合国环境规划署共同提出的压力-状态-响应模型（pressure-state-response，PSR）[1]，美国耶鲁大学建立的全球环境绩效指数（environmental performance index，EPI）[2]，耶鲁大学环境法律与政策中心和哥伦比亚大学国际地球科学信息网络中心合作开发的环境可持续指数（environmental sustainability index，ESI）[3]等。国内研究主要集中在构建综合指数上，对不同行政单元的生态环境状况进行评价。[4]

目前生态环境评价的类型、方法和对象已经涉及各个方面，生态环境评价已经从静态到动态、从单一指标体系到综合指标体系、从单一评价单元尺度向多元评价单元尺度方向发展，众多模型和方法为生态环境质量评价研究提供了科学指导。但是，由于生态环境系统的复杂性和多变性，整合多元信息进行综合评价仍存在一定的困难。在指标构建上，大多研究虽涉及各种生态环境因子，但普遍接受的标准理论框架、指标体系和评价方法还需要进一步深入研究。此外，当评价区域或时间尺度发生变化时，评价方法的适用性受到质疑，不便于将同一地区不同时段或不同地区之间进行比较。鉴于此，中华人民共和国生态环境部（原环境保护部）于2006年3月9日发布了《生态环境状况评价技术规范（试行）（HJ/T 192—2006）》，经过长达9年的总结，对其进行了第一次修订，即《生态环境状况评价技术规范（HJ192—2015）》（以下简称《规范》），于2015年3月13日获得环境部门批准及实施，该技术规范明确指出采用统一的标准进行生态环境质量评价，有助于不同地区或同一地区不同时间的动态比较，为环保部门统一监管提供有效支撑，以此为基础，国内学者开展了大量的实证研究。[5]其主要内容如下。[6]

① Tong C. Review on environmental indicator research. *Research on Environmental Science*，2000，13（4）：53-55.
② 赖玢洁、田金平、刘巍，等：《中国生态工业园区发展的环境绩效指数构建方法》，《生态学报》2014年第22期，第6747页。
③ 杜斌、张坤民、彭立颖：《国家环境可持续能力的评价研究：环境可持续性指数2005》，《中国人口·资源与环境》2006年第1期，第19页。
④ 傅伯杰：《中国各省区生态环境质量评价与排序》，《中国人口·资源与环境》1992年第2期，第48-54页；万本太、王文杰、崔书红，等：《城市生态环境质量评价方法》，《生态学报》2009年第3期，第1068-1073页；凡宸、夏北成、秦建桥：《基于RS和GIS的县域生态环境质量综合评价模型——以惠东县为例》，《生态学杂志》2013年第3期，第719-725页。
⑤ 姚尧、王世新、周艺，等：《生态环境状况指数模型在全国生态环境质量评价中的应用》，《遥感信息》2012年第3期，第93-98页；张沛、徐海量、杜清，等：《基于RS和GIS的塔里木河干流生态环境状况评价》，《干旱区研究》2017年第2期，第416-422页；满卫东、刘明月、李晓燕，等：《1990—2015年三江平原生态功能区生态功能状况评估》，《干旱区资源与环境》2018年第2期，第136-141页。
⑥ 环境保护部：《生态环境状况评价技术规范（HJ192—2015）》（发布稿），http://kjs.mee.gov.cn/hjbhbz/bzwb/stzl/201503/w020150326489785523925.pdf。

（一）指标体系

《规范》中，生态环境状况评价利用一个综合指数（即生态环境状况指数，EI），反映区域生态环境的整体状态，指标体系包括生物丰度指数、植被覆盖指数、水网密度指数、土地胁迫指数、污染负荷指数 5 个分指数和 1 个环境限制指数，5 个分指数分别反映被评价区域内的生物丰贫、植被覆盖高低、水丰富程度、土地遭受胁迫程度和承载污染物压力，环境限制指数是约束性指标，是根据区域内出现的严重影响人居生产生活安全的生态破坏和环境污染事项对生态环境状况进行的限制和调节。

各项评价指标权重见表 8-1。

表 8-1　根据生态环境状况指数计算各项评价指标权重

指标	生物丰度指数	植被覆盖指数	水网密度指数	土地胁迫指数	污染负荷指数	环境限制指数
权重	0.35	0.25	0.15	0.15	0.10	约束性指标

生态环境状况指数（EI）=0.35×生物丰度指数+0.25×植被覆盖指数+0.15×水网密度指数+0.15×（100−土地胁迫指数）+0.10×（100−污染负荷指数）+环境限制指数

（二）各指标及其计算方法

1. 生物丰度指数

生物丰度指数的计算公式如下：

$$生物丰度指数=（BI+HQ）/2$$

式中，BI 为生物多样性指数，评价方法执行 HJ623；HQ 为生境质量指数。当生物多样性指数没有动态更新数据时，生物丰度指数变化等于生境质量指数的变化。生境质量指数中各生境类型分权重见表 8-2。

表 8-2　生境质量指数各生境类型分权重

生境	权重	结构类型	分权重
林地	0.35	有林地	0.60
		灌木林地	0.25
		疏林地和其他林地	0.15

续表

生境	权重	结构类型	分权重
草地	0.21	高覆盖度草地	0.60
		中覆盖度草地	0.30
		低覆盖度草地	0.10
水域湿地	0.28	河流（渠）	0.10
		湖泊（库）	0.30
		滩涂湿地	0.50
		永久性冰川雪地	0.10
耕地	0.11	水田	0.60
		旱地	0.40
建设用地	0.04	城镇建设用地	0.30
		农村居民点	0.40
		其他建设用地	0.30
未利用地	0.01	沙地	0.20
		盐碱地	0.30
		裸土地	0.20
		裸岩石砾	0.20
		其他未利用地	0.10

生境质量指数的计算公式如下：

生境质量指数 $= A_{bio} \times$（0.35×林地+0.21×草地+0.28×水域湿地+0.11×耕地+0.04×建设用地+0.01×未利用地）/区域面积

式中，A_{bio} 为生境质量指数的归一化系数，参考值为 511.264 213 106 7。

2. 植被覆盖指数

植被覆盖指数的计算公式如下：

$$植被覆盖指数 = NDVI_{区域均值} = A_{veg} \times \left(\frac{\sum_{i=1}^{n} P_i}{n} \right)$$

式中，P_i 为 5—9 月像元 NDVI 月最大值的均值，建议采用 MODIS13Q 的 NDVI 数据，空间分辨率为 250m，或者分辨率和光谱特征类似的遥感影像产品；n 为区域像元数；A_{veg} 为植被覆盖指数的归一化系数，参考值为 0.012 116 512 4。

3. 水网密度指数

水网密度指数的计算公式如下：

水网密度指数 = (A$_{riv}$×河流长度/区域面积 + A$_{lak}$×水域面积区域面积+

Ares×水资源量*/区域面积) / 3

式中，A$_{riv}$为河流长度的归一化系数，参考值为 84.370 408 398 1；A$_{lak}$为水域面积的归一化系数，参考值为 591.790 864 200 5；A$_{res}$为水资源量*的归一化系数，参考值为 86.386 954 828 1。水资源量*的计算方法为：

$$水资源量^* = \begin{cases} 水资源量 & \dfrac{水资源量}{水资源量_{年平均值}} \leq 1.4 \\[2ex] 水资源量_{年平均值} \times \left(2.4 - \dfrac{水资源量}{水资源量_{年平均值}}\right) & 1.4 < \dfrac{水资源量}{水资源量_{年平均值}} \leq 2.4 \\[2ex] 0 & \dfrac{水资源量}{水资源量_{年平均值}} > 2.4 \end{cases}$$

4. 土地胁迫指数

土地胁迫指数分权重，见表 8-3。

表 8-3　土地胁迫指数分权重

类型	重度侵蚀	中度侵蚀	建设用地	其他土地胁迫
权重	0.40	0.20	0.20	0.20

土地胁迫指数的计算公式如下：

土地胁迫指数 = A$_{ero}$×(0.40×重度侵蚀面积 + 0.20×中度侵蚀面积 + 0.20×建设用地面积 + 0.20×其他土地胁迫)/区域面积

式中，A$_{ero}$为土地胁迫指数的归一化系数，参考值为 236.043 567 794 8。

5. 污染负荷指数

污染负荷指数分权重，见表 8-4。

表 8-4　污染负荷指数分权重

类型	化学需氧量（COD）	氨氮（NH$_3$）	二氧化硫（SO$_2$）	烟（粉）尘（YEC）	氮氧化物（NO$_x$）	固体废物（SQL）	总氮等其他污染物
权重	0.20	0.20	0.20	0.10	0.20	0.10	待定

注：总氮等其他污染物的权重和归一化系数将根据污染物类型、特征和数据可获得性与其他污染负荷类型进行统一调整。

污染负荷指数的计算公式如下：

污染负荷指数＝$0.20 \times A_{COD} \times COD$排放量/区域年降水量$+0.20 \times A_{NH_3} \times$ NH$_3$排放量/区域年降水量$+0.20 \times A_{SO_2} \times SO_2$排放量/ 区域面积$+0.10 \times A_{YEC} \times YEC$排放量/区域面积$+0.20 \times$ $A_{NO_X} \times NO_X$排放量/区域面积$+0.10 \times A_{SQL} \times SQL$丢弃量/ 区域面积

式中，A_{COD} 为 COD 的归一化系数，参考值为 4.393 739 728 9；A_{NH_3} 为氨氮的归一化系数，参考值为 40.176 475 498 6；A_{SO_2} 为 SO$_2$ 的归一化系数，参考值为 0.064 866 028 7；A_{YEC} 为烟（粉）尘的归一化系数，参考值为 4.090 445 932 1；A_{NO_X} 为氮氧化物的归一化系数，参考值为 0.510 304 927 8；A_{SQL} 为固体废物的归一化系数，参考值为 0.074 989 428 3。

6. 环境限制指数

环境限制指数是生态环境状况的约束性指标，是指根据区域内出现的严重影响人居生产生活安全的生态破坏和环境污染事项，如重大生态破坏、环境污染和突发环境事件等，对生态环境状况类型进行限制和调节，见表 8-5。

表 8-5 环境限制指数约束内容

分类		判断依据	约束内容
突发环境事件	特大环境事件	按照《国家突发环境事件应急预案》，区域发生人为因素引发的特大、重大、较大或一般级别的突发环境事件，若评价区域发生一次及以上突发环境事件，则以最严重等级为准	生态环境不能为"优"和"良"，且生态环境级别降1级
	重大环境事件		
	较大环境事件		生态环境级别降1级
	一般环境事件		
生态破坏、环境污染	环境污染	存在环境保护主管部门通报的或国家媒体报道的环境污染或生态破坏事件(包括公开的环境质量报告中的超标区域)	存在中华人民共和国生态环境部（原环境保护部）通报的环境污染或生态破坏事件，生态环境不能为"优"和"良"，且生态环境级别降1级；其他类型的环境污染或生态破坏事件，生态环境级别降1级
	生态破坏		
	生态环境违法案件	存在环境保护主管部门通报或挂牌督办的生态环境违法案件	生态环境级别降1级
	被纳入区域限批范围	被环境保护主管部门纳入区域限批的区域	生态环境级别降1级

（三）生态环境质量状况分级

根据生态环境状况指数，将生态环境分为五级，即优、良、一般、较差和差，见表 8-6。

表 8-6　生态环境质量状况分级

级别	优	良	一般	较差	差
指数	EI≥75	55≤EI<75	35≤EI<55	20≤EI<35	EI<20
描述	植被覆盖度高，生物多样性丰富，生态系统稳定	植被覆盖度较高，生物多样性较丰富，适合人类生活	植被覆盖度中等，生物多样性一般水平，但有不适合人类生活的制约因子出现	植被覆盖较差，严重干旱少雨，物种较少，存在着明显限制人类生活的因素	条件较恶劣，人类生活受到限制

（四）生态环境质量状况变化分析

1. 变化幅度分析

根据生态环境状况指数与基准值的变化情况，将生态环境质量变化幅度分为四级，即无明显变化、略有变化（好或差）、明显变化（好或差）、显著变化（好或差）。各分指数变化分级评价方法，见表 8-7。

表 8-7　生态环境质量状况变化度分级

级别	无明显变化	略有变化	明显变化	显著变化
变化值	｜ΔEI｜<1	1≤｜ΔEI｜<3	3≤｜ΔEI｜<8	｜ΔEI｜≥8
描述	生态环境质量无明显变化	如果 1≤ΔEI<3，则生态环境质量略微变好；如果-3<ΔEI≤-1，则生态环境质量略微变差	如果 3≤ΔEI<8，则生态环境质量明显变好；如果-8<ΔEI≤-3，则生态环境质量明显变差	如果 ΔEI≥8，则生态环境质量显著变好；如果 ΔEI≤-8，则生态环境质量显著变差

2. 波动性分析

如果生态环境状况指数呈现波动变化的特征，则该区域生态环境比较敏感。根据生态环境质量波动变化幅度，可将生态环境变化状况分为稳定、波动、较大波动和剧烈波动，见表 8-8。

表 8-8　生态环境质量状况波动变化分级

级别	稳定	波动	较大波动	剧烈波动
变化值	｜ΔEI｜<1	1≤｜ΔEI｜<3	3≤｜ΔEI｜<8	｜ΔEI｜≥8
描述	生态环境质量状况稳定	如果｜ΔEI｜≥1，且 ΔEI 在 3 和-3 之间波动变化，则生态环境状况呈现波动特征	如果｜ΔEI｜≥3，且 ΔEI 在 8 和-8 之间波动变化，则生态环境状况呈现较大波动特征	如果｜ΔEI｜≥8，并且 ΔEI 变化呈正负波状特征，则生态环境状况呈现剧烈波动特征

第二节　生态环境质量评价的计算过程

本章对汾河流域的生态环境质量评价，以县域为评价单元，以《规范》为基本框架体系，从生物丰度、植被覆盖、水网密度、土地胁迫和污染负荷五个方面考虑，同时结合区域特征和资料收集情况，对某些指标的具体计算进行了一定的调整。

一、评价数据及来源

本章对汾河流域生态环境质量评价所用到的数据如下：①植被覆盖数据，来源于 MODIS13Q 的 NDVI 数据；②土地利用数据，主要采用了前文基于 Landsat 遥感影像解译的景观类型数据；③主要河流和湖泊、水库等水域数据，来源于 Landsat 影像的解译；④县域水资源数据，主要来源于各地市的水资源公报，部分缺失的数据通过自然特征相似的邻域数值获取；⑤坡度数据，来源于 ASTER GDEM V2 的 30m DEM 数据；⑥县域梯田和坡耕地数据，来源于各县国土资源局的耕地坡度分级面积统计；⑦人口、第二产业 GDP、化肥施用量县域统计数据，来源于山西省统计年鉴和各地市统计年鉴。

二、单一评价指标指数的计算

（一）生物丰度指数

由于缺乏研究区生物多样性指数的动态更新数据，因此，评价时直接采用生境质量指数作为生物丰度指数。生境质量指数，依据《规范》中的一级生境类型及其权重进行计算，一级生境类型面积采用前文的对应景观类型。一级生境与景观类型的对应关系为林地—森林，草地—草地，水域湿地—水体湿地，耕地—农田，未利用地—裸地。计算结果见表 8-9。

表 8-9　2000 年、2008 年和 2016 年汾河流域县域生境质量指数

县代码	县域名称	2000 年	2008 年	2016 年
140101	太原市区	0.4892	0.5114	0.5169
140121	清徐县	0.1680	0.1263	0.1263
140122	阳曲县	0.7928	0.7967	0.7667
140123	娄烦县	0.6231	0.6517	0.6393
140181	古交市	0.7226	0.7671	0.7970
140429	武乡县	0.0359	0.0363	0.0349
140431	沁源县	0.2142	0.2294	0.2272
140521	沁水县	0.0498	0.0475	0.0469
140702	榆次区	0.4552	0.4025	0.3929
140721	榆社县	0.0626	0.0632	0.0634
140723	和顺县	0.2631	0.2646	0.2606
140724	昔阳县	0.1733	0.1826	0.1796
140725	寿阳县	0.8974	0.8508	0.8980
140726	太谷县	0.4256	0.3826	0.3817
140727	祁县	0.3131	0.2726	0.2689
140728	平遥县	0.4186	0.3529	0.3508
140729	灵石县	0.4947	0.5399	0.5023
140781	介休市	0.2457	0.2392	0.2573
140822	万荣县	0.2139	0.1433	0.1481
140823	闻喜县	0.0471	0.0357	0.0368
140824	稷山县	0.1994	0.1502	0.1501
140825	新绛县	0.1604	0.1035	0.1033
140826	绛县	0.2525	0.2453	0.2402
140882	河津市	0.1038	0.0752	0.0703
140925	宁武县	0.7768	0.7588	0.7642
140926	静乐县	0.8416	0.8547	0.8825
141002	尧都区	0.4384	0.3761	0.3677
141021	曲沃县	0.1067	0.0692	0.0672
141022	翼城县	0.3956	0.3439	0.3383
141023	襄汾县	0.2692	0.1765	0.1708
141024	洪洞县	0.4646	0.3807	0.3665
141025	古县	0.5220	0.4812	0.5003
141026	安泽县	0.0185	0.0187	0.0185
141027	浮山县	0.2459	0.2064	0.1978
141029	乡宁县	0.5317	0.5221	0.5142
141034	汾西县	0.3398	0.3406	0.3481

续表

县代码	县域名称	2000 年	2008 年	2016 年
141081	侯马市	0.0524	0.0370	0.0395
141082	霍州市	0.3105	0.2865	0.2812
141121	文水县	0.4337	0.3852	0.3910
141122	交城县	1.0000	1.0000	1.0000
141127	岚县	0.4370	0.4220	0.3868
141130	交口县	0.6102	0.6199	0.6612
141181	孝义市	0.3193	0.3146	0.3194
141182	汾阳市	0.4055	0.3643	0.3771

（二）植被覆盖指数

植被覆盖指数，利用汾河流域 2000 年、2008 年和 2016 年三年的 5—9 月 MODIS13Q 的 NDVI 数据，依据《规范》中的方法进行计算。计算结果见表 8-10。

表 8-10　2000 年、2008 年和 2016 年汾河流域县域植被覆盖指数

县代码	县域名称	2000 年	2008 年	2016 年
140101	太原市区	0.5909	0.6568	0.6303
140121	清徐县	0.5106	0.6679	0.6398
140122	阳曲县	0.6954	0.7927	0.8181
140123	娄烦县	0.5717	0.6892	0.7153
140181	古交市	0.6601	0.7401	0.7850
140429	武乡县	0.7549	0.7941	0.8302
140431	沁源县	0.7951	0.8627	0.8468
140521	沁水县	0.8836	0.9463	0.9214
140702	榆次区	0.5040	0.6847	0.6888
140721	榆社县	0.7776	0.8131	0.8342
140723	和顺县	0.7357	0.8584	0.8684
140724	昔阳县	0.7166	0.8348	0.8847
140725	寿阳县	0.5528	0.7276	0.7672
140726	太谷县	0.6226	0.7619	0.7650
140727	祁县	0.6163	0.7626	0.7481
140728	平遥县	0.6095	0.7374	0.7122
140729	灵石县	0.6457	0.7612	0.7845
140781	介休市	0.5790	0.7100	0.7083
140822	万荣县	0.6246	0.7328	0.6752

续表

县代码	县域名称	2000 年	2008 年	2016 年
140823	闻喜县	0.4607	0.6234	0.6399
140824	稷山县	0.5365	0.7410	0.7043
140825	新绛县	0.5231	0.7713	0.7100
140826	绛县	0.8247	0.9168	0.8726
140882	河津市	0.5967	0.6608	0.6341
140925	宁武县	0.6142	0.7512	0.8172
140926	静乐县	0.5228	0.6544	0.7228
141002	尧都区	0.6205	0.7328	0.7211
141021	曲沃县	0.5133	0.7613	0.6521
141022	翼城县	0.6257	0.7516	0.7747
141023	襄汾县	0.5754	0.7453	0.6864
141024	洪洞县	0.5916	0.7080	0.7180
141025	古县	0.7496	0.8344	0.8679
141026	安泽县	1.0000	1.0000	1.0000
141027	浮山县	0.5936	0.6897	0.7371
141029	乡宁县	0.8920	0.9100	0.9086
141034	汾西县	0.5830	0.7074	0.7510
141081	侯马市	0.3345	0.7675	0.6463
141082	霍州市	0.6418	0.7394	0.7628
141121	文水县	0.6865	0.7874	0.7975
141122	交城县	0.7867	0.8582	0.8791
141127	岚县	0.5356	0.6836	0.7396
141130	交口县	0.8149	0.8475	0.8451
141181	孝义市	0.6037	0.6647	0.6842
141182	汾阳市	0.6245	0.7178	0.7501

（三）水网密度指数

水网密度指数完全依据《规范》中的方法计算，结果详见表 8-11。

表 8-11 2000 年、2008 年和 2016 年汾河流域县域水网密度指数

县代码	县域名称	2000 年	2008 年	2016 年
140101	太原市区	0.3960	0.4115	0.3701
140121	清徐县	0.3543	0.3499	0.3428
140122	阳曲县	0.3130	0.3168	0.2464
140123	娄烦县	0.2983	0.3992	0.3625

续表

县代码	县域名称	2000 年	2008 年	2016 年
140181	古交市	0.2585	0.2590	0.2378
140429	武乡县	0.3817	0.3929	0.3885
140431	沁源县	0.2062	0.2183	0.2138
140521	沁水县	0.4445	0.4445	0.4401
140702	榆次区	0.2347	0.2402	0.2520
140721	榆社县	0.2093	0.2093	0.2177
140723	和顺县	0.2128	0.2128	0.2196
140724	昔阳县	0.2807	0.2809	0.2887
140725	寿阳县	0.2812	0.2897	0.2790
140726	太谷县	0.2506	0.2660	0.2801
140727	祁县	0.2662	0.2806	0.2902
140728	平遥县	0.3165	0.3198	0.3335
140729	灵石县	0.2375	0.2416	0.2531
140781	介休市	0.3613	0.3430	0.3642
140822	万荣县	0.4141	0.5808	0.5860
140823	闻喜县	0.2309	0.2308	0.2355
140824	稷山县	0.3074	0.3122	0.3186
140825	新绛县	0.3083	0.3202	0.3255
140826	绛县	0.5530	0.5760	0.5828
140882	河津市	0.5938	0.5425	0.5554
140925	宁武县	0.4434	0.4518	0.4340
140926	静乐县	0.4216	0.4165	0.4038
141002	尧都区	0.5302	0.5496	0.5496
141021	曲沃县	0.3003	0.2882	0.3083
141022	翼城县	0.2899	0.3046	0.3049
141023	襄汾县	0.2047	0.2123	0.2111
141024	洪洞县	0.4983	0.5099	0.5111
141025	古县	0.2868	0.2931	0.2973
141026	安泽县	0.0965	0.0965	0.0965
141027	浮山县	0.2595	0.2577	0.2577
141029	乡宁县	0.2780	0.2850	0.2859
141034	汾西县	0.1697	0.1926	0.1926
141081	侯马市	0.3250	0.3262	0.3262
141082	霍州市	0.4998	0.5080	0.5100
141121	文水县	0.4695	0.4714	0.4600
141122	交城县	0.4308	0.4436	0.4388

续表

县代码	县域名称	2000 年	2008 年	2016 年
141127	岚县	0.3691	0.3620	0.3582
141130	交口县	0.2552	0.2589	0.2515
141181	孝义市	0.3871	0.3930	0.3865
141182	汾阳市	0.4209	0.4108	0.4010

（四）土地胁迫指数

研究区位于黄土高原东端，地形较为破碎，土层质地松软，植被覆盖较少，水土流失较为严重，土壤侵蚀是其主要的土地胁迫类型。因此，本章对《规范》中土地胁迫指数的计算方法进行了一定的调整，主要从土壤的侵蚀强度考虑，适当加大了重度侵蚀和中度侵蚀的权重系数，调整后的计算公式如下：

$$土地胁迫指数 = A_{ero} \times (0.50 \times 重度侵蚀面积 + 0.30 \times 中度侵蚀面积$$
$$+ 0.10 \times 轻度侵蚀面积 + 0.10 \times 建设用地或水域$$
$$湿地面积) / 区域面积$$

式中，A_{ero} 为土地胁迫指数的归一化系数，参考值为 5.040 422 806 8。

同时，针对研究区域特点及具体情况，结合前人研究经验，参照《土壤侵蚀分类分级标准（SL 190—2007）》[①]，制定了汾河流域土壤侵蚀分级表，如表 8-12 所示。

表 8-12　汾河流域土壤侵蚀强度分级表

地表类型	坡度	0—6°	6—15°	15—25°	25—35°	>35°
非耕地林草覆盖度	>75%	轻度	轻度	轻度	轻度	中度
	60%—75%				中度	重度
	45%—60%			中度		
	30%—45%	中度	中度		重度	
	<30%			重度		
耕地	梯田	轻度	轻度	轻度	中度	中度
	坡耕地	轻度	中度	重度	重度	重度

由表 8-12 所示，研究区的土壤侵蚀强度考虑了地表植被覆盖程度和坡度两个主要因素。地表植被覆盖类型又分为天然植被和人工植被。天然植

---

① 中国人民共和国水利部：《土壤侵蚀分类分级标准（SL190—2007）》，中华人民共和国水利部公告 2008 年第 1 号。

被，主要是林草覆盖，其覆盖程度用植被覆盖度表示。植被覆盖度，是指植被冠层垂直投影面积与土壤总面积之比，即植土比。①目前对于植被覆盖度计算较为广泛的是植被指数模型，其主要包括 RVI（ratio vegetation index，比值植被指数）、NDVI（normalized difference vegetation index，归一化差值植被指数）、DVI（difference vegetation index，差值植被指数）、GVI（green vegetation index，绿度植被指数）及 CARI（chlorophyll absorption ratio index，叶绿素吸收比值）模型等。②NDVI 模型因具有能够很好地突出植被特征、取值区间较为合理、计算方便及能消除部分辐射误差等特点，而得到相对比较广泛的使用。因此，这里采用 MODIS13Q 的 NDVI 数据来表示非耕地林草覆盖度。人工植被，主要是耕地，分为梯田和坡耕地两种方式。在研究区，通过多年的水土流失治理，修筑了大面积梯田，梯田的修建改变了坡面微地形，坡面坡度变缓、田坎部位变陡、坡长被截断，水流路径发生改变；同时影响了局部区域的坡度、坡长等地形因子的值，因此，梯田和坡耕地两种不同的耕作方式对土壤侵蚀程度的影响是不同的。本次评价的梯田和坡耕地数据主要参考了各县国土资源局的耕地坡度分级面积统计数据。

本章土地胁迫指数获取流程如下：①将基于遥感影像提取的景观类型图进行重分类，即农田—1，森林、草地、裸地—2，聚落、水体湿地—3；②利用 DEM 数据提取坡度数据，并按照表 8-12 进行重分类；③依据表 8-12，利用 NDVI 数据和景观类型的重分类数据，并结合坡度数据，汇总县域单元的非耕林草类型土壤侵蚀强度分级面积；④依据表 8-12，利用景观类型重分类数据并参考各县域耕地坡度分级面积统计数据，计算并汇总县域单元的耕地类型土壤侵蚀强度分级面积；⑤汇总县域全面积的各类型土壤侵蚀强度分级面积；⑥根据调整后的土地胁迫指数计算公式，计算各县域土地胁迫指数，计算结果见表 8-13。

表 8-13 2000 年、2008 年和 2016 年汾河流域县域土地胁迫指数

县代码	县域名称	2000 年	2008 年	2016 年
140101	太原市区	0.6071	0.7628	0.6372
140121	清徐县	0.5674	0.7365	0.6285
140122	阳曲县	0.7320	0.7418	0.6585
140123	娄烦县	0.8815	0.9795	0.9468
140181	古交市	0.8121	0.8942	0.8386

① 朱蕾、徐俊锋、黄敬峰，等：《作物植被覆盖度的高光谱遥感估算模型》，《光谱学与光谱分析》2008 年第 8 期，第 1827 页。
② 赵英时等编著：《遥感应用分析原理与方法》，北京：科学出版社，2003 年，第 373-383 页。

续表

县代码	县域名称	2000 年	2008 年	2016 年
140429	武乡县	0.7573	0.8452	0.7543
140431	沁源县	0.6928	0.8016	0.7312
140521	沁水县	0.5170	0.6428	0.5838
140702	榆次区	0.6986	0.7445	0.7456
140721	榆社县	0.7362	0.8068	0.6618
140723	和顺县	0.7273	0.7019	0.6475
140724	昔阳县	0.7424	0.7268	0.6003
140725	寿阳县	0.8259	0.7269	0.7235
140726	太谷县	0.6939	0.7445	0.6540
140727	祁县	0.6720	0.7786	0.7189
140728	平遥县	0.5794	0.7116	0.6961
140729	灵石县	0.7919	0.8862	0.9617
140781	介休市	0.6314	0.7732	0.6947
140822	万荣县	0.4596	0.6090	0.5774
140823	闻喜县	0.5524	0.6686	0.6203
140824	稷山县	0.5345	0.6727	0.6779
140825	新绛县	0.4904	0.6463	0.6508
140826	绛县	0.6506	0.8383	0.8179
140882	河津市	0.4481	0.6111	0.6111
140925	宁武县	1.0000	0.9658	0.9247
140926	静乐县	0.9060	1.0000	1.0000
141002	尧都区	0.5986	0.7131	0.6291
141021	曲沃县	0.4838	0.6249	0.5874
141022	翼城县	0.6095	0.7141	0.6704
141023	襄汾县	0.5010	0.6435	0.6139
141024	洪洞县	0.6016	0.7718	0.6880
141025	古县	0.6418	0.7270	0.6896
141026	安泽县	0.4937	0.6566	0.6513
141027	浮山县	0.6503	0.7361	0.7451
141029	乡宁县	0.6503	0.8019	0.8332
141034	汾西县	0.8275	0.8604	0.8828
141081	侯马市	0.4755	0.6178	0.5906
141082	霍州市	0.6709	0.8481	0.7508
141121	文水县	0.5622	0.7387	0.6855
141122	交城县	0.7683	0.8619	0.7547
141127	岚县	0.7670	0.8214	0.9449
141130	交口县	0.6331	0.7408	0.7252
141181	孝义市	0.6607	0.7874	0.7345
141182	汾阳市	0.5668	0.6734	0.6169

（五）污染负荷指数

根据《规范》，污染负荷指数的计算需要各个评价单元的化学需氧量、氨氮排放总量、二氧化硫排放总量、烟（粉）尘排放总量、氮氧化物排放总量和固体废物排放总量，但这些指标的县级统计数据难以收集和获取。

通过对山西省 2016 年的这些环境污染指标的统计和分析，从农业、工业和生活三个角度按照《规划》中的污染负荷指数计算公式进行计算，三者对环境污染负荷的贡献权重分别为 0.37、0.31、0.32。由此可见，农业、工业和生活三个方面对环境污染的影响是不可忽视的，而且贡献率相当。因此，这里选用化肥施用量、第二产业 GDP 和人口密度三个较易收集的指标来计算评价单元的污染负荷指数，计算公式如下：

$$环境负荷指数 = \frac{1}{3} \times A_1 \times 化肥施用量(折纯量)/区域面积 + \frac{1}{3} \times A_2 \times$$

$$第二产业GDP(2000年价格)/区域面积 + \frac{1}{3} \times A_3 \times 人口密度$$

式中，A_1 为化肥施用量的归一化系数；A_2 为第二产业 GDP 的归一化系数；A_3 为人口密度的归一化系数。计算结果见表 8-14。

表 8-14　2000 年、2008 年和 2016 年汾河流域县域污染负荷指数

县代码	县域名称	2000 年	2008 年	2016 年
140101	太原市区	0.7658	0.7106	0.7025
140121	清徐县	0.3367	0.3782	0.3097
140122	阳曲县	0.0351	0.0405	0.0465
140123	娄烦县	0.0266	0.0287	0.0204
140181	古交市	0.0641	0.0444	0.0270
140429	武乡县	0.0514	0.0688	0.0649
140431	沁源县	0.0217	0.0277	0.0319
140521	沁水县	0.0477	0.0673	0.0670
140702	榆次区	0.1992	0.2038	0.1746
140721	榆社县	0.0300	0.0578	0.0306
140723	和顺县	0.0254	0.0288	0.0294
140724	昔阳县	0.0354	0.0419	0.0456
140725	寿阳县	0.0872	0.0381	0.1103
140726	太谷县	0.1987	0.2711	0.2123
140727	祁县	0.2169	0.2500	0.2145
140728	平遥县	0.1944	0.1944	0.1758

续表

县代码	县域名称	2000 年	2008 年	2016 年
140729	灵石县	0.0886	0.1798	0.0959
140781	介休市	0.2728	0.2132	0.2059
140822	万荣县	0.1582	0.1511	0.1985
140823	闻喜县	0.2548	0.2456	0.2498
140824	稷山县	0.2861	0.2773	0.3728
140825	新绛县	0.4547	0.4536	0.4394
140826	绛县	0.2251	0.2235	0.1873
140882	河津市	0.3640	0.4653	0.4356
140925	宁武县	0.0267	0.0269	0.0237
140926	静乐县	0.0344	0.0333	0.0321
141002	尧都区	0.2839	0.3021	0.2598
141021	曲沃县	0.3429	0.3977	0.4079
141022	翼城县	0.1464	0.1718	0.1430
141023	襄汾县	0.3358	0.3603	0.3021
141024	洪洞县	0.3023	0.3324	0.3078
141025	古县	0.0535	0.0703	0.0678
141026	安泽县	0.0349	0.0462	0.0449
141027	浮山县	0.0799	0.1067	0.0976
141029	乡宁县	0.0677	0.0720	0.0683
141034	汾西县	0.0530	0.0530	0.0392
141081	侯马市	0.5376	0.6008	0.5250
141082	霍州市	0.1694	0.1745	0.1348
141121	文水县	0.2229	0.2094	0.2369
141122	交城县	0.0511	0.0532	0.0430
141127	岚县	0.0520	0.0502	0.0548
141130	交口县	0.0334	0.0415	0.0402
141181	孝义市	0.1841	0.2540	0.2898
141182	汾阳市	0.1557	0.1632	0.1971

三、生态环境状况指数计算及分级

按照《规范》中的生态环境状况指数（EI）的计算公式和分级标准，分别对 2000 年、2008 年和 2016 年的汾河流域县域 EI 指数计算并分级，见表 8-15；计算 2000—2008 年和 2008—2016 年的县域 EI 变化幅度和波动性并分级，见表 8-16。

表 8-15 2000 年、2008 年和 2016 年汾河流域县域生态环境状况指数（EI）

县代码	县域名称	2000 年	2008 年	2016 年
140101	太原市区	54.60	59.04	55.98
140121	清徐县	35.84	41.20	38.08
140122	阳曲县	61.16	63.99	61.33
140123	娄烦县	54.06	61.01	60.10
140181	古交市	58.49	63.09	63.94
140429	武乡县	37.73	40.38	39.77
140431	沁源县	41.08	45.17	43.62
140521	沁水县	38.73	42.30	40.71
140702	榆次区	44.52	48.01	47.68
140721	榆社县	36.12	38.36	36.57
140723	和顺县	41.96	44.73	44.13
140724	昔阳县	39.68	42.79	42.20
140725	寿阳县	62.71	63.60	66.75
140726	太谷县	46.62	50.31	48.62
140727	祁县	42.61	46.99	45.40
140728	平遥县	45.27	48.20	47.29
140729	灵石县	49.78	56.64	56.37
140781	介休市	40.70	45.00	44.66
140822	万荣县	37.79	42.69	41.50
140823	闻喜县	27.46	32.78	32.62
140824	稷山县	35.88	41.33	41.54
140825	新绛县	35.22	41.94	40.40
140826	绛县	49.76	54.95	53.11
140882	河津市	37.82	41.11	40.17
140925	宁武县	64.46	66.87	67.80
140926	静乐县	62.79	67.85	70.34
141002	尧都区	50.63	53.44	51.17
141021	曲沃县	31.76	39.13	36.17
141022	翼城县	44.44	47.83	47.27
141023	襄汾县	37.75	41.25	38.54
141024	洪洞县	50.57	53.57	51.84
141025	古县	51.47	53.71	54.69
141026	安泽县	34.85	37.41	37.31
141027	浮山县	37.89	40.44	41.37
141029	乡宁县	55.51	58.05	58.18
141034	汾西县	41.96	45.93	47.48

续表

县代码	县域名称	2000 年	2008 年	2016 年
141081	侯马市	27.58	40.65	36.54
141082	霍州市	46.17	50.60	49.17
141121	文水县	50.05	53.41	53.18
141122	交城县	73.16	76.57	75.31
141127	岚县	46.25	50.11	52.12
141130	交口县	55.39	58.30	59.32
141181	孝义市	43.83	47.87	48.00
141182	汾阳市	46.18	48.59	49.19

表 8-16　2000—2008 年和 2008—2016 年汾河流域县域 EI 变化

县代码	县域名称	$\Delta EI_{2000-2008}$	$\Delta EI_{2008-2016}$
140101	太原市区	4.44	-3.06
140121	清徐县	5.36	-3.12
140122	阳曲县	2.83	-2.66
140123	娄烦县	6.94	-0.91
140181	古交市	4.60	0.85
140429	武乡县	2.65	-0.61
140431	沁源县	4.10	-1.55
140521	沁水县	3.57	-1.60
140702	榆次区	3.49	-0.33
140721	榆社县	2.24	-1.79
140723	和顺县	2.77	-0.60
140724	昔阳县	3.11	-0.60
140725	寿阳县	0.89	3.15
140726	太谷县	3.69	-1.69
140727	祁县	4.38	-1.60
140728	平遥县	2.93	-0.91
140729	灵石县	6.86	-0.27
140781	介休市	4.30	-0.34
140822	万荣县	4.90	-1.19
140823	闻喜县	5.32	-0.16
140824	稷山县	5.45	0.21
140825	新绛县	6.72	-1.53
140826	绛县	5.20	-1.85
140882	河津市	3.29	-0.94
140925	宁武县	2.41	0.93
140926	静乐县	5.07	2.48

续表

县代码	县域名称	$\Delta EI_{2000-2008}$	$\Delta EI_{2008-2016}$
141002	尧都区	2.81	-2.27
141021	曲沃县	7.37	-2.96
141022	翼城县	3.38	-0.56
141023	襄汾县	3.50	-2.71
141024	洪洞县	3.00	-1.73
141025	古县	2.23	0.98
141026	安泽县	2.56	-0.10
141027	浮山县	2.55	0.93
141029	乡宁县	2.54	0.14
141034	汾西县	3.97	1.55
141081	侯马市	13.07	-4.11
141082	霍州市	4.43	-1.43
141121	文水县	3.37	-0.24
141122	交城县	3.41	-1.26
141127	岚县	3.87	2.01
141130	交口县	2.91	1.03
141181	孝义市	4.04	0.12
141182	汾阳市	2.41	0.60

第三节　生态环境质量评价的结果分析

一、县域生态环境质量状况分析

1. 2000 年生态环境质量状况

由表 8-15 可知，2000 年，汾河流域涉及的 44 个县域中，EI 指数最高的是交城县，为 73.16，最低的是闻喜县，仅 27.46。生态环境状况等级没有一个县域达到优，但也没有差的县域，大部分县域（共 32 个）为一般，8 个县域为良（交城县、宁武县、静乐县、寿阳县、阳曲县、古交市、乡宁县和交口县），4 个县域为较差（安泽县、曲沃县、侯马市和闻喜县）。从空间分布上看，流域北部及东北一带的生态环境质量状况较好，南部个别县域较差。

2. 2008 年生态环境质量状况

由表 8-15 可知，2008 年，汾河流域涉及的 44 个县域中，EI 指数最高的仍然是交城县，为 75.31，最低的是闻喜县，仅 32.78。生态环境状况等级只有 1 个，即交城县达优，没有差的县域，大部分县域（共 32 个）为一般，10 个县域为良（静乐县、宁武县、阳曲县、寿阳县、古交市、娄烦县、太原市区、交口县、乡宁县和灵石县），1 个县域为较差。从空间分布上看，流域北部的上游地区、中游东北地区，以及中游南部的灵石-交口地区生态环境质量状况较好，其余的地区一般。

3. 2016 年生态环境质量状况

由表 8-15 可知，2016 年，汾河流域涉及的 44 个县域中，EI 指数最高的还是交城县，为 75.31，最低的是闻喜县，为 32.62。生态环境状况等级只有 1 个，即交城县达优，没有差的县域，32 个县域为一般，10 个县域为良，空间分布与 2008 年完全一致。

二、生态环境质量状况变化分析

1. 变化幅度分析

由表 8-16 可知，2000—2008 年汾河流域各县域 ΔEI 值均为正，说明该研究期所有的县域生态环境状况都呈现转好的态势。从变化幅度上看，侯马市的 ΔEI 值最大，为 13.07，达到显著变好；29 个县域（$3 \leqslant \Delta EI < 8$），为明显变好；13 个县域（$1 \leqslant \Delta EI < 3$），为略微变好；只有寿阳县 $\Delta EI < 1$，为 0.89，变化较小。从空间分布上看，上游大部、中游中部和南部、下游南部等地区变化幅度较大，生态环境状况明显好转。

由表 8-16 可知，2008—2016 年汾河流域各县域的 ΔEI 有正有负，其中 13 个县域的 ΔEI 值为正，31 个县域的 ΔEI 值为负，说明该研究期多数县域的生态环境状况是呈现恶化的态势，少数县域的生态环境状况有一定的好转态势。从变化幅度上看，只有寿阳县明显变好；4 个县域（$1 \leqslant \Delta EI < 3$），为略微变好；21 个县域变化不明显；15 个县域（$-3 \leqslant \Delta EI < -1$），为略微变差；3 个县域（清徐县、侯马市、太原市区）（$-8 \leqslant \Delta EI < -3$），为明显变

差。从空间分布上看，该研究期间，汾河流域生态环境质量变差的县域在中游流域和下游流域各有两个集中片区。中游流域是以太原市区-清徐县为中心以及其北端的阳曲县，西南部的交城县和东南角的太谷县、祁县等地区；下游流域则主要是临汾盆地一带及南部一些县域，包括霍州市、洪洞县、尧都区、襄汾县、曲沃县、侯马市、新绛县、绛县、万荣县等。该研究期间，生态环境质量变好的县域较少，分布在上游流域的岚县、静乐县，中游流域东北角的寿阳县和西南角的交口县、汾西县。

2. 变化波动性分析

由表 8-16 可知，2000—2008 年，汾河流域各县域的生态环境状况除寿阳县 |ΔEI| <1，生态环境质量状况较为稳定外，其余 43 个县域有不同程度的明显波动。其中，侯马市的波动性最大，|ΔEI| 值为 13.07，达到剧烈波动；29 个县域（3≤|ΔEI|<8），属较大波动；13 个县域（1≤|ΔEI|<3），属波动明显。从空间分布上看，波动大的地区也是生态环境状况明显转好的地区。

由表 8-16 可知，2008—2016 年，汾河流域各县域的生态环境状况，部分县域有不同程度的波动，也有部分县域较为稳定，没有明显波动。其中，4 个县域（寿阳县、清徐县、侯马市和太原市区）3≤|ΔEI|<8，属较大波动；19 个县域（1≤|ΔEI|<3）属明显波动；21 个县域（|ΔEI|<1）较为稳定，波动不明显。从空间分布上看，主要分布在上游中部的岚县、静乐县，中游北部太原市区及北部和南部相邻的县域，中游南端和下游的临汾盆地及其南部周边的县域。

三、汾河流域生态环境状况及变化特征

综上所述，汾河流域县域生态环境状况及其特征主要表现在以下几点。

1）流域的生态环境状况空间分布差异明显，总体上上游流域的生态环境质量优于中下游流域。

2）整个研究期间，流域的生态环境状况变化明显，且变化幅度和变化趋势在时间和空间上均具有一定的差异性。

3）研究前期（2000—2008 年），全流域的生态环境状况变化幅度更大，波动性更强，且都向好的方向转变；后期（2008—2016 年），流域生态环境状况变化幅度较前期小，波动性也较弱，但县域间的变化趋势出现明显的差异性：上游区域继续转好，部分县域变差，只有个别县域是转好的。

第四节　生态环境质量影响因素分析

一、自然生态环境脆弱

自然生态环境是汾河流域生态环境质量变化的基底。自然生态环境因子包括气候、地质、水文、植被、土壤等自然因素，往往是从比较大的时间、空间尺度上作用于汾河流域生态环境系统的，但某些受人工扰动较大而形成的土地利用/覆被类型，往往会受到这种变化的影响而发生显著变化。

汾河流域特殊的地理区位决定了其自然生态环境的脆弱性。气候类型上，汾河流域属中纬度大陆性季风气候，表现为春季短促、少雨干旱多风沙；夏季高温多暴雨，南北起讫时间相差较大；秋季温和晴朗；冬季降水稀少、寒冷干燥，一年四季分明。光热资源较丰富，但水分资源不足，且分布不均，6—9月降水占全年降水总量的70%以上。降水量年际变化大，最大降水比值可达最小年的3—4倍，且存在连续枯水年情况。地质地貌上，汾河流域处于黄土高原东部，属多山丘陵地区，地形支离破碎、沟壑纵横；区内基本被黄土层覆盖，土层厚度不均且松散；河流主要流经地堑纵谷与断陷盆地，盆地边缘多活动性断裂构造，是强震分布地区；盆地区地势平坦、沟渠交错、灌溉发达、水源丰富，开发利用较早，受人类活动的影响也最为显著。这些自然因素综合作用影响汾河流域系统的生态环境质量，主要体现在以下几个方面。

1. 自然灾害多种多样

汾河流域存在地震、滑坡、泥石流、低温冷冻、干旱、洪涝、沙尘暴、病虫害等多种自然灾害。流域东侧的土石山区，植被覆盖较低，受强降水影响后，较易发生滑坡、泥石流等地质灾害；流域北部温度低，无霜期短，尤其是冬季，较易发生低温冷冻；流域中游多为宽浅式游荡型河槽，历史上洪水泛滥比较频繁，汾河下游出口入黄河处，由于黄河小北干流河段的不断淤高，汾河向西折流的新绛—稷山河段河床抬高，比降变缓，宣泄不畅，洪水泛滥；由于地处黄土高原，土质疏松，遇上西北风时会形成沙尘暴；春季时常干燥少雨，病虫害容易存活，造成大面积虫害，从而影响农作物生长。

2. 干旱灾害频繁

降水量不足、时空分布不均，干旱成为汾河流域最主要的灾害性天气，干旱出现频次高，受灾范围大，持续时间长，有"十年九旱"之说，灌溉在农业生产中起着非常重要的作用。按照国家对干旱的分类标准，汾河流域属于半干旱范畴，因此，从气象标准来讲，汾河流域称为半干旱黄土高原区。降水量年内分配不均匀是干旱的重要原因。流域冬季降水量极少，只占年降水量的3%左右；春季正是大多秋作物播种时期，降水量依然较少，占年降水量的15%，少有集中的透雨，春旱频繁发生；夏季是全年降水量最集中的时期，约占全年降水总量的60%左右，但此时正值秋作物需水旺盛时期，当出现降水量偏少或者关键性节气少雨时，就会出现伏旱，造成严重减产；秋季降水占全年的23%，一般情况可以满足小麦播种的水分需求，秋旱相对春、夏旱没有那样频繁和严重，但仍有少数年份，早秋季节降水少或降雨量不适，对冬小麦播种构成威胁。

3. 水土流失严重

地形起伏大、强降水、表土层土质疏松、植被覆盖差等自然条件，加之人为的不合理利用，共同导致了汾河流域较为严重的水土流失，汾河流域水土流失面积较大，约为$2.4×10^4 km^2$。[①]严重的水土流失导致土地被冲毁，良田被破坏，有效耕地面积越来越少；剥蚀土壤，破坏土壤结构，抑制微生物活动，降低耕地肥力，影响了农作物的生长发育和有效供水，从而降低了农业的产量和质量；大量泥沙下泄，淤积水库、河道和沟渠，堵塞峡谷河道口，部分河段抬高，使两岸土地排水不畅；不仅破坏了农业生产条件，甚至导致整个流域生态系统失调，生态环境不断恶化，给当地经济发展造成很大危害。

二、人类活动行为

人类活动往往是区域生态环境质量变化的催化剂。人文社会经济因素，包括人口增长、经济发展、城市化、工业化、农业技术、政策措施等，是汾河流域系统生态环境变化最为活跃的因素和助推力。人类活动对汾河流域系统的生态环境质量影响，主要体现在以下几点。

---

① 山西省水利厅编纂：《汾河志》，太原：山西人民出版社，2006年，第185页。

（一）人口压力

从国内外的研究来看，人口变化是影响区域生态环境变化的重要因素。人口变化一般由两个方面的原因引起，一是人口的自然增长，二是人口迁移，这两种因素共同引起区域人口增长或减少。人口增长能在较大程度上影响区域生态环境质量的变化。达尔文的进化论认为，一个物种的目的是求生和繁衍，由此延伸的含义是物种对自然的索取以延续生命和种群为目的。因此，其维持生命延续所需要的自然物质是有限的。然而，自人类社会独立于自然界以来，其除了继承延续生命和物种的需求外，还产生了有别于其他物种的社会和文化需求，并且随着经济发展和科技进步，在生活质量方面提出了无穷尽的需求。这将引发人们对各种自然资源的大规模、无节制的索取。因此，人口的增长是导致人与自然关系紧张的一个方面，人口的超载也是引起生态环境危机的主要根源之一。

根据山西省历年统计年鉴，1949 年汾河流域总人口仅为 413.57 万人，到 2016 年人口增长至 1445.57 万人，是中华人民共和国成立初期人口的 3.5 倍，平均每年增加 15.40 万人，如图 8-1。人口过度增长对汾河流域生态环境的影响主要表现在生态系统的良性循环受到干扰与破坏和生态环境污染加剧两个方面。在巨大的人口压力下，为了满足新增人口的衣、食、住、行等多方面的需要，需要消耗更多的粮食，建造更多的住房，生产更多的经济产品。换言之，需要消耗更多的自然资源，因而，人们不得不竭力掠夺和开发资源，在一定程度上忽略和挤占了汾河流域的生态空间，超出了流域的水资源承载力、土地资源承载力等，当超出其自然承载力时，就会导致汾河流域生态系统破坏，环境质量下降。

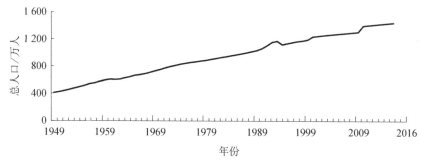

图 8-1　1949—2016 年汾河流域总人口变化图

工业生产、农业生产及人类生活所排放的各类污染物（污废水、废气、固体废弃物），随着人口的增长而增长，势必导致汾河流域环境的污染和生态环境质量的下降。值得重视的是，由于城市人口密集，能流、物流巨大，污染物排放量相应激增，生态平衡也很容易受到破坏。同时，人口增长必然要采伐森林、开辟水源，结果改变了汾河流域生态系统的结构和功能，使其偏离原始的平衡状态。当偏离平衡状态程度超过了生态系统自身调节能力，则生态平衡遭到破坏，流域系统环境质量就会持续恶化，最终的恶果都会由人类来承受。

（二）社会经济发展

1. 特殊的产业结构

以农业为代表的第一产业、以工业为代表的第二产业及以服务业为代表的第三产业共同构成了区域经济发展的三大支柱，正是这三大产业的协同发展，推动着区域经济向前发展。根据 2016 年统计数据，汾河流域占山西省总面积的 25.88%，而其 GDP 占全省的 42.09%，其中第一产业占全省的 38.70%、第二产业占全省的 41.19%、第三产业占全省的 43.75%，由此可见，汾河流域是山西省的农业主产区、工业集中区、商业聚集带，对山西省经济发展起着举足轻重的作用，但也积累了诸多生态、环境方面的问题，对流域生态环境质量产生了重要影响。

近年来，汾河流域的经济增长主要来自工业发展，虽然近年来一直在努力调整产业结构，但仍然是"二三一"的结构，这样的现象与山西作为煤炭资源大省有很大的关系——山西是我国典型的资源型省份。长久以来，煤炭开采支撑了整个地区的经济发展，这种高投入、高消耗、高污染的粗放型经济发展模式，造成了资源浪费、环境污染、生态破坏等问题，生态环境系统失衡的现象十分突出。

（1）资源损耗

在以矿产资源开发为主的地区，矿藏的开采、洗选、冶炼等过程都需要大量用水，就山西省而言，人均水资源量不足全国平均水平的 1/5，而每开采 1t 煤就要流失 2.48t 水资源[①]，按全省年产煤 6 亿 t 计算，仅采煤一项每年就要损失水资源约 15×10^8t；且煤炭开采会改变地下水径流和排泄条件，为保证井下正常生产，地下水疏干需大量排水。随着开采延伸，地下水位不断下降，地下水资源量减少，同时地下水位下降、地表变形等改变

---

① 王燕：《煤炭开采对生态环境的影响及治理对策》，《煤炭科学技术》2009 年第 12 期，第 125 页。

了地表水下渗条件,导致地表水减少,区域缺水将更为严重。

对土地资源的占用主要是指煤矸石堆存占地和露天矿排土场压占土地,对土地资源的破坏主要是指煤矿的沉陷区和露天矿采掘场挖损的土地。这些土地因煤炭开采造成塌陷和占用,自然地形地貌遭到破坏,并且土地复垦难度很大或者无法复垦。随着煤炭开采面积的扩大,矿区土地被大量压占和损毁,不仅造成耕地面积的大量减少,还会加大对沉陷区的地面建筑破坏,进一步加剧了生活、生产和生态三者空间的矛盾。

(2)环境污染

煤炭产业,包括开采和后期的生产加工过程,会产生大量的废水、废气和固体废弃物,给流域生态环境造成了严重的污染。煤炭的开采、加工、运输及大量燃煤,造成煤烟和粉尘污染,不仅改变了当地大气成分和结构,也造成了能见度降低,以及有毒、有害气体成分偏高等不良空气状况,对当地的气温、气流、降雨等气候条件产生不同程度的影响,形成酸雨、烟雾等气象灾害;煤矿排放废水主要有矿井水和生活污水,大量污水没有经过处理,或处理未达标,就直接排放,渗入地下或地表河流,使大量的洁净水被不同程度地污染;煤炭企业产生的固体废弃物,数量庞大、种类繁多,物理、化学性质复杂,而处置设施严重不足,回收利用率低下,从而对区域环境造成严重的污染和破坏。另外,固体废弃物中的有毒物质通过渗滤作用还会污染土壤和水循环系统。

另外,随着工业化程度的不断加快,大量先进设备被用于煤炭生产中,煤矿地面及井下机械设备也将越来越多,噪声污染也越来越严重。矿区噪声声源多、强度大、声级高、连续噪声多,声级在 95dB(A)—110dB(A),不仅影响了工作人员的作业环境,而且严重地影响了矿工和附近居民的健康,噪声污染虽然没有大气污染、水污染范围广,但是其危害性不容我们忽视。

(3)生态环境的破坏

煤炭开采中,在采矿方法、爆破振动和地震、降水等因素的作用下,往往会诱发山体滑坡、山崩、地裂缝、地面塌陷等多种地质环境灾害。这些地质灾害和自燃、干旱、洪涝、中毒等,在全国各煤矿区时有发生,尤以沉陷区的地质灾害最为突出,将严重威胁煤矿井下设施、井下采矿工人安全和矿区周围居民的人身安全。据《山西省采煤沉陷区治理综合规划(2014—2020 年)》,山西省受采煤沉陷灾害影响的村庄有 1352 个,涉及全省 11 个市、91 个县(市、区),涉及受灾群众 65.5 万人。

由于煤炭资源的开发，大量表层土岩被剥离，破坏了地表植被资源，同时产生了大量的松散固体废弃物，加上地表水和地下水系统的损毁，为水土流失人为地创造了条件，水土流失加剧。据调查，山西省由于采煤产生水土流失的影响面积为塌陷面积的 10%—20%，平均每生产 1×10^8t 煤造成水土流失影响面积约 245km²。[①]按此计算，2016 年，山西省一次性能源煤产量为 6.3×10^8 t，造成的水土流失面积约为 1500km²。

煤炭资源开采过程带来了严重的生态环境的破坏，煤矿开采会造成水体、土壤、大气等的污染，使当地的环境与生物群之间原有的循环被打破，加之有毒物质的集聚，当地生物赖以生存的环境发生改变，自然生态环境失衡。

2. 快速城市化进程

城市是人类社会发展到一定阶段的产物，是人类文明的象征，是生产力和科技进步的结晶。从城市在地球上首次出现到现在，已有 5000—8000 年的历史。但是，在 20 世纪以前的漫长时间里，城市的规模一直比较小，数量也很少，并未产生严重的生态环境问题。进入 20 世纪，随着工业化在全球范围内的快速发展，城市的规模越来越大，数量越来越多，速度越来越快；与此同时，城市作为一种特殊的生态系统，在显示出对经济和社会等各项事业的发展具有巨大推动作用的同时，也造成了诸如侵占农田、水资源短缺、交通拥挤和环境污染等一系列问题。

据统计，1949 年，汾河流域城镇人口（非农业人口）46.40 万人，占总人口的 11.22%，到 2016 年，城镇人口 880.82 万人，占总人口的 60.93%，平均每年增加 0.75 个百分点，见图 8-2。快速城市化对汾河流域的水环境、大气环境、土地环境、生物环境等方面都有显著的影响。

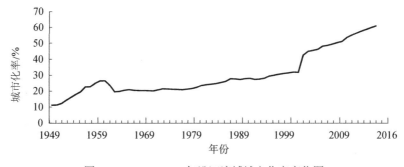

图 8-2　1949—2016 年汾河流域城市化率变化图

① 王燕：《煤炭开采对生态环境的影响及治理对策》，《煤炭科学技术》2009 年第 12 期，第 126 页。

（1）水环境影响

1）水循环效应发生改变。由于城市的发展，城市建设不断向郊区扩展，原来是农田、林地、草地、水塘的自然生态环境，被以水泥、沥青、玻璃、金属等为材料建造起来的人工地貌所取代，这种以建筑物和人工铺砌的坚实路面为主的下垫面，其滞水性、渗透性、热力状况均发生明显变化。随着城市建设用地的不断扩张，不可渗透的地表面积不断增加，土壤下渗量越小，地下径流减少，地面径流越大，进而使水循环要素发生了改变。城市化使城市及周围地区的天然水循环模式发生变化，表现在城市地区的水循环不仅包括自然水体水循环，也包括上下水道、城市管网等人工控制系统中的循环。

2）河流水文及洪水过程的效应发生改变。城市各种给排水管网的兴建，原有河道的截弯取直和岸坡整治，增加了城市地区的泄洪能力，使暴雨径流等尽快就近排入受水体，汇流速度加快，泄洪历时缩短。有关研究表明，城市化地区洪峰流量约为城市化前的 3 倍，涨峰历时缩短 1/3，暴雨径流的洪峰流量预期可达未开发流域的 2—4 倍。与此同时，由于城市化作用，河道被挤占，洪水时过水河槽缩窄，因此洪水频率增加。据估计，无控制的利用河滩地和扩大城市不可渗透面积，发生百年一遇的洪水的几率可增加 6 倍。[①]

3）水环境的污染严重。一方面，不断增加的城市人口和日益增加的垃圾量已经远远超过当地河流和湖泊的自净能力，从而造成了严重的水污染，其中，水体重金属超标和富营养化是最严重的两个问题。此外，霍乱病菌、肝炎沙门氏菌等病原体入侵水体也是对人类的威胁。另一方面，降雨径流污染，是指在降雨径流的淋洗和冲刷作用下，大气、地面和地下的污染物形成地面，并随径流共同通过下水道排入江河、湖泊水库和海洋等水体而造成水体污染。通过对汾河流经城市的河流进行主要污染源的分析，发现河流在流经城区或市区后，由于城市生活污水大量排入河流，水质有恶化表现，流经区域的河流实际上已成为城市的主要排污通道。

（2）大气环境影响

1）对城市大气环境造成污染。由于城市中大量使用能源，向大气中排放二氧化碳和氮氧化物等有害气体，对城市区域大气环境造成污染。另外，由于建筑施工、道路交通等产生的城市扬尘和悬浮颗粒物也对城市大气环境恶化造成了一些影响。

2）产生城市热岛效应和城市增温现象。城市人工地表面积的下垫面热

[①] 杨士弘等编著：《城市生态环境学》，北京：科学出版社，1996 年，第 55 页。

力学性质不同于乡村，而且空气中由燃料产生的二氧化碳等较多，加上大量的人为热源因子，导致城市气温明显高于郊区，产生城市热岛效应。相关研究表明，城市化进程对城市历年气温有显著的增温影响，对城市最低气温、城市最高气温及城市平均气温都有明显的影响。[①]

此外，城市化进程发展对城市雾产生、城市降水量、城郊局地环流都有很大的影响，甚至，它对城市区域气候造成更严重的影响，产生诸如沙尘暴、雾霾、光化学污染等一系列的气候灾害。

（3）其他环境影响

在城市用地不断扩张、城市建设密度增加的过程中，必然导致土地资源的日益紧张。不合理的土地利用活动会对生态、环境和自然资源的开发与利用造成消极的影响，如加剧水土流失，引发滑坡、崩塌等地质灾害，生物多样性锐减，造成土壤、水体、大气和声环境的污染，加速水资源、森林资源消耗，耕地面积减少，草场退化，等等。

城市建设用地最高的侵蚀速度产生在建设阶段，这一阶段不但有大量的裸露地面，而且由于运输和开挖引起很大的扰动。据研究，因工程建设清理地面，一年间产生的土壤侵蚀相当于自然甚至农业数十年造成的侵蚀。[②]

由于没有足够的平地进行城市建设，人工不合理开挖切坡造成临空面，抗剪力降低，下滑力增大，易产生滑坡、崩塌；另外，人工弃土、废渣堆积使坡地的承载力度加大，下滑力随即增加，也较易诱发地质灾害。

快速城市化进程中，大量土地利用类型发生转变，转变后可以适应新生环境的物种将继续生存下去，迁移能力强的物种将迁移到附近适宜的生境中，而迁移能力弱又未能适应新环境的物种将在局地灭绝。此外，天然阔叶林锐减、大量消失或被人工林所代替，使得整个森林植被结构发生变化，使许多野生动植物的原生生境遭到不同程度的破坏，严重影响了栖息于此的鸟类和哺乳动物的多样性。森林生态环境逐渐消失或退化，导致野生生物种数量下降，珍稀物种濒临灭绝，生物多样性遭受破坏。[③]

此外，当前城市和农村对固体废弃物垃圾的处理，采取填满的方式，也同样可能对土壤环境构成污染。医疗垃圾也是一种影响广泛、危害较大的特殊污染物，含有大量污染性病原体，其危害明显高于普通垃圾，若管

① Liming Z，Robert E D，Yuhong T，et al. Evidence for a significant urbanization effect on climate in China. *Proceedings of the National Academy of Sciences of the United States of America*，2004，101（26）：9540-9544.

② 王向东、匡尚富、王兆印，等：《城市化建设和采矿对土壤侵蚀及环境的影响》，《泥沙研究》2000 年第 6 期，第 40 页。

③ 吴彩莲、查轩：《福建省土地利用/覆被变化对区域生态环境影响研究》，《水土保持通报》2004 年第 6 期，第 42 页。

理不严或处理不当，极易成为传播病菌的源头，造成病毒感染。

（三）科技进步

习惯上，把科学和技术连在一起，统称为"科技"。实际上，二者既有密切联系，又有重要区别。科学解决理论问题，技术解决实际问题。科学要解决的问题，是发现自然界中事实与现象之间的关系，并建立理论把事实与现象联系起来；技术的任务则是把科学的成果应用到实际问题中去。科学技术进步的历史源远流长，它伴随着人类社会发展的整个过程，是人类文明进步的杠杆，是人们认识世界和改造世界的产物。

科学技术的每一次进步，都给人类带来了质的飞跃。科技的发展无疑是人类进步的推动剂。但是由于人类认识世界和实践水平，人们在运用科学技术手段时，没有经过很好的规划，科学技术同时扮演着两种截然不同的角色。一方面，科学技术的发展给人类的生活带来了极大的便利，生态环境的治理与发展需要科学技术作为其必要的途径及手段；另一方面，科学技术的发展给人类及自然界带来了一些负面影响，如生态环境污染、自然资源耗竭、气候变化异常、自然灾害频发等一系列生态环境问题。因此，科学技术是一把"双刃剑"，唯有正确、合理地运用科学技术，尊重客观自然规律，在利用、开发自然的过程中肩负起呵护自然的生态责任，人类才能真正从根源解决生态环境问题。当然，科学技术对汾河流域生态环境的影响也存在正负两个方面。

（1）消极影响

1）资源的短缺与耗尽。技术进步为人类开发和利用自然资源提供了越来越多的手段。自工业革命以来，在人地关系的片面认识和人类中心主义的过度膨胀下，人们对汾河流域的资源进行掠夺式开发和索取，超出了其水、矿产、森林、土地、生物等资源的正常承载范围，这些资源一度处于短缺危险状态，甚至某些具体资源或物种已经濒临耗尽和灭绝。

2）污染物的种类多、范围广、影响深刻、效应长久。现代化学的产生，一方面为人类带来巨大福利，另一方面也引发了种种灾难。例如，农业上大量使用的化肥、农药、杀虫剂、地膜，工业上的各种化学原料、试剂、产品，以及生活中的各种化学食品添加剂、药品、废旧电池等，这些都是化学科技的产物，然而，它们以"三废"等多种形式对流域生态环境造成恶劣的影响，这些化学污染物大多又会通过食物链进行传递和积累，给整个生态系统带来不可逆转的灾害或困难。经统计，汾河流域2016年仅化肥

施用量就达 37.3×10^4t（折纯量）。

物理科学技术的进步对流域生态环境的影响主要体现为水利工程的修建和电子产品的泛滥。水利工程除了给人们带来水资源、发电、防洪、灌溉等利益外，还在一定程度上改变了流域水循环系统、局部气候条件和生物多样性，对流域生态环境造成一定影响和破坏。20 世纪中叶，以电子信息和计算机技术为代表的第三次技术革命给人类社会的信息处理方式带来了翻天覆地的变化，然而其相应的负面效应也接踵而至，大量电子产品和随之的电子废弃物骤然出现，并正在以惊人的速度不断产生，但是这些废弃物处理起来非常复杂，成本高昂、回收年限长，目前电子垃圾的处置还是一个世界性难题。

一般认为，生物技术是继信息技术之后生产力中最活跃的因素，目前已活跃于现代农业、医药领域，然而，蕴含巨大潜力的现代生物技术所引发的不确定性风险也在一步步地蔓延扩散。生物技术所引发的风险不仅仅涉及被改造的生物个体的健康安全，还可能涉及物种间的竞争关系、生物多样性，甚至是整个生态系统的毁灭。

（2）积极影响

由于受资源的数量、质量，受时间、空间的限制，特别是受资金、政策、环境容量的限制，真正能被利用的资源总是有限的。依靠科技进步，可以扩大可供利用资源的种类，使无用或不能使用的资源发挥价值。科技进步还可以使废弃物资源化，这样，既节约了资源，又减轻了对生态环境的压力。总之，依靠科技进步，汾河流域可以在开源、节流、修复及替代品的制备上大有作为。

1）工业清洁生产。在工业方面，实现从"末端治理"向"源头削减"的清洁生产方式转变。大力推广清洁生产，从源头上控制工业污染源，用循环经济模式改造、延伸传统产业，由粗放、高耗、低效、单一线性发展向集约、低碳、高效、多元循环发展。推广和采用先进的、高科技的工业节水技术，因地制宜地开发或引进无废、少废、节水、节能的新技术、新工艺。例如，循环复用、一水多用、多厂按不同水质或水温要求顺序下行逐级使用、锅炉冷凝水回收、污水废水的处理回用、低质水的合理利用；对排污严重的企业全部安装除硫脱尘等设施，并强化监管，保证各类环保设施全天运营；采取多层次、全方位、网络化防污治污措施，注重开发高效、低耗、无污染的清洁污水处理技术，如流动型生物膜载体接触氧化处理技术、新型喷射冷却塔技术、毫微过滤技术等，提高污水或污废水的再用程度。最终实现绿色发展、清洁发展、安全发展，降低资源能源消耗，减少污染排放，逐步减少工业生产对环境的压力，逐步建立资源节约型、环境友好型生态工业体系。积极探索循环工业经济发展之路，逐步将"自然资源—产品—环境废物"线性经济运行模式向"资源—产品—资源"的流动循环经济模式转变，变废为宝。

2）生态农业技术。在农业方面，节本增效，采用农业节水灌溉技术，发展节水型生态农业模式，大幅度减少灌溉用水，实现水资源的高效利用，将现代农业技术、工程技术和节水管理信息技术有机结合、集成，形成高效的节水灌溉综合技术体系，并大面积地推广应用。采用先进的农业生产措施，降低农药、化肥、农膜污染的影响。大力推广增施有机肥、氮磷钾复合肥，改进施肥技术，科学配方施肥，提高肥效，防止盲目施肥，以控制化肥用量的过快增长；加速研究性能稳定、低成本，既能降解又能被土壤微生物分解的降解膜，研究便于回收的地膜覆盖栽培方式和适期早揭膜技术，即可降低农膜残留率；同时，逐步调整农药产品结构，朝着高效率、低成本、无公害、易降解的方向发展。

3）矿山生态修复。矿山生态修复，以生态学、水力学、土壤学等理论为基础，根据相关恢复理论，运用生态修复的相关技术手段，实现矿山生态环境的重建和土地资源的可持续利用。通过对矿山废弃地立地条件类型进行划分及适宜性评价，制订合理的生态重建目标和方案，结合矿山边坡稳固和工程绿化技术、土壤改良技术、植物物种选配及种植技术、土壤种子库技术等成为矿山废弃地生态修复的重要技术手段。

4）新能源技术。能源是人类社会存在和发展不可缺少的，它与粮食一样是经济发展和社会进步的物质基础。伴随着社会经济的快速发展，人们过度地开发利用煤、石油等化石能源，使能源枯竭危机、"三废"排放污染等环境问题越来越严重，汾河流域尤为凸显。在可持续发展战略指引下，加速新能源技术的引进、消化、吸收、再创新与自主创新，以技术创新开辟能源供应新路径，是从根本上解决能源约束的有效手段。新能源既是目前急需的补充能源，也是未来能源结构的基础，然而，新能源技术的推广应用还有很多关键性技术亟待解决。

（四）政策因素

政策是一个国家、政党为实现一定历史时期的路线和任务而规定的行动准则，这种行为准则一经制定后，即会对人们的行为作出规范。为了保证政策的顺利实施，往往要制定一系列的法律法规，对那些不符合政策路线的行为予以制止，对那些符合政策路线的行为予以鼓励。政策法规一旦制定，会在相当广泛的层面上影响人们的行为。因此，对于生态环境质量而言，政策法规的意义和影响是不言而喻的。

1. 法律法规

1973 年，我国召开了第一次环保会议，制定了《关于保护和改善环境的若干规定（试行草案）》，这是我国第一个综合性的环境保护行政法规，文件确定的"三十二字"方针，对我国环境法治建设具有重要的历史意义。改革开放以后，我国环境法治建设进入了迅速、全面发展的阶段。1978 年修改后的《宪法》，首次将环境保护确立为国家的一项基本职责，并将自然保护和污染防治确定为我国环境法治建设的两大领域，奠定了我国环境法律体系的基本架构和主要内容，为我国环境保护走上法治轨道开辟了道路。1979 年 9 月，第五届全国人民代表大会常务委员会第十一次会议原则上通过了《中华人民共和国环境保护法（试行）》，明确规定了环境保护的对象、任务、方针和适用范围，规定了"谁污染，谁治理"等原则，确立了环境影响评价，"三同时"①、排污收费、限期治理、环境标准、环境监测等制度，规定了环境保护机构和主要职责等。该法内容全面，标志着我国环境法治建设迈出了历史性的第一步，环境法成为我国独立的法律部门。随后，我国相继制定了《中华人民共和国海洋环境保护法》（1982 年）、《中华人民共和国水污染防治法》（1984 年）、《中华人民共和国草原法》（1985 年）、《中华人民共和国大气污染防治法》（1987 年）和《中华人民共和国水法》（1988 年）等法律和一系列环境保护行政法规和规章等。1989 年 12 月，第七届全国人民代表大会常务委员会第十一次会议通过了《中华人民共和国环境保护法》，使我国环境保护法治建设步入正轨，环境立法达到高潮，环境法是我国新时期社会主义法律体系中发展得最为迅速的，为我国环境保护工作提供了重要的法制保障。1994 年，我国发布了《中国 21 世纪议程——中国 21 世纪人口、环境与发展白皮书》，提出了人口、经济、社会、资源和环境相互协调、可持续发展的总体战略、对策和行动方案，明确将可持续发展战略作为我国经济社会发展的指导思想。1997 年，依法治国、建设社会主义法治国家的基本方略和可持续发展战略等，共同对我国环境法治建设起到了重要的推动和影响作用。这一时期，先后颁布和修订了《国务

---

① "三同时"，是指一切新建、改建和扩建的基本建设项目、技术改造项目、自然开发项目，以及可能对环境造成污染和破坏的其他工程建设项目，其中防治污染和其他公害的设施及其他环境保护设施，必须与主体工程同时设计、同时施工、同时投产使用的制度。

院关于环境保护若干问题的决定》《中华人民共和国自然保护区条例》《中华人民共和国野生植物保护条例》《中华人民共和国矿产资源法》《中华人民共和国固体废物污染环境防治法》《中华人民共和国环境噪声污染防治法》《中华人民共和国大气污染防治法》《中华人民共和国水污染防治法》等法律、法规和规范性法律文件。2014 年 4 月 24 日，十二届全国人大常委会第八次会议修订通过了《中华人民共和国环境保护法》，新法已经于 2015 年 1 月 1 日施行，修订后新增"按日计罚"的制度、规定了行政拘留的处罚措施、设立了环保公益诉讼制度等，这也让环保法律与时俱进，开始服务于公众对依法建设"美丽中国"的期待。

2. "生态文明"理念不断增强

生态文明，是人类文明发展的一个新的阶段，即工业文明之后的文明形态；生态文明是人类遵循人、自然、社会和谐发展这一客观规律而取得的物质与精神成果的总和；生态文明是以人与自然、人与人、人与社会和谐共生、良性循环、全面发展、持续繁荣为基本宗旨的社会形态。进入 21 世纪，面对新的发展要求，在生态文明新理念和新价值的追求下，党和国家做出的有关生态环境治理的重大决定、意见等，主要如下。

2003 年 6 月，《中共中央国务院关于加快林业发展的决定》明确指出，加强生态建设，维护生态安全，是二十一世纪人类面临的共同主题，也是我国经济社会可持续发展的重要基础。2006 年第六次全国环境保护大会，要求把环境保护摆在更加重要的战略位置，使生态环境得到改善，资源利用效率显著提高，可持续发展能力不断增强，人与自然和谐相处，建设环境友好型社会。2007 年，党的十七大将"生态文明"首次载入中央文件，提出建设生态文明，基本形成节约能源资源和保护生态环境的产业结构、增长方式、消费模式；循环经济形成较大规模，可再生能源比重显著上升；主要污染物排放得到有效控制，生态环境质量明显改善；生态文明观念在全社会牢固树立。2012 年，党的十八大报告又提出"建设生态文明，是关系人民福祉、关乎民族未来的长远大计。面对资源约束趋紧、环境污染严重、生态系统退化的严峻形势，必须树立尊重自然、顺应自然、保护自然的生态文明理念，把生态文明建设放在突出地位，融入经济建设、政治建设、文化建设、社会建设各方面和全过程，努力建设美丽中国，实现中华民族永续发展"。2015 年，为加快建立系统完整的生态文明制度体系，加快推进生态文明建设，增强生态文明体制改革的系统性、整体性、协同性，制订了《生态文明体制改革总体方案》。2017 年，党的十九大报告又再一次提出"坚持人与自然和谐共生。建设生态文明是中华民族永续发展的千年大计。必须树立和践行绿水青山就是金山银山的理念，坚持节约资源和保护环境的基本国策，像对待生命一样对待生态环境，统筹山水林田湖草系统治理，实行最严格的生态环境保护制度，形成绿色发展方式和生活方式，坚定走生产发展、生活富裕、生态良好的文明发展道路，建设美丽中国，为人民创造良好生产生活环境，为全球生态安全作出贡献"。

山西省要紧跟中央步伐，坚持绿色、低碳的发展模式，走人与自然和谐发展的绿色之路。转变优先发展重工业的传统理念，摒弃优先考虑经济效益的错误思想，坚持以人为本、以生态为先的原则，在山西进行自上而下的"绿色"教育，提倡绿色消费、低碳出行、清洁生产、资源循环，实现资源型地区的山西绿色跨越发展。

3. 生态环境治理工程政策

国家先后实施了黄河上中游水土保持重点防治工程、"三北"防护林工程、天然林保护工程、退耕还林工程等生态建设工程。山西省"十一五"期间，在重点城市和重点区域实施蓝天碧水工程，"十二五"期间又对其"扩容提质"，深入推进包括"减排""净空""净水""清洁""提质""创建"六大工程在内的绿色生态工程。这些工程对汾河流域的生态治理和恢复起到了一定的积极推动作用，有效改善了流域近些年来的生态环境质量状况。

2008 年，山西省政府印发了《汾河流域（晋中段）生态环境治理修复与保护工程实施方案》，该工程按照流域生态功能与水功能区划要求，上游侧重水源涵养及保护，上中游侧重水土保持和水资源合理利用，中下游侧重于开发利用与有效保护相结合，进行整体规划、突出重点、逐级推进、分期实施。工程分为近期（2 年）、中期（5 年）和远期（10 年）3 个阶段，最终使汾河流域成为山西省最重要的水源涵养带、生态效益带、休闲景观带和富民工程带，成为带动山西经济、社会发展及生态建设的核心区域和全国资源型地区实行可持续发展及黄土高原生态综合治理的示范区域。

2015 年 4 月初，由山西省水利厅牵头，同省直各相关单位部门编制完成了《汾河流域生态修复规划（2015—2030 年）》，并于 2016 年 4 月得到山西省政府的批复。按照批复的规划，汾河流域生态修复主要采取以下六项措施：一是坚持节水优先的原则，通过科学配置水土资源，大力推进节水型社会建设，促进水资源的高效利用；二是依托已建成的万家寨引黄、禹门口提水、和川引沁入汾，以及正在建设的山西大水网中部引黄和东山供水工程，实施"五水济汾"，保障流域经济社会的健康发展；三是充分利用洪水资源，在汾河干流及两侧低洼地带，恢复和建设一批能调蓄径流的"珍珠串"蓄水工程，恢复水域湿地，重建流域水系，加大地下水的补给力度；四是依法划定汾河及九大支流源头保护区，封山育林，恢复植被，涵养水源，增加溪流，兴水增绿；五是严格控制流域内地下水开采，依法关停泉域重点保护区和汾河九大支流河源保护区内的煤矿，强化八个岩溶大泉泉域和地下水系的保护；六是在山丘区大力实施清洁小流域建设，在平川区企业占主导地位，工业用水效益提高。规划实施后，汾河流域山水相依、林泉相伴、河湖相映、溪水长流、湖光山色的田园风光，将成为三晋腹地植被葱郁、水流清澈的"生态长廊"、适宜人类生活的"宜居长廊"和经济发展的"富民长廊"。

第九章
汾河流域生态环境的建设对策

汾河流域内自然资源丰富，生产条件得天独厚，历来是山西省政治、经济、文化中心。然而，在经济社会快速发展和人口急剧增长的压力下，由于人类过度、不合理的改造、利用，汾河流域出现了各种不利于人类生息的生态环境问题。从20世纪50年代开始，山西省就汾河问题先后组织了四次大规模治理，2008年以来实施的"千里汾河清水复流工程"，基本使汾河干流全年不断流，流域地下水位有所回升。但流域生态环境仍未得到根本性好转，生态恶化的趋势依然严峻。①

近年来，党中央、国务院把生态文明建设摆在突出位置，将生态文明建设作为关系人民福祉、关乎民族未来的长远大计，党的十八大和十八届三中、四中、五中全会，十九大对生态文明建设提出了一系列新理念、新思想、新论断、新举措。在此基础上，本章从理念、模式和保障措施三个方面提出了汾河流域生态环境的建设对策，促进其生态环境建设与社会经济协调发展。

---

① 杜向润、张建龙：《实施汾河流域生态修复 落实中央生态文明建设宏大实践》，《山西水利》2016年第10期，第4页。

第一节　树立流域系统生态文明建设新理念

全面树立尊重自然、顺应自然、保护自然的理念，生态文明建设不仅影响流域经济持续健康发展，也关系政治建设和社会建设，必须将生态文明建设放在突出地位，融入经济建设、政治建设、文化建设、社会建设各方面和全过程。

一、流域健康的自然环境是人类生存和发展的基础

自然是人类社会存在和发展的基础，人类是自然界的一部分，自然界为人类提供了基本的生活资料和生产资料，是人类社会存在和发展的基础保障和物质支撑。汾河流域孕育了三晋文明，承载了三晋悠久历史，以其博大、宽广的胸怀养育了一代又一代的山西儿女。但是，随着人类的过度索取和无节制的排放，汾河流域已经不堪重负，在水、土、气、生物等方面呈现各种各样的生态环境问题。由此可见，自然有其不以人的意志为转移的客观规律，当人类的影响超越自然生态的承载能力时，便会以各种灾害形式反馈在人类面前。因此，尊重自然是生态文明的核心理念，只有尊重自然，才能顺应自然，进而保护自然。其中，尊重是基础，顺应是客观要求，保护是结果。生态文明建设关乎现代化建设的各个方面，必须把尊重自然、顺应自然、保护自然的理念自觉融入流域经济建设、政治建设、文化建设各方面和全过程，在各项改革中做到因地制宜、因势利导、顺天应时、乘势而为。

二、保护流域的山山水水就是保护生产力

汾河流域有着优越的自然禀赋，从水源、土地、动植物资源、矿产资源及文化等不同层面满足人类的诸多需求，是山西省的人口密集区、农业主产区、工业聚集带。坚持发展是第一要务，但要牢记清新空气、清洁水源、美丽山川、肥沃土地、生物多样性是人类生存必需的生态环境，发展必须以流域资源环境承载能力为基础，以自然规律为准则，以人与自然和谐发展为目标，建立绿色、循环、低碳的可持续发展，保护流域森林、草

地、河流、湿地等自然生态，正确处理经济发展同生态环境保护的关系，牢固树立保护生态环境就是保护生产力、改善生态环境就是发展生产力的理念。按照山西省主体功能定位严格控制开发强度，调整空间结构，给子孙后代留下天蓝、地绿、水净的美好家园，实现发展与保护的内在统一、相互促进。

三、流域蕴含着丰富的自然价值和巨大的自然资本

汾河流域除了蕴含着丰富的为人类生活和生产所利用的资源，如水资源、矿物资源、木材资源等，还包括森林、河流、沼泽等生态系统及生物多样性，这些自然生态是有价值的，包括外在对人、他物及活动的影响价值与内在对维持自身的完整、稳定、和谐、良性循环与平衡发展的影响价值。要树立保护自然就是增值自然价值和自然资本，就是保护和发展生产力的观念。综合运用财税、价格、产业和贸易等经济手段，形成科学合理的资源环境补偿机制、投入机制、产权和使用权交易等机制，使自然资本得到合理回报和经济补偿，充分彰显和实现自然价值。

四、流域生产、生活、生态空间的协调发展

流域向来是人地关系最紧张、最复杂的地理单元，生产空间、生活空间、生态空间的矛盾尤为凸显。应在把握人口、经济、资源环境的平衡点的基础上推动发展，人口规模、产业结构、增长速度不能超出当地水土资源承载能力和环境容量。城市规划与发展一定要充分考虑资源环境约束，自觉把资源环境因素作为发展的内生变量，着眼未来，统筹谋划，采取集约、循环、绿色、低碳的布局模式，使经济社会发展保持在一定合理的边界，不破坏动态平衡点。根据山西省主体功能区规划统筹协调、分类指导流域国土空间的开发，实现当地经济发展、民生改善与人口调节和生态环境保护的有机结合，促进流域经济的可持续发展。

第二节　建立基于流域整体观的生态环境管理模式

流域及流域生态环境的特殊性决定了需要以新观念、新思路解决流

问题，需要科学地建立基于流域整体观的环境管理模式。科学的流域生态管理模式基本思路如下：以科学发展观为指导，突出流域的整体性、综合性特征，树立"大生态"理念，坚持上中下游协调、干支流协调，水资源、环境、生物、社会经济和生态系统并重，统一规划、整体推进，促进流域经济社会与自然生态环境持续、健康发展。具体包括以下几个方面。

一、建立人与自然和谐发展的生态环境建设新目标

流域是由水、土、气、生等自然要素和人口、社会、经济等人文要素相互关联、相互作用，耦合而成的自然—社会—经济地域复合系统。实现人与自然和谐共生，形成协调、可持续发展的现代化建设新格局是流域生态环境建设目标的基本取向。汾河流域要按照山西省主体功能区划要求和流域资源环境承载能力，合理调配经济布局，规范、引导人口和经济活动，建立高效、稳定的流域复合生态系统，实现人口、资源、环境、经济的协调发展。必须坚持以节约优先、保护优先、自然恢复为主的方针，形成节约资源和保护环境的空间格局、产业结构、生产方式、生活方式，还自然以宁静、和谐、美丽。

二、建立一体化的流域生态环境组织管理体系

流域生态环境建设是一项涉及水资源保护、环境治理、生态建设、资源开发、产业布局等诸多领域的系统工程，具有长期性、系统性和复杂性，需要一个强有力的机构具体组织实施对流域生态环境进行统一监管、预警及建设等。同时，需要建立起一套部门分工、上下协调、运转得力的工作机制，以及一体化的规划、建设、管理运行机制，确保生态环境建设的整体规划、统一组织、综合管理和系统监管。

目前，流域行政分区属性与流域管理的统一性之间的矛盾，给流域生态环境管理带来了困难。为了解决这一矛盾，建立一个统一的流域生态环境管理和协调机构是十分必要的。例如可以设置如下具体机构：成立汾河流域水资源利用与生态环境保护委员会，委员由相关部门及沿河各市负责人担任，主要职能是保护与恢复流域生态环境，协调人类活动与生态环境的关系，加强汾河流域水资源利用与生态环境保护的规划、指导、协调和决策。委员会下设汾河流域生态安全管理局，由省政府授权行使汾河流域水资源利用与生态环境保护主管职责，它既是权力机构，又是执行机构。

以系统观和整体观为指导，加快建设汾河流域生态环境规划、决策与建设管理系统。在《山西省生态功能区划》《山西大水网规划》等全省性规划的基础上，制定与实施流域生态环境综合规划和专项规划，明确生态保护、重建方案及措施。

在汾河流域水资源利用与生态环境保护委员会的综合协调下，建立部门联动、区域联动的管理与建设机制，明确有关部门的监管职能，加强协调配合，建立联合执法机制，切实形成统一领导、部门联合行动、公众广泛参与，共同解决流域环境问题的工作格局。

在现有法规体系与政策框架的基础上，根据流域的生态环境特征和社会经济背景，制定专门的汾河流域生态环境地方法规，为流域一体化管理与建设提供法律保障。

三、建立多要素综合调控的流域生态环境建设机制

立足流域自然—社会—经济复合整体，坚持生态、经济、社会的一体化运作，山、水、田、林、人口、聚落、产业、技术等要素综合调控，水源保护、林地建设、污染治理、地质环境恢复、水土保持、产业调整、扶贫富民、生态移民等工程整体运作，推进自然生态系统、人工生态系统与经济系统、社会系统的有机结合，形成一个安全、稳定、高效的经济、社会和生态复合系统，具有较高的资源更新能力、环境承载能力、产业发展能力、效益创造能力和人文支持能力。该机制的建设可重点从以下六个方面着手进行。

1. 构建人与自然和谐发展的现代化流域新格局

按照山西省主体功能区战略的各市县主体功能定位，构建汾河流域科学合理的城市化格局、农业发展格局、生态安全格局，努力促进城乡、区域，以及人口、经济、资源、环境协调发展，实现生产空间高效、生活空间舒适、生态空间宜人、能矿空间集约的人与自然和谐共生的现代化流域。

2. 加快建立健全绿色、低碳、循环发展的经济体系

流域社会经济发展要坚持绿色、低碳、循环发展的基本路径，加快形成节约资源和保护环境的产业结构、生产方式、生活方式，全面增强可持续发展能力。坚持"减量化、再利用、资源化、减量化优先"原则，加快建立循环型工业、农业、服务业体系，提高全社会的资源产出率。

3. 促进资源、能源节约，高效利用

全流域牢固树立节约优先理念，培育全社会节约意识，养成自觉行为。以优化资源利用方式为核心，以提高资源产出率为目标，把资源节约和高效利用作为转变经济增长方式的主攻方向。强化全过程管理，提升资源节约和综合利用水平，大幅降低资源消耗强度。

4. 加大环境治理力度

以提高流域环境质量为核心，实行最严格的环境保护制度，构建以政府为主导、以企业为主体、社会组织和公众共同参与的环境治理体系。加强对汾河流域水污染的防治，推进良好水体生态保护，推进饮用水水源地保护，开展对城市黑臭水体的治理，深化工业生产废水专项整治，加快城镇污水处理设施建设升级改造，开展地下水污染的防治与修复，加强农村生活污水防治；围绕"控煤、治污、管车、降尘"，全面开展燃煤锅炉污染整治，加强重点行业提标改造，实施机动车污染防治和扬尘污染防治，促进流域环境空气质量的进一步改善；实施工矿废弃地综合整治和复垦利用，着力解决土壤污染对农产品安全和人居环境的威胁；加强重金属污染综合防治，开展危险化学品环境管理登记，提高对危险废物的处置能力。

5. 构筑生态安全屏障

坚持以保护优先和自然恢复为主，推进汾河流域水污染治理、水土保持和生态修复。对重要生态功能区、生态环境敏感区和脆弱区等区域划定生态红线，确保其生态功能不减退、面积不减少、性质不改变。依法划定汾河及九大支流源头保护区，封山育林，恢复植被，涵养水源，增加溪流，兴水增绿。

6. 加强流域生态文明制度建设

加快建立系统、完整的流域生态文明制度体系，加强对流域生态文明建设的总体设计和组织领导，完善生态环境管理制度，建立健全生态环境保护的法律法规和标准体系，全面实施生态保护红线管理制度、资源有偿使用和生态补偿制度、生态文明考核评价制度、生态环境损害赔偿和责任追究制度等。

四、建立系统、动态的流域生态环境监控体系

生态环境监测、评价与预警系统是流域生态环境体系的核心，它包含生态监测网的建设与布局，分布式信息的采集、分析、综合、发布及共享，各种关于潜在定性、定量信息的时空变化动态过程，以及与这些因素相对应的模拟、评估、拟合、预测等。流域生态环境的维护涉及众多部门，为了防止生态环境状况进一步恶化，必须建立由水利、林业、农业、牧业、国土资源等部门和环境保护部门共同参与的安全监控体系，建立预警机制，防止危害生态环境的重大事件发生。

建设汾河流域生态环境管理信息系统。建设具有信息查询、分析评价、方案设计、动态监测和智能咨询决策等功能的汾河流域生态环境管理信息系统，为建立流域生态环境体系提供强有力的技术支撑。

加强生态环境监测站网建设。合理布局生态环境监测站网，提高站网在空间和监测对象上的覆盖面，建立自动观测、传输和无人留守的气候、水文等生态环境监测站，逐步完善监测站网的建设。

建立完善的汾河流域生态环境评价标准体系。从多个角度选择评价指标，完成生态环境因子的确认与计量、生态环境指标的筛选和生态环境指标体系的构建、生态环境指标阈值（安全边界）的确定、生态环境预警系统的建立等，建立一个完整的适合本区域的评价标准体系。

建立生态环境变化的预警系统，加强对生态环境建设的全过程监督、评估。

五、建立多学科集成的流域研究与科技支持体系

科技是生态环境建设的重要保障，关系生态环境工程建设的质量和成效。必须围绕生态环境保护与建设的实际需要，加快人才培养，造就一批高素质人才；基于流域的综合性和生态建设的复杂性，整合多学科研究力量，组织教学、科研、生产单位联合攻关，积极支持基于流域环境建设的多学科交叉研究，探索流域综合治理的技术及管理科技问题，建立流域生态环境建设的科技支持体系。

要推进科技成果转化和应用，提高科技成果转化率和贡献率；提高生态环境保护与建设的科技水平，以达到提高生态效益、经济效益、社会效益的目的，将生态环境保护与建设纳入科学化轨道。

建立健全生态监测、科技推广、技术监督和技术服务体系；增加生态建设中科研经费的投入，争取在技术应用和技术创新方面有较大的突破，全面提高流域生态环境保护与建设的整体水平。

第三节　采用针对突出问题的生态环境建设保障措施

为了提高汾河流域资源环境的承载能力，有效解决流域治理、开发和保护中面临的突出问题，实现生态文明和经济社会全面协调可持续发展，着力从流域水资源危机、生态综合修复、产业经济新格局、完善生态补偿机制等方面，制定汾河流域生态环境建设的保障措施。

一、综合解决流域水资源危机

流域是一个以水资源为中心、各种要素相互作用，融自然、人文、经济于一体的多维度的自然-经济复合型整体。流域生态环境的首要目标应是通过对流域内水资源的合理调配和对流域社会经济产业结构的调整等合理手段，使流域水资源供给与需求达到动态平衡，维持水文生态系统的完整性和稳定性，维持水文生态系统的健康与服务功能的可持续性，从而促进流域水资源、社会经济和生态环境的协调发展。

水资源作为基础性的自然资源和战略性的经济资源，是生态环境的控制性要素，水资源的安全、可持续利用是保障流域生态环境持续健康的基本途径，也是生态环境的最佳体现。因此，要以构建节水型社会、加强水源管理、进行地表水调蓄利用、严格控制水污染为重点，综合解决流域水危机。

具体措施包括：①按照汾河流域生态功能区划、水功能区划要求和流域水资源及环境承载能力，重点保护好水源地和主要水域功能区，合理调配、疏解、重构流域生产力格局，逐步实现流域生态恢复和水源涵养；②制订完善的用水计划和水价格管理体系，在流域构建节水型社会，重点抓好农业节水、工业节水，提高水资源利用效率；③通过政府的管制作用，做到上、中、下游之间生产、生活、生态用水的合理配置；④进行污水的综合整治及处理回用，推行清洁生产，加快污水处理厂和污水排放、回用系统建设，保护城市引水源，提高城镇污水处理率，实施矿井水处理回用工程，提高水资源综合利用率。

二、积极推进流域生态综合修复工程

水源涵养区、河湖湿地、森林草原区、野生动植物栖息和生长地等特殊生态系统构成了流域生态环境网络的关键点，对流域生态安全起着控制点的作用。河流源头的草原草甸区、流域水土流失区、矿山矿区采空区等是生态安全事件易发区和流域重点生态脆弱区。应进一步扩大汾河干流沿岸的植被绿化范围，营造水源涵养林和水土保持林，加强湿地建设、草地治理，推进水土保持和矿山产业废弃地的生态保护、恢复和重建。建立高效稳定的生态系统是流域生态环境的基石。

具体修复措施包括：①加强源头地区的天然林保护。汾河上游水源涵养林是维持汾河流域生态平衡的基体，要对现有森林资源加大保护力度，增加森林资源总量，提高森林资源质量，优化森林资源结构，增强森林生态功能，建立高效稳定的森林生态系统；②在天然外缘林木交错地带，全面实行封山育林育草，将自然恢复和人工恢复相结合，人工适度干预以加速自然恢复，选择耐旱、耐寒、抗逆性强的乡土树种，采用先进的造林技术，大力开展人工造林，迅速恢复和扩大林草植被；③在低山丘陵区加大退耕还林还草力度，采取工程措施、生物措施和农业耕作措施相结合的方式，继续推进以小流域为单元的水土流失综合治理；④在河谷平川区，本着改善环境和提高经济效益的目标，构建带、片、网相结合的多层次、多方位的生态经济型防护林体系；⑤在汾河源头、上游积极推进湿地保护区建设，加强退化草地的修复治理；⑥在矿区加强矿业废弃地的生态恢复；⑦对于一些重要的生态保护区，如汾河上游水源涵养区，控制人口数量，实施生态移民，促进劳务输出，减轻人口压力。

三、积极构建生态产业经济新格局

按照山西省主体功能区划，在尊重、顺应、保护区域自然禀赋的基础上，充分考虑其资源环境承载力，合理配置产业结构，构建科学合理的城市化格局、农业发展格局、生态安全格局，以实现地区资源的合理利用、社会经济的协调发展和生态环境的良性循环。根据汾河流域特点与不同地区的经济发展水平，因地制宜地采用不同的经济发展模式，加大流域现代农业和林业产业的开发力度，大力发展生态农业、观光农业、绿色产业和文化生态旅游产业，推进工业企业清洁生产与循环经济建设，严格控制采矿业，形成生态环保型效益经济体系，提高土地产出效益，增加农民经济收入，从根本上改变流域生态环境恶化、经济发展落后、人民生活水平较低的状况。

汾河流域产业结构调整的基本方向如下：①坚持以"环保优先"引导产业筛选，改造传统工业，加快结构调整；着力推进工业企业节能减排，推进清洁生产，发展循环经济；依托科技进步，合理开发矿产资源，加大矿区恢复力度，对破坏生态环境的矿产开发和资源加工项目应予以拒绝。②立足本地优势，与扶贫开发项目结合，调整优化农业产业结构，积极推广无公害农产品、绿色食品生产技术，大力发展绿色食品工业，加强农产品开发和深加工，突出地方特色，建设名特优产品生产基地。③发展生态林地经济和生态草业经济，充分利用丘陵山地资源，大规模退耕还林、还草，发展种植业与养殖业相结合的生态农业模式；在加强森林保护和提高森林覆盖率的前提下，发展林地经济及其他生态产业，积极建设绿化生态林体系。④在区域资源环境容量下，利用流域自然、人文景观，发展生态、假日等旅游业，并以此拉动相关产业，建设具有区域特色的生态旅游产业。

四、完善流域生态补偿机制[①]

生态补偿机制是以保护生态环境、促进人与自然和谐为目的，根据生态系统的服务价值、生态保护成本、发展机会成本，综合运用行政和市场手段，调整生态环境保护和建设相关各方之间利益关系的一种制度安排。

流域生态补偿机制就是以保障流域内资源的持续利用为目的，以促进流域绿色发展为目标，以调整该流域相关利益者因生态环境保护产生的生态利益及其经济利益分配关系为对象，主要针对区域性生态保护和环境污染防治领域，对生态环境保护者提供经济激励的一种制度安排。建立流域生态建设补偿机制是一个复杂的系统工程，它涉及公共管理的各个层面和各个领域，关系复杂，头绪繁多。其中补偿对象、补偿标准、补偿资金、补偿的组织管理是关键性内容和必须解决的问题。

1. 明确流域生态补偿的主体和对象

流域生态补偿的主体和对象，即补偿支付者和接受者的问题，按照"谁受益，谁支付""谁建设或保护，谁受补"的原则进行确定。

---

① 韩东娥：《完善流域生态补偿机制与推进汾河流域绿色转型》，《经济问题》2008年第1期，第44-46页。

1）从补偿主体来看，汾河流域的生态环境好，受益者首先是全省民众，所以，补偿主体首先是代表全省民众利益的省级政府；其次是汾河中下游的各市、县，汾河上游地区良好的生态环境，为中下游地区提供了优良水质，促进了中下游地区的经济发展；最后是从流域水资源中受益的群体，包括工业生产用水、农牧业生产用水、城镇居民生活用水、水利发电用水，以及利用水资源开发的旅游项目、水产养殖等。

2）从补偿的对象来看，主要是指流域上游地区为保护水资源做出贡献的县、企业和农户。首先，当前流域上游各县加强生态环境保护的责任是由省级政府赋予的，超出了它们应承担的责任范围，因此需要省级政府对县级政府超出生态环境保护责任的行为进行补偿；其次，当前政府要求企业担负流域生态环境保护的任务，这就构成了对林业企业收益权的限制，政府必须对林业企业给予经济补偿；最后，承包、租赁集体林进行经营管理的林农和进行退耕还林的农户并不负有向流域提供生态环境保护的义务，当前政府将林农个人投资营造的商品林划为公益林，要求农户放弃粮食种植进行退耕还林，就必须对他们的经济损失给予补偿。

2. 确定科学、合理的流域补偿标准

补偿标准包括上游对下游的赔偿标准和上游地区获得补偿标准两个方面的内容。

1）赔偿标准，是指上游地区水质不达规定要求而造成中下游地区损失的赔偿，赔偿额与不达标的水质、水量和时间有关。

2）补偿标准，是受益者对上游地区做出流域生态保护的补偿。流域生态服务功能价值评估是制定流域生态补偿标准的依据，但生态服务价值没有公认的评估方法，并且各种评估方法得出的结果差异很大，但在实际操作中运用难度较大。当前将上游地区水质达标所付出的直接投入成本和损失的机会成本作为流域生态补偿的重要依据。直接投入成本包括涵养水源、环境污染综合治理、城镇污水处理设施建设、修建水利设施等项目的投资。机会成本包括限制县域产业发展损失的财政收入、农户粮食生产减少的损失等。另外，在制定补偿标准时，还应考虑物价上涨因素和农户林地产权的问题，尤其要考虑农户林地被收购后的土地价值问题，切实解决农户的基本生存问题。

3. 开拓多渠道的流域补偿途径

第一，逐步加大省级财政转移支付力度，发挥财政资金在流域生态补偿中的激励和引导作用。第二，建立流域上、中、下游市县间资金横向转移支付，通过下游地区直接向上游贫困地区财政转移支付，实现上、中、下游地区生态环境保护水平的均衡；或者是中、下游地区向上游地区返利税，上游地区下山异地进行开发，探索县域间生态补偿的有效途径。第三，征收流域生态补偿费（税），征收的对象是在汾河流域从事受益于流域生态保护服务的生产经营单位和个人。第四，建立流域生态补偿基金，由政府、非政府、机构或个人出资以支持流域生态环境保护行为，主要来源包括国家和省级财政转移支付资金、县域间财政转移支付资金、扶贫资金，以及国际环境保护非政府机构和个人捐款等。第五，开展一对一的贸易补偿，也称为自发组织的市场补偿。当补偿主体和补偿对象较为明确时，可以通过流域上、下游企业之间及企业和林农之间的协商谈判达成补偿协议，这可能是一种更有效率的方法。

目前，我国流域生态补偿的市场化程度较低，对流域生态环境服务价值和补偿问题仍处于探索阶段。

4. 制定生态补偿组织管理体制

目前的流域管理体制，是按行政区域进行分割的，给生态补偿机制的实施造成了很大困难。政府作为流域生态补偿的推动者，不仅需要提供补偿资金，还要对补偿实施进行有效的管理。建议由省政府成立一个权威的汾河流域管理委员会，代表政府具体协调管理汾河流域的一切事宜，当然也包括流域生态补偿的管理问题。同时，设立为管理委员制定政策、实施管理提供技术支持的咨询机构，负责流域生态补偿相关政策和事务的科学咨询。该机构由环保、财政、水利、土地、农业、林业等方面的与流域生态补偿相关的专家组成，考虑到流域生态补偿是业务性很强的管理工作，建议咨询机构依托林业、水利科学研究机构来设置。汾河流域管理委员会的职能如下：一要强化流域水环境功能管理。把汾河流域作为一个整体来考虑，流域上下游地区不仅具有平等利用水资源和水环境的权利，也有同等的保护水环境和水生态的义务。通过协商，上、中、下游地方政府达成了"流域环境协议"，以行政管理手段进行监督，以经济手段进行奖惩。二要依据法规，科学确定流域生态补偿的责任，搭建上、中、下游生态环境保护协商平台，建立跨行政区域流域的保护仲裁制度。三要以汾河流域生态环境保护为目标，综合协调农、林、水、土、环保等各部门的关系，以及流域上、中、下游各市县的关系。四要从整个流域层面，统一筹集、征收、管理和使用生态补偿资金和基金，具体确定各县补偿资金的使用份额，省级政府和各相关市、县有权对资金和基金的使用情况进行全程监督。

后 记

　　流域是指被地表水或地下水分水线包围的范围，即河流、湖泊等水系的集水区域。流域是以水为媒介，由水、土、气、生等自然要素和人口、社会、经济等人文要素相互关联、相互作用而共同构成的自然—社会—经济复合系统。流域作为地球表面相对独立的自然综合体，是以水为纽带的复合巨系统，涵盖了自然要素与人文要素，是跨越行政规划的自然生态区域。

　　自古人类择水而居。人类发展的历史进程表明，古代文明源于流域，现代文明依赖于流域。纵观历史文明古国和当代经济最发达的地区，莫不源于水系、盛于流域。因此，流域与人类社会的生存和发展息息相关，然而，随着人类长期的生息运作，尤其是工业革命以来，城镇急剧扩张和经济快速增长，流域内生态环境遭到巨大冲击和破坏，致使流域系统出现资源退化、环境恶化、生态系统失调与灾害加剧的趋势，流域上中下游之间、部分之间、行业之间的利益冲突和矛盾日益尖锐。流域已成为区域人—地关系最复杂的地理单元，流域环境变化和可持续发展已经成为当前社会各界人士关注的热点。

　　为了抑制区域生态环境的恶化，改善人类的生存环境，世界各国已开展大量有关生态环境方面的研究。考虑的指标因素从简单到复杂，从有形到无形，从单纯的客观存在到同时顾及人类的主观感受和心理满足；研究目标从认识和理解过去到对未来的模拟和预测，从纯理论的探讨、研究到实际应用，切实为规划政策服务；研究手段从定性描述到分等定级和比较，再到各指标因素的遥感定性解译及定量反演；研究对象从单一到多尺度，大到国际性、地区、流域、区域、海岸带、省域，中到县域和城市，小到城市的不同功能区包括中心商业区、居住区和工矿区、农业生产区、生态给养区等。

汾河流域，地处山西省的中部和西南部，约占全省总面积的1/4，是黄土高原生态脆弱区独立的流域单元，也是全省政治、经济、文化中心和交通枢纽，在山西省具有举足轻重的地位，是山西省的人口密集区、粮食主产区和经济发达区。区域的发展和社会的进步使流域内土地利用格局、深度和强度不断发生变化，人地矛盾凸显，生态环境面临巨大压力，流域系统结构和功能受到强烈影响，对其进行环境变化和质量评估研究，对于区域经济增长战略的实施、区域社会经济的可持续发展有着关键性的作用，对于维护流域生态系统功能，加强流域环境综合管理，保障流域生态安全具有重要的现实意义。

本书共九章，第一章至第三章为理论研究部分。简要探讨了流域生态环境质量研究的历史、现状研究进展和发展趋势；结合地理学、历史地理学、生态学、环境学等相关学科的理论和观点，分析流域系统的构成、特征及其演化过程；简要阐述了流域生态环境研究的理论基础和方法。第四章至第九章为实证分析部分。从汾河流域的自然条件和社会经济等环境基础出发，利用 RS 和 GIS 技术，以地表景观为切入点，探讨汾河流域景观格局及变化特征，并在此基础上利用 Binary Logistic 回归法定量分析主要景观变化类型的驱动原因；从生态系统服务价值和生态环境状况评价两个角度对汾河流域的环境质量及变化进行研究和分析；最后，从新理念、管理模式、保障措施三个方面提出汾河流域生态环境质量建设对策。

本书由马义娟和侯志华共同撰写，第一章、第二章和第九章由马义娟撰写，第三章、第四章、第五章、第六章、第七章、第八章由侯志华撰写。本书的研究工作得到了山西省高等学校哲学社会科学研究基地项目——汾河流域生态脆弱性及其补偿机制研究（项目编号为2015332）项目的资助。在此，特向支持和关心作者研究工作的单位和个人表示衷心的感谢。书中有部分内容参考了有关单位和个人的研究成果，均在脚注中列出，在此一并致谢。

流域系统生态环境变化和评估是一个重要而复杂的问题，涉及地理学、生态学、环境学等多个学科，由于作者学识和资料有限，不妥之处在所难免，恳请广大读者和专家不吝赐教，批评指正。

作　者

2018 年 5 月 20 日

附　表

附表 1　各景观类型影像特征（以 2016 年影像为例）

类型	含义	影像特征	影像样图（2016 年）
农田	种植农作物的土地，包括熟地，新开发、复垦、整理地，休闲地（含轮歇地、轮作地）；以种植农作物（含蔬菜）为主，间有零星果树、桑树或其他树木的土地	影像的几何特征规则，地类边界明显，纹理细腻 （1）盆地中的农田多为水浇地，色调为红色，排列整齐 （2）丘陵中的农田多为旱地，色调为黄绿色，多依地形不规则排列 （3）城镇村周围的农田多为菜地，色调较杂，以粉红色为主，地块较小但排列规则	
森林	生长乔木、灌木的土地，包括天然林和人工林	影像色调呈明显的鲜红色，且色调较纯，形状多为不规则的片状，分布在东西两侧海拔较高的山地区	
草地	以生长草本植物为主的土地	影像色调发红、发灰，形状极不规则，分布在山丘向盆地过渡的沟谷一带	

类型	含义	影像特征	影像样图（2016 年）
建设用地	城镇、农村居民点、工矿和特殊用地等建设用地，还包括占地面积较大的交通用地，如高速路、主干路、铁路等	影像的形状较规则，边界清晰，与周围农田形成强大反差，色调较亮，发青发白，多分布在地势较低的平川一带	
水体湿地	包括河流、湖泊、水库、坑塘、滩涂、沼泽地等	影像色调为蓝色，边界清晰，河流呈线形条带状，水库、坑塘呈面状，周围若有滩涂，则呈灰色，或发红	
裸地	主要为裸岩、裸土，一般地表为土质、岩石或石砾为主，植被覆盖度在 5%以下	影像色调极亮，形状很不规则，研究区内多为一些废弃的采石、采砂、采矿用地	

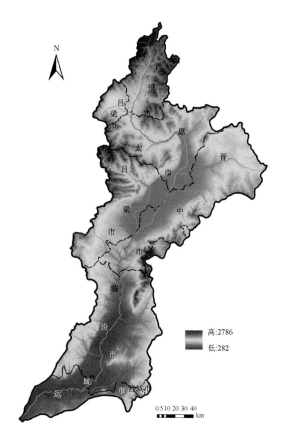

附图 1　汾河流域 DEM 数字高程模型图

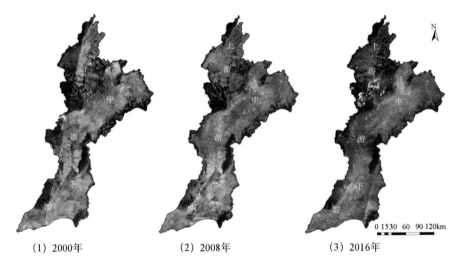

(1) 2000年   (2) 2008年   (3) 2016年

附图 2　2000 年、2008 年和 2016 年汾河流域遥感影像图

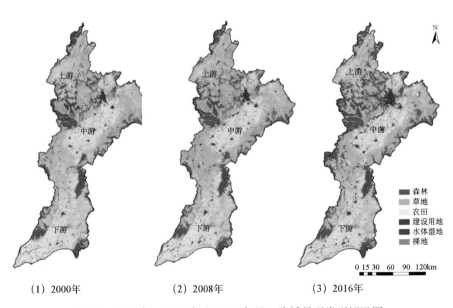

(1) 2000年   (2) 2008年   (3) 2016年

附图 3　2000 年、2008 年和 2016 年汾河流域景观类型解译图

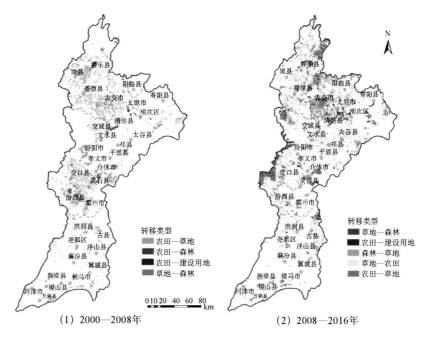

（1）2000—2008年　　　　　　　　（2）2008—2016年

附图4　研究期间汾河流域主要景观转移类型空间分布图

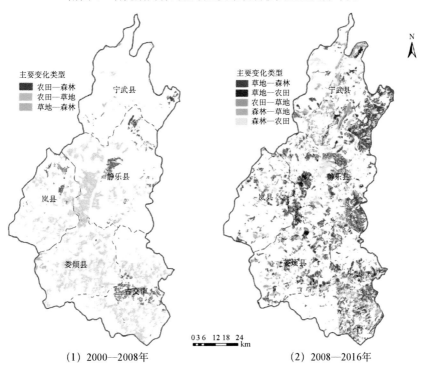

（1）2000—2008年　　　　　　　　（2）2008—2016年

附图5　研究期间汾河上游流域主要景观转移类型空间分布图

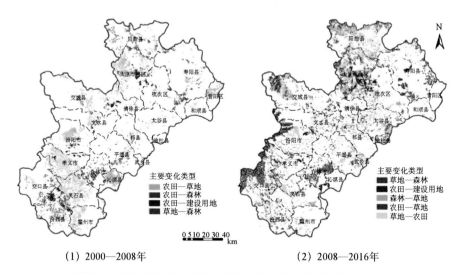

（1）2000—2008年　　　　　　　　　　　　　（2）2008—2016年

附图6　研究期间汾河中游流域主要景观转移类型空间分布图

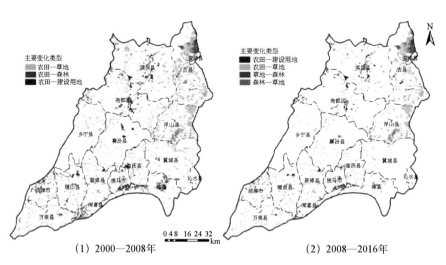

（1）2000—2008年　　　　　　　　　　　　　（2）2008—2016年

附图7　研究期间汾河下游流域主要景观转移类型空间分布图

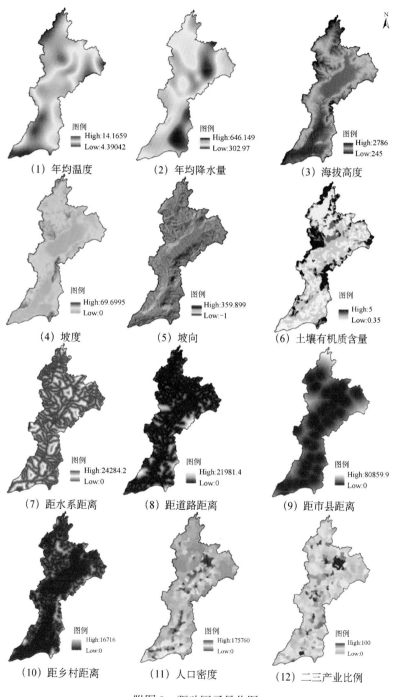

（1）年均温度　　　　　（2）年均降水量　　　　　（3）海拔高度

（4）坡度　　　　　　　（5）坡向　　　　　（6）土壤有机质含量

（7）距水系距离　　　　（8）距道路距离　　　　　（9）距市县距离

（10）距乡村距离　　　　（11）人口密度　　　　（12）二三产业比例

附图8　驱动因子量化图

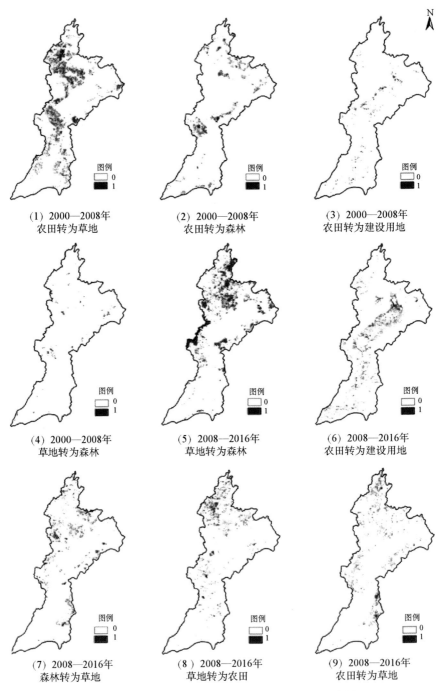

附图9 研究期间流域单一景观转移类型空间分布图